无机纳米材料
在环境保护和检测中的应用

卢伟伟 著

中国原子能出版社

图书在版编目(CIP)数据

无机纳米材料在环境保护和检测中的应用/卢伟伟著.--北京:中国原子能出版社,2019.9

ISBN 978-7-5221-0077-7

Ⅰ.①无… Ⅱ.①卢… Ⅲ.①无机材料—纳米材料—应用—环境保护—研究②无机材料—纳米材料—应用—环境监测—研究 Ⅳ.①X

中国版本图书馆 CIP 数据核字(2019)第 219304 号

内容简介

本书对无机纳米材料在环境保护和检测中的应用进行了系统研究,内容包括:WO_3/$BiVO_4$ 复合薄膜光电极的制备及在光电催化还原 CO_2 中的应用、黑 TiO_2 纳米管的制备及其光电催化还原 CO_2 性能、Ta_3N_5 半导体薄膜光电极的制备及其光电催化还原 CO_2 的研究、三维 Ag/ZnO 中空微球的制备及在光催化降解橙黄 G 中的应用、Ag/ZnO 复合纳米棒在染料降解和抗菌中的应用、Ag 纳米立方等离子体共振增强 ZnO 微球光催化降解离子液体、IL-H_2O 两相体系三角形 Ag 纳米片的制备及在抗菌与 SERS 中的应用、Ag 纳米立方膜的热驱动构筑及其在 LSPR 传感中的应用等。

无机纳米材料在环境保护和检测中的应用

出版发行 中国原子能出版社(北京市海淀区阜成路 43 号 100048)
责任编辑 张 琳
责任校对 冯莲凤
印　　刷 北京亚吉飞数码科技有限公司
经　　销 全国新华书店
开　　本 787mm×1092mm 1/16
印　　张 15.5
字　　数 278 千字
版　　次 2020 年 3 月第 1 版 2020 年 3 月第 1 次印刷
书　　号 ISBN 978-7-5221-0077-7 **定　价** 76.00 元

网址:http://www.aep.com.cn **E-mail:atomep123@126.com**
发行电话:010-68452845

前　言

近些年来，随着煤炭、石油、天然气等化石燃料的大量使用，导致大气中 CO_2 等温室气体的含量逐年增加，其中 CO_2 的含量已从工业化前的 280×10^{-6} 快速增加至目前的 400×10^{-6}，并由此引发了诸如全球平均气温升高、冰川融化海平面上升加快、全球性极端气候灾害频发、地球物种灭绝加速和粮食安全风险增加等一系列环境和社会问题。然而在相当长的时间内，化石燃料仍将是主要的能源来源，人们对化石燃料不断增长的需求和消耗，必将与二氧化碳的控制排放，以及与化石能源的短缺之间形成严重的矛盾。要解决发展过程中的这些矛盾，除了采取优化能源结构、大力推广可再生能源等减排措施外，CO_2 的资源化利用技术，即把 CO_2 作为一种重要的 C1 资源，将其转换为可利用的燃料和化学品，将是同时解决温室效应所造成的环境问题和未来化石燃料短缺所引起的能源危机的有效途径之一。另一方面随着人类活动对环境的日益破坏，例如各种染料和离子液体的大规模使用，也促使人们找到更加有效的降解办法和策略来加以应对。

纳米材料，特别是半导体纳米材料和金属纳米材料由于具有一系列独特的物理化学性质，而在环境保护和检测中发挥着越来越重要的作用。本书主要开展了相关的研究工作，具体内容为：第 1 章，在对光电极制备的研究基础上，采用所制备的 $WO_3/BiVO_4$ 复合薄膜为光阳极，以银片为电阴极催化剂，构建了光阳极与电阴极耦合的光电催化还原 CO_2 反应体系，并以功能化离子液体 1-胺丙基-3-甲基咪唑溴盐水溶液作为 CO_2 的吸收剂和电解质对 CO_2 光电催化还原进行了研究；第 2 章，以氢气为还原剂采用高温热还原的方法制备了黑 TiO_2 纳米管阵列，并通过紫外-可见光谱和电化学线性伏安分别表征了其光吸收性能和光电转化性能，最后，以所制备的黑 TiO_2 为光阳极、Ag 片为阴极，1-乙基-3-甲基咪唑四氟硼酸盐水溶液为电解质，开展了光电催化 CO_2 还原的研究；第 3 章，利用阳极氧化-高温氮化工艺制备了 Ta_3N_5 薄膜电极，并通过相关的表征测试手段研究了 Ta_3N_5 薄膜光电极的形貌、晶体结构、表面元素的组成以及能带结构，最后研究了 Ta_3N_5 薄膜光电极的电化学性能以及光电转化 CO_2 的性能；第 4 章，采用水热合成的方法在生物高分子海藻酸钠的辅助下制备了 Ag 含量不同的三维 Ag/ZnO 中空微球，对其结构进行了表征，重点利用 XPS 研究了不同的表面Ag含量对ZnO表面羟基含量的影响，进而开展了Ag/ZnO中空微球表面Ag含量和其光催化降解橙黄G性能之间的关系的研究；第5章，通过水热的方法制备了不同Ag含量的Ag/ZnO纳米棒复合材料，并对所制备的材料进行了结构表征，最后对其光催化降解橙黄G和抗菌性能进行了研究；第6章，将具有强烈SPR效应的Ag纳米立方加载到ZnO微球表面上以增强光生电荷载体的产生和分离，并作为半导体光催化剂研究了Ag/ZnO对8种常用的具有不同阳离子和阴离子的咪唑基离子液体的光催化降解，并分析了降解过程中的有机中间体以了解咪唑基的离子液体的降解机理；第7章，利用离子液体-水两相界面合成的方法制备了三角形Ag纳米片，并对其抗菌活性和作为SERS基体用于4-ATP的检测方面进行了研究；第8章，首先在2-(二乙氨基)乙硫醇辅助下采用热驱动的方式将不同形貌的金属纳米粒子组装到玻璃片上，然后采用stober法包覆一定厚度的SiO_x形成表面等离子体共振界面，接着以Ni^{2+}/NTA体系设计出等等离子体传感器，最后以生物素-连霉亲和素传感体系，探索所设计的传感器在生物传感中的应用。

本书的出版受到国家自然科学基金项目(项目编号21673067和21303040)的资助。

由于本人学识有限，书中难免有不当之处，欢迎大家批评指正。

卢伟伟

2019年3月

目　　录

第1章 $WO_3/BiVO_4$ 复合薄膜光电极的制备及在光电催化还原 CO_2 中的应用

1.1 引 言

当今世界能源的消耗主要来自化石燃料。自工业革命以来，由于工业和经济的迅速发展，电力供应、交通运输、工业生产等领域化石能源的消耗量急剧增加。按照如今的消耗速度推算，世界上可用的煤炭储量将仅可持续130年左右，天然气储量仅可持续大约60年，石油储量仅仅可以持续不到40年。因此，目前大多数的国家已经出现能源短缺问题。

另一方面，随着化石燃料的大量使用，煤、石油、天然气等碳氢燃料燃烧产生的 CO_2，导致大气中 CO_2 的含量逐年增加。大气中 CO_2 浓度已从工业化前的 280×10^{-6} 增加到目前的 400×10^{-6}，大约增加了30%[1]。而大气中 CO_2 浓度升高所带来的温室效应引发的负面效应和环境问题，如气温上升、全球变暖和全球性气候灾害等已经越来越严重。然而在相当长的时间内，化石能源仍将是主要的能源来源，人们对化石燃料不断增长的需求和消耗，必将与化石能源的短缺，以及与二氧化碳的控制排放之间形成严重的矛盾。因此如何解决发展过程中的这些矛盾，成为我们面临的严峻现实问题。

将 CO_2"变废为宝"，即把 CO_2 作为一种重要的C1资源，将其转换为可以加以利用的燃料和化学品等（如甲醇、乙醇、甲酸和一氧化碳等），将是同时解决能源短缺和环境问题的有效途径之一。

因此，本章在综述了 CO_2 资源化利用研究现状的基础上，重点对光电催化还原 CO_2 进行了介绍，并以 $WO_3/BiVO_4$ 为光阳极开展了光电催化还原 CO_2 性能的研究。

1.1.1 CO_2 资源化研究现状

由于化石燃料的大量使用，导致向大气中排放了过量 CO_2，过度排放给地球带来了许多严重的问题。人们在努力减少排放 CO_2 的同时，也在积极探索将其转变为可用资源并创造利用价值的方法。目前人们对 CO_2 的利用主要分为物理层面和化学层面。

物理层面来说，目前 CO_2 的应用涵盖了消防、食品、化工、医疗卫生业等多个领域[2]，其用途主要有：(1) CO_2 是一种良好的制冷剂，具有冷却速度快、无二次污染等优点，已经被广泛应用于食品加工业的冷冻、灭菌和保鲜等方面；(2)由于 CO_2 不活泼、性质稳定，不可燃并且不助燃，密度比空气大，沸点低易于液化并且液化的 CO_2 灭火后不会有其他残留物质，所以人们通常将其作为主要的消防灭火剂；(3) CO_2 作为惰性气体，人们利用其来保护电弧焊接，在提高焊接速度的同时，还可避免金属表面发生氧化；(4)因液态 CO_2 具有良好的驱油效果，而被国内外许多油田用作驱油剂，来降低开采成本；(5) CO_2 在临界点上以超临界流体形式存在时，对一些独特的天然产物具有一定的溶解作用，而被用于超临界萃取剂。虽然 CO_2 的物理应用十分广泛，但是与人们每年向大气中的排放量相比，其利用率仍然比较低。

由于 CO_2 的物理应用并不能真正意义上减少大气中的 CO_2 含量，实现碳的闭合循环。而从化学层面上讲，CO_2 是一种潜在的 C1 资源，如果能充分利用丰富的 CO_2 这一潜在的碳资源并将其转化为有机燃料和化学品，这对于减轻温室效应、保护生态环境和缓解能源危机都有着极为重要的意义。因此，化学方法的转化和应用越来越引起人们关注。但由于 CO_2 是非极性线性分子，其中碳处于最高价态，是自然界最稳定的分子之一，很难参与反应，因此 CO_2 转化为其他化学品需要消耗很高的能量。CO_2 的化学转化利用主要涉及两个重要的问题，一是氢源问题，二是能耗问题。虽然目前采用热化学方法在高温高压下催化加氢转化 CO_2 已经进入工业应用阶段，但这种热化学转化方法存在能耗大、成本高等许多问题，并且所需能量仍然来自于化石燃料，CO_2 被转化的同时，可能排放了更多的 CO_2[3]。所以传统热化学方法不能真正意义上实现 CO_2 的资源化利用。考虑到以上因素，现阶段发展的新型催化还原 CO_2 的方法主要有光催化还原、电催化还原和光电协同催化还原等方法。

CO_2 的光催化还原法是一种基于人工模拟绿色植物光合作用的技术。该方法以水作为氢源，利用太阳能来驱动 CO_2 还原反应的进行，可以不消耗化石燃料，也不会产生额外的 CO_2，是一种绿色的环境友好型方法[4]。但是由于大多数光催化剂带隙较宽，对太阳光响应范围较窄，因此总的太阳能利用率低，并且量子效率也比较低。

CO_2 的电催化还原是一种可以在常温常压下进行的操作简单、可控性强的 CO_2 转化方法。但 CO_2 的电催化还原程较为复杂，并且生成的产物种类较多(如 CO、HCOOH、CH_4、CH_3OH 等)。此外,CO_2 电催化还原的反应动力学较慢,还原过电位较高,必然会对电能造成一定的损耗,因此造成电催化还原 CO_2 转化效率低且能耗高[5]。

虽然光催化 CO_2 还原和电催化 CO_2 还原都存在着不足,但也具有各自的优点。对此,研究人员将光催化与电催化两者相结合,通过设计不同光电催化体系,进而发挥光催化和电催化体系各自的优势,以实现高效高选择性催化 CO_2 还原的目的。与光催化相比,光电催化 CO_2 还原通过所施加的外部偏压可以有效驱动光生电子-空穴的分离,因此催化剂的效率更高。与电催化相比,光电催化 CO_2 还原通过利用太阳光照射半导体光催化剂激发的光生电子还原 CO_2,从而减少外部其他能量的输入。同时,对光电催化反应体系阴极侧 CO_2 还原过程可以采用电化学方法来进行分析,这对于在电极表面发生的 CO_2 催化还原反应机理的探究非常有利[6]。总的来说,光电催化 CO_2 还原方法的优势在于,可以利用大气中不断增加的 CO_2 作为反应原料,利用可再生能源太阳能为反应过程提供能量,并且可以在较温和的条件(常温常压下进行)下实现 CO_2 的还原,最终真正实现 CO_2 的资源化利用。

1.1.2 光电催化 CO_2 还原法简介

光电催化还原 CO_2 的研究近年来已经引起越来越多科研人员的关注,研究者通过设计不同光电催化体系,制备高效的 CO_2 光电还原电极,采用不同的电解质溶液,以实现对 CO_2 高效率、高选择性的催化还原。

1.1.2.1 光电催化 CO_2 还原反应体系

大多数光电催化方法采取的都是三电极体系,分别是工作电极、对电极、参比电极,其中工作电极和对电极中至少有一个电极接受光照。因此可以根据光电催化还原 CO_2 体系中接受光照电极的不同,将光电催化还原 CO_2 体系分为三类。

(1)阳极为惰性析氧电极,阴极为 p 型半导体光电极。由于 p 型半导体的导带位置通常与 CO_2 转化的热力学电位较为匹配,因此采用由阳极为惰性析氧电极与阴极为 p 型半导体光电极组合的 CO_2 光电催化还原体系的研究最多。Halmann 等[7]在 1978 年分别使用 p-GaP 半导体、碳棒和缓冲液作为光电阴极,对电极和电解质开展了 CO_2 的光电催化研究。在电解质溶液中检测到 CO_2 的还原产物 HCOOH,HCHO 和 CH_3OH。此后,虽然许多团队研究了不同的 p 型半导体光电阴极[8],但是由于 p 型半导体的价带位置不够正，不能达到 H_2O 的氧化电位，因此通常需要施加较大的偏压。并且在许多情况下，p 型半导体光电阴极仅可以作为光收集中心以产生电子和空穴，但不能作为活化惰性 CO_2 的真正催化剂。因此，将能够活化 CO_2 的助催化剂与光阴极相组合是提高 CO_2 还原效率的有效方法之一。Sato 等人[9]将 p 型半导体 Ta_2O_5 与助催化剂 Ru 络合物结合作为光电阴极，在可见光照射下，在乙腈/三乙醇胺溶液中成功地将 CO_2 转化为 HCOOH。最近，研究人员已经开发了导电聚合物例如聚吡咯(PPy)以代替金属络合物作为助催化剂，以增加 p 型半导体光电阴极的 CO_2 还原效率。Won 等人[10]在可见光照射下，研究了 PPy 掺杂的 p-ZnTe 光电阴极在 $KHCO_3$ 水溶液中光电催化还原 CO_2 的性能。PPy/ZnTe 光电阴极的法拉第效率最大可以达到 51%，并且在 −0.2 V 时 HCOOH 和 CO 的产率是纯 ZnTe 光阴极的两倍。研究还表明将 PPy 沉积到 ZnTe 上还有助于增加 HCOOH 产物的选择性，显著抑制了 H_2 的析出以及增加了 CO_2 的还原反应活性位点。

(2)阳极为 n 型半导体光电极，阴极为 CO_2 还原催化剂电极。虽然关于由阳极为惰性析氧电极与阴极为 p 型半导体光电极组合的 CO_2 光电催化还原体系已经报道了许多，但是其 CO_2 还原效率仍然很低。在 p 型半导体上还原 CO_2 得到二电子还原产物如 HCOOH 和 CO 的同时，伴随有 H_2O 还原产物 H_2 的出现。同时 p 型半导体不仅价格昂贵而且易发生光化学腐蚀、光稳定性差。TiO_2、$BiVO_4$ 及 WO_3 等许多 n 型半导体不仅储量丰富、价格便宜，而且光稳定性较好，且作为光阳极氧化 H_2O 时具有优异的光催化活性。因此阳极为 n 型半导体光电极，阴极为 CO_2 还原电极的 CO_2 光电催化还原体系越来越引起人们的关注。Cheng[11]使用掺铂的二氧化钛纳米阵列作为光阳极和掺铂的石墨烯作为阴极催化剂，在施加 2 V 电压下将 CO_2 还原为多种化合物，如 CO、HCOOH、CH_3OH、CH_3COOH 和 CH_3CH_2OH。Lee 等人[12]最近报道了使用对可见光响应良好的 WO_3 作为光阳极，以 Cu 或 Sn/SnO_x 作为电阴极，在可见光照射下进行了 CO_2 还原的研究。与所报道的其他光阳极-阴极系统相比，该系统可以在相对较低的偏压进行 CO_2 光电催化还原。当使用 Cu 作为电阴极时，CO_2 还原的主要产物为 CH_4。当使用 Sn/SnO_x 作为电阴极时，HCOOH 和 CO 为主要还原产物，同时还有少量 H_2 产生。n 型半导体目前在光电解水制氢方面使用较多，对此的研究已经比较深入。因此可以借鉴在光电解水制氢中催化活性高的 n 型半导体光催化剂，通过配合高效的 CO_2 还原电催化剂，则有望实现高效、高选择性催化 CO_2 还原。

(3)阳极为 n 型半导体光电极，阴极为 p 型半导体光电极。光电催化

CO_2 还原时，如果不需要提供偏压而仅仅使用 H_2O 作为电子给体和质子源将是最理想的条件。然而仅使用光电阴极或仅使用光电阳极与其相对应的暗阳极或暗阴极的结合是难以实现该目标的，因为通常用作光阴极的p型半导体价带位置不够正，难以氧化 H_2O；而通常用作光电阳极的n型半导体导带位置不够负，而难以达到 CO_2 的还原电位。如果将用于 CO_2 还原的p型半导体光电阴极与用于 H_2O 氧化的n型半导体光电阳极组合，则可以在无需施加外部偏压的条件下实现 CO_2 的还原。因此，用于 H_2O 氧化的光电阳极的导带位置必须比用于 CO_2 还原的光电阴极的价带位置更负，以保证电子通过外部导线从光电阳极传输到光电阴极。Sato 等人[13]以 InP 作为光阴极，以 Pt/TiO_2 作为光阳极构建了双光照的 CO_2 光电催化体系，进而研究了对 CO_2 的还原特性。当以单独的 InP 作为光阴极时，不能还原 CO_2。当将 Ru 的络合物作为助催化剂负载在 InP 电极上后，在模拟太阳光照条件下，阴阳极之间没有施加偏压而仅通过导线连接的情况下，反应 24 h 之后检测发现 HCOOH 为 CO_2 的主要还原产物，其法拉第电流效率约为 70%。虽然此类反应体系通过选择价带匹配的p型与n型半导体作为阴阳光电极，可以在不需要外部提供偏压（即外部电能零投入）的条件下，实现了仅仅使用太阳能来还原 CO_2；但是由于此种光电催化还原 CO_2 系统较为复杂，CO_2 还原机理尚不明确，因此目前对此类光电系统的关注和研究相对较少[14]。

1.1.2.2　光电催化 CO_2 还原反应原理

根据上述光电催化还原 CO_2 体系，可以知道半导体既可以作为光阳极也可以作为光阴极，也可以两个电极都使用半导体光催化剂。以阳极采用n型半导体作为光电极，阴极采用p型半导体作为光电极体系为例，当太阳光的辐射能大于半导体的带隙宽度时，两个光电极吸收光子以产生电子和空穴，而光生载流子的能量由半导体的导带和价带的位置决定。在光阳极（通常为n型半导体）处产生的空穴有很强氧化能力，可以将水氧化而释放出 O_2；而光阴极（通常为p型半导体）处的光生电子可用于将 CO_2 还原为C1及多碳产物。

1.1.2.3　光电催化还原 CO_2 的反应介质

根据电解质溶液种类的不同，将光电催化 CO_2 还原体系分为两类：

（1）水溶液介质。在水溶液介质中，由于 CO_2 水解产物的多样性，因此水溶液中 CO_2 还原过程较为复杂。此外，由于 CO_2 在水溶液中溶解度较小，光电催化还原过程中电流密度较低，导致 CO_2 的还原效率不高。

Junfu 等人[15]报道了以 p^+/p-Si 作为光阴极，使用 0.5M Na_2SO_4 作为支撑电解质，在溴钨灯照射下（光照强度为 73 mW/cm^2）将 CO_2 还原为甲酸盐的研究。据报道，在相对饱和甘汞电极(SCE)为－1.2 V 电位时，CO_2 还原的法拉第效率最大(但未给出实际值)。在相对饱和甘汞电极(SCE)为－1.6 V 时产生 HCOOH，其法拉第效率为 21%。

(2)有机溶液介质。研究最为广泛的有机溶液介质主要有甲醇、二甲亚砜(DMSO)、二甲基酰胺(DMF)及乙腈。CO_2 在有机溶液中的溶解度可达水溶液中的 7～8 倍[16]。大多数有机溶液由于缺少质子，CO_2 还原的主要产物是 CO。由于水可以作为 CO_2 还原的氢源，有研究表明，有机溶液中添加极少量的水并不会对 CO_2 溶解度造成很大影响，但是随着水掺杂百分比的增大，CO_2 溶解度会急剧减小。

Bockris 等人[17]以 p-CdTe 为光电阴极，在非水介质中进行了光电化学还原 CO_2 的研究。他们发现在含有 5%体积分数水的 DMF 溶液中，使用 600 nm 的单色光照射 p-CdTe 光阴极，可以将 CO_2 还原为 CO。CdTe 电极具有较低的 CO_2 还原起始电位和较高的量子效率，并且催化电流随着光照强度和 CO_2 分压的增大而增加。

1.1.3 光电极材料的介绍

光电极作为吸收太阳光进而产生光生电子和空穴的场所，其性能对光电催化还原 CO_2 的效率等具有重要的作用。根据常见半导体能级与 CO_2 半反应能级的关系，可以从半导体的能带位置确定一个光电催化反应在热力学上能否发生。因此选择具有合适的能带位置和较强活化 CO_2 分子能力的光阴极和/或光阳极是获得高效率光电催化还原 CO_2 的关键。下面仅对两种研究较多的光阳极材料进行简单的介绍。

1.1.3.1 TiO_2 纳米管光电极

TiO_2 是一种具有多晶型的化合物，常见的 TiO_2 晶体类型主要有三类：(1)锐钛矿型在较低温度下性质比较稳定；(2)金红石型在高温下较为稳定；(3)板钛矿结构的 TiO_2 不论在高温还是低温状态下都不稳定，属于亚稳态晶型，因此不能稳定存在于自然界中。

结构上的差异使锐钛矿型、金红石型这两种晶相的 TiO_2 具有不同的性质和用途。大量文献报道，锐钛矿的光催化活性比金红石高，其在光催化领域的应用比较多。不过，在 550 ℃左右，锐钛矿会向金红石相转变，因此，在实际光催化应用中会出现锐钛矿和金红石相共存的现象，而且混合晶型也表现出优良的光催化性能[18]。

经由不同的制备方法可以得到不同微观形貌的 TiO_2 纳米材料，纳米 TiO_2 的微观形貌主要包括 TiO_2 纳米颗粒、TiO_2 纳米线、TiO_2 纳米棒、TiO_2 纳米管等，不同微观形貌的 TiO_2 纳米材料具有的物理和化学性质差别较大。其中 TiO_2 纳米管结构由于具有较大的比表面积、更多的活性位点，可以与电解液接触面更大，从而有利于氧化还原反应的发生，同时规则有序的管状结构也有利于电子和空穴的传输，具有较高的光催化活性，在光催化领域有广泛的应用。

(1) TiO_2 纳米管的制备。随着人们对具有结构高度有序、比表面积高、结构参数方便可控等优点的 TiO_2 纳米管阵列（TiO_2 Nanotube Arrays，TiO_2-NTAs）越来越关注，近年来关于研究 TiO_2-NTAs 的制备方法（如模板合成法、水热合成法、阳极氧化法等）的文献报道比较多。

模板合成法和水热合成法制备得到的是分散状态的 TiO_2-NTAs，不能直接作为电极使用。即使是借助外界的辅助作用将其固定在电极表面，TiO_2-NTAs 与电极间的接触也不会很牢固，这将会增加 TiO_2-NTAs 电极的使用难度，大大限制了其使用范围。而阳极氧化法是在金属基体 Ti 片上直接生长得到 TiO_2-NTAs，因此其与 Ti 片金属基体之间结合比较牢固，不容易剥落。并且阳极氧化过程操作简单易于控制，而且形貌尺寸规则可调。阳极氧化已被证明是获得高度有序的 TiO_2-NTAs 最有效和最通用的方法。

阳极氧化法属于电化学合成法。制备过程是在两电极体系下，在含有氟离子电解液的反应池中将钛片作为阳极，通过直流电源在阴阳极之间施加一定的电压，经过一定时间反应后，就可以制得 TiO_2-NTAs。电解质组成和施加的电压是控制 TiO_2-NTAs 形态和尺寸的两个关键因素。因此，根据电解质体系的变化，将 TiO_2-NTAs 制备过程的发展可以分为以下四个阶段。

第一代，使用 HF 基电解质制备 TiO_2-NTAs。Grimes 等人[19]在 2001 年首次报道了通过阳极氧化法制备 TiO_2-NTAs——将钛箔置于含氟基电解质中，然后施加恒电压进行阳极氧化。由于一定浓度的氟离子是形成有序的 TiO_2-NTAs 的必要条件，他们研究了氢氟酸浓度范围从 0.5 wt% 到 3.5 wt%，以及采用不同阳极氧化电压 3 V、5 V、10 V 和 20 V 时，对纳米管形貌的影响。研究表明，在低于 10 V 的低电压和高于 20 V 的高电压下，由于弱的电化学蚀刻或电击穿，会获得不规则的多孔结构纳米管形貌。此外，他们还指出，TiO_2-NTAs 的形成主要取决于 HF 浓度，因此在更稀的 HF 溶液中制备纳米管状结构时需要相对较高的电压。

第二代，使用含 F^- 的缓冲溶液电解质制备 TiO_2-NTAs。根据阳极氧化法制备 TiO_2-NTAs 的机理，氢离子的浓度将极大地影响化学溶解速率，进一步会影响纳米管的长度，这就解释了为什么在 HF 基电解质中获得的纳米管通常都小于 500 nm。也就是说，低 pH 环境下形成的纳米管较短。考虑到大比表面积 TiO_2-NTAs 在实际的光催化应用中效果更好，因此人们非常期望能够获得更长的 TiO_2-NTAs。Cai 等[20]通过在电解质中加入含氟盐（例如 KF，NaF 或 NH_4F）以及缓冲溶液（乙酸，HNO_3 或 H_3PO_4 等）来控制 pH 值，从而降低了化学溶解速率。在弱酸电解质中，纳米管长度会一直增加直到电化学蚀刻速率等于纳米管表面的化学溶解速率。

第三代，使用含 F^- 的有机电解质制备 TiO_2-NTAs。Craig A. Grimes 等通过使用不同的有机电解质，包括二甲基亚砜（DMSO）、甲酰胺（FA）、乙二醇和 N-甲基甲酰胺（NMF），制备得到长达几百微米的 TiO_2-NTAs[19,21−23]。事实上，由于有机电解质黏度高，其在减慢离子的转移速率以延长阳极氧化物形成和化学溶解之间达到平衡的时间方面起到了显著的作用，从而形成了具有更高纵径比的 TiO_2 纳米管。通常，在有机电解质中获得有序 TiO_2-NTAs 的电压范围在 10～60 V 之间，并且在较高电压下制备的纳米管具有较大的尺寸[24]。

第四代，使用无 F^- 电解质制备的 TiO_2-NTAs。由于氟的危险性比较高，Nageh K. Allam 等[25]使用 HCl 水溶液作为替代电解质将钛箔阳极化成 TiO_2 纳米管。在 3 M 的 HCl 电解液中制备出了长度为 300 nm，管径为 15 nm，管壁厚度为 10 nm 的 TiO_2-NTAs 薄膜。

（2）TiO_2 纳米管的改性。人们虽然已经制备得到具有优异形态的 TiO_2-NTAs，但是 TiO_2-NTAs 作为光催化剂的广泛应用受限于其带隙较宽，因此只有在紫外光激发下才能够显示出光活性，而且光激发产生的电子-空穴对之间的高复合率也在很大程度上降低了其光量子效率。

非金属元素掺杂是一种非常有效的将 TiO_2-NTAs 光吸收范围拓展到可见光区的方法，因此引起了人们的关注。近些年来，已经报道的一些非金属元素的掺杂主要有 N、S、F 等。以氮掺杂为例，TiO_2-NTAs 的氮掺杂可以通过将其置于 Ar 和 NH_3 的混合气体中，在 500～700 ℃的温度下煅烧来实现[26]。TiO_2-NTAs 的氮掺杂降低了其带隙宽度，因此可以实现可见光活性下对罗丹明 B 的高效降解。

金属离子的掺杂也可以减小其禁带宽度并增强其可见光的吸收能力，并且还提高了光生电子空穴的分离效率和寿命，促进了掺杂剂和 TiO_2-NTAs之间异质结的形成。以 Cr^{3+} 掺杂为例，在将 Cr^{3+} 掺杂到 TiO_2-NTAs 中之后，其带隙宽度从 3.3 eV 缩小到 2.3 eV，这是因为在 TiO_2-NTAs

的禁带中形成新的供体能级[27]。此外，Pt 掺杂也能够使 TiO_2-NTAs 的光吸收范围发生红移，并且随着 Pt 负载的增加可以将其带隙宽度从 3.16 eV 降低到 2.64 eV。但是 Pt 的负载量过多时，会覆盖 TiO_2-NTAs 的光吸收中心从而造成其光活性的降低[28]。

将 TiO_2-NTAs 与其他半导体复合是另一种有效的改性方法。通过半导体的复合可以使系统中光生的电子空穴对有效分离，同时也可以扩展改性的光谱响应至可见光区。此外，复合的半导体可以作为光照射下的敏化剂而向 TiO_2 提供电子。并且与具有不同价带和导带位置的窄带隙半导体的复合有利于形成异质结，这有助于 TiO_2 获得更负的导带能级。例如，CdS/TiO_2 的复合可以将 TiO_2-NTAs 的光吸收范围拓展到可见光区，并且在 380～500 nm 区域中的光吸收强度随着 CdS 负载量的增加而增加[29]。

1.1.3.2　WO_3 光电极

WO_3 是一种常见的 n 型半导体材料，能带跃迁属于间接式。WO_3 是一种多晶型的化合物，在不同温度煅烧和不同的冷却过程中 WO_3 的晶体结构会发生转变。在室温下，单斜晶相的 WO_3 是最稳定的。WO_3 的禁带宽度较窄(2.5～3.0 eV)，对应的吸收波长为(410～500 nm)，因此在可见光条件下具有良好的光电响应性能。与 TiO_2 相比，WO_3 具有更好的电子传输能力[30]。因此 WO_3 是光催化和光电催化方面最有吸引力的材料之一。

(1)WO_3 的制备方法。由于 WO_3 的广泛应用前景，近年来关于 WO_3 的制备方法成为人们研究的热点。目前 WO_3 的制备方法比较多，下面对几种常见方法加以简单介绍。

溶胶-凝胶法是一种简单并且能制备各种不同纳米形貌(如纳米颗粒、纳米棒、纳米线、纳米管、纳米片、球体等)WO_3 的方法。Niederberger 等[31]研究了以 WCl_6 与苄醇为前驱体的反应中溶胶-凝胶的形成机理，发现了 WCl_4 和 $WOCl_4$ 两种中间体的生成。Li 等[32]以偏钨酸铵为前驱体，通过溶胶-凝胶法制备了高度分散在 SiO_2 上的 WO_3 纳米颗粒。

气相沉积是一种特别适合于控制薄膜生长的方法。这种方法通常以钨或其氧化物作为前驱体，然后通过多种可能的技术，例如离子轰击、加热、电子束或激光照射使前体蒸发，最后将蒸发的材料冷凝到目标基底上。通过控制气相沉积过程参数，可以使蒸发的物质冷凝成具有所需尺寸、结晶度和化学计量比的纳米结构。Wang 等[33]利用气相沉积法，以 W 粉末为前体通过调节生长温度和 O_2 流速，在碳布上合成了 WO_3 纳米线网格。

借鉴阳极氧化法制备 TiO_2-NTAs 工艺，阳极氧化法已广泛用于制造纳米结构 WO_3。根据不同电解质的特性，阳极氧化可以得到不同形貌及厚度的纳米结构 WO_3。Zheng 等[34]报道了通过阳极氧化事先被溅射到导电 FTO 玻璃基质上的 W 膜获得了纳米多孔 WO_3 膜。Kalantar-zadeh 等[35]在 10 V 的低电压下，使用阳极氧化方法在温和的化学溶解条件下，在 FTO 上合成了高度有序的三维 WO_3 纳米多孔网络，其厚度可达 2 mm。

(2)WO_3 的改性研究。为了克服 WO_3 纳米材料的缺点，拓宽其对太阳光的响应范围和提高光电转化效率，研究者采用离子掺杂和半导体耦合等方法对 WO_3 纳米材料进行了改性研究。

WO_3 纳米材料的掺杂改性包括金属离子和非金属元素掺杂两种。一定浓度金属离子如 Fe^{3+}、Ti^{4+}、V^{5+}、Ta^{5+}、Nb^{5+} 和 Mo^{6+} 的掺杂可以促进 WO_3 光催化活性，并且将带隙吸收向长波方向移动。非金属氮的掺杂对光电催化和光电流的产生表现出积极的响应。

半导体耦合不仅可以明显提高光生电子-空穴对的分离效率，而且对于改变其迁移速率和氧化还原电位都是非常重要的。如用金属硫化物修饰 WO_3 会拓展其对可见光响应，并且有利于常规电荷从金属硫化物到 WO_3 导带的转移。最近，有文献报道了在可见光条件下，通过构建 Z 型结构的 WO_3-CdS 异质结光催化剂并用于产氢的研究[36]。

1.1.4 光电催化 CO_2 还原存在的主要问题

利用太阳能光电催化还原 CO_2 制取燃料及高价值化工品是目前国内外实现 CO_2 资源化利用的研究热点。但是目前该技术尚处于基础研究阶段，仍然存在许多关键性的问题需要研究和解决。目前光电催化 CO_2 还原主要存在以下几个方面的问题：(1)大多数半导体能级与 H_2O 的氧化能级和 CO_2 的还原能级不匹配，需要提供外部能量来改变光生电子能量后才能满足还原 CO_2 的能量要求；(2)CO_2 还原产物以 CO 和 HCOOH 两电子的 C1 类还原产物为主，具有较高价值的多电子 C1 还原产物（如 CH_3OH、CH_4）及多碳产物产量较低，并且 CO_2 还原产物的选择性较低；(3)CO_2 还原为多电子多质子参与过程，其机理和动力学过程非常复杂；(4)常温常压下水溶液反应介质中 CO_2 溶解度低且存在形式复杂，CO_2 还原电流密度小，且在阴极较负电位下，水还原制氢与 CO_2 还原存在竞争，析氢反应严重，导致 CO_2 转化效率低；(5)CO_2 还原的中间体形成电位高，过电势过大，外部能量投入大；(6)CO_2 还原产物形式复杂，既有气相也有液相产物，造成产物分离分析困难。

1.2 研究意义和主要研究内容

近年来，WO_3 作为一种新兴的半导体材料，由于其具有无毒、催化活性高、抗氧化能力强及稳定性好等优点越来越引起人们的重视。与 TiO_2 相比，WO_3 的禁带宽度较窄(2.5～3.0 eV)，相应的激发波长为(410～500 nm)，而在可见光条件下具有良好的光电响应性能。因此近几年来引起了许多研究人员的关注[37]。但 WO_3 本身也存在电子-空穴对分离效率低、复合率高等问题。为了改善 WO_3 的光催化性能，将 WO_3 与其具有能带匹配结构的 $BiVO_4$ 半导体复合，构建了 n-n 型异质结构 $WO_3/BiVO_4$ 复合薄膜来有效地提高光生载流子的分离效率[38-39]。

此外，目前光电催化 CO_2 还原反应体系本身还存在许多需要解决的其他问题，例如 CO_2 在传统无机盐电解质中的溶解度低且存在形式复杂，CO_2 中间体形成的电位较高，还原过电势过大，H_2O 还原形成 H_2 与 CO_2 还原存在竞争等，这些问题也亟须我们从光电催化过程中所使用的电解质方面入手进行解决。

近些年来，离子液体尤其是功能化离子液体在 CO_2 捕获吸收领域和电化学转化 CO_2 领域都表现出来许多独特的性能。例如，在 CO_2 的捕获吸收领域，Davis 等[40]报道在常压下，1 mol 的氨基功能化的咪唑阳离子可以吸收 0.5 N 的 CO_2。在电化学转化 CO_2 领域，由于离子液体具有独特的物理化学性质，如导电性好、电化学窗口宽等，使其可以作为电解质应用到 CO_2 电化学转化过程中。更重要的是，研究表明离子液体还可以与 CO_2 通过相互作用形成中间产物，从而降低了反应过电势并且增强了产物的选择性。如 Rosen 等[41]报道在电催化还原系统中通过使用[EMIm][BF_4]水溶液，在较低的过电位下将 CO_2 还原为 CO，并且其法拉第效率超过了 96%。因此，本研究将离子液体在 CO_2 的吸收和转化中的独特作用应用到光电催化法转化 CO_2 中以期解决上述光电催化 CO_2 还原反应体系本身存在的问题，从而实现在光电反应体系中 CO_2 的有效转化和利用。

因此，首先制备得到了 $WO_3/BiVO_4$ 复合薄膜光电极，重点考察了 WO_3 的前驱体溶液中聚乙二醇添加量、WO_3 薄膜厚度和 $BiVO_4$ 薄膜厚度对制备的 $WO_3/BiVO_4$ 复合薄膜光电转化性能的影响，并通过场发射扫描电镜对 $WO_3/BiVO_4$ 复合薄膜的表面形貌以及断面厚度进行了表征，然后采用线性伏安方法对 $WO_3/BiVO_4$ 复合薄膜光电极光电转化性能进行了研究。在对光电极制备的研究基础上，采用所制备的 WO_3/Bi-

VO_4 复合薄膜为光阳极，以银片为电阴极催化剂，构建了光阳极与电阴极耦合的光电催化还原 CO_2 反应体系，并以功能化离子液体 1-胺丙基-3-甲基咪唑溴盐水溶液作为 CO_2 的吸收剂和电解质对 CO_2 光电催化还原进行了研究。

1.3 实验部分

1.3.1 $WO_3/BiVO_4$ 复合薄膜光电极制备方法

1.3.1.1 WO_3 薄膜电极的制备

本研究采用聚合物辅助沉积法制备了 WO_3 半导体薄膜电极，其具体过程如下：(1)首先将 ITO 玻璃基体(尺寸为 20 mm×30 mm×1.1 mm)，依次放入丙酮、乙醇和蒸馏水中各超声清洗 30 min，并用蒸馏水反复冲洗数次后，用氮气吹干备用。(2)将 0.6 g 偏钨酸铵溶解于 20 mL 去离子水中，然后再加入 2 mL 聚乙二醇，充分搅拌后制得前驱体溶液。(3)用高雾化喷枪将制备好的前驱体溶液喷涂在处理过的 ITO 导电玻璃基底上，静置 1 min 后，放入鼓风干燥箱中，80 ℃加热 10 min。重复此喷涂加热过程数次后，将覆盖有前驱体的 ITO 导电玻璃基底静置冷却至室温，密闭避光保存备用。(4)将(3)中制备的覆盖有前驱体的 ITO 导电玻璃基底于石英管式炉中，常压下以 5 ℃/min 的速率升温至 500 ℃并保持 2 h，然后自然冷却至室温，制得 WO_3 薄膜电极。

1.3.1.2 $BiVO_4$ 薄膜电极的制备

本研究采用聚合物辅助溶液法制备了 $BiVO_4$ 薄膜，其具体过程如下：(1)将 1 mL 浓度为 0.2 mol/L 的硝酸铋乙酸溶液加入到 6.7 mL 浓度为 0.03 mol/L 乙酰丙酮氧钒的乙酰丙酮溶液中，从而使得混合溶液中 Bi 和 V 元素的摩尔比为 1∶1，充分搅拌至翠绿色透明溶液后，避光保存。(2)用高雾化喷枪将此混合溶液喷涂在处理后的 ITO 玻璃表面，接着放在 400 ℃电加热板上加热处理 5 min，静置冷却至室温。重复此喷涂加热冷却步骤数次，然后避光保存备用。(3)将(2)中的样品置于马弗炉中，常压下以 5 ℃/min 的速率升温至 550 ℃并保持 2 h，然后自然冷却至室温，制得 $BiVO_4$ 薄膜电极。

1.3.1.3 $WO_3/BiVO_4$ 异质结薄膜的制备

采用两步法制备 $WO_3/BiVO_4$ 异质结薄膜电极，即首先按照“ WO_3 薄膜电极的制备”中所述方法在ITO玻璃基体上制备 WO_3 薄膜，然后再按照“$BiVO_4$ 薄膜电极的制备”中所述流程在 WO_3 薄膜之上覆盖 $BiVO_4$ 薄膜，从而制得 $WO_3/BiVO_4$ 异质结薄膜电极。

1.3.2 $WO_3/BiVO_4$ 复合薄膜光电极形貌表征与光电转化性能测试

薄膜电极的能带结构主要通过固体紫外-可见(UV-vis)漫反射光谱、电化学阻抗和线性扫描伏安法进行表征。其中固体吸收-可见漫反射光谱通过配有积分球的岛津UV2700紫外-可见分光光度计测得。

薄膜的电化学阻抗分析在三电极电化学体系中进行，测试装置示意图如图1-1所示。以制备的 WO_3 或 $BiVO_4$ 薄膜为工作电极，铂网为对电极，饱和Ag/AgCl电极为参比电极，0.5 mol/L的 Na_2SO_4 溶液为电解液；相应的测试和数据采集在辰华CHI660E电化学工作站上进行，具体测试参数为：电势扫描速率为50 mV/s，交流电势的振幅为10 mV，频率为1 KHz。WO_3 薄膜电极电位的扫描范围为－0.39～1.31 V (vs. RHE)(Reversible Hydrogen Electrode，可逆氢电极)，$BiVO_4$ 薄膜电极电位的扫描范围为－0.19～0.61 V(vs. RHE)。暗光条件下线性扫描伏安法仍然在三电极电化学体系中进行，具体测试参数为：电势扫描速率为50 mV/s，WO_3 薄膜的扫描电势范围为1.59～5 V(vs. RHE)，$BiVO_4$ 薄膜的扫描电势范围为0.59～4 V(vs. RHE)。

异质结薄膜的形貌通过日立S-4800扫描电镜进行表征。薄膜的物相结构通过Brucker D8型X-射线衍射仪进行分析。薄膜所含元素及价态表征使用美国热电Escalab 250Xi X射线光电能谱仪进行分析。

1.3.3 光电催化还原 CO_2 实验

实验采用的是自行设计制作的光电催化反应器(如图1-2所示)，内衬为聚四氟乙烯，外套为铝合金材质。反应器的结构设计主要借鉴了质子交换膜燃料电池和光电催化分解水制氢反应器的结构，反应器分为阳极腔和阴极腔，中间通过质子交换膜分隔。不同于传统的H型双池反应器所采用的阳极腔和阴极腔分别在左右两侧的结构，本反应器采用阳极腔在上，阴极腔在下的一体式设计。在阳极腔上面设计石英光窗以接受光照，阴极腔内设计一个U型气体循环槽以实现反应过程中气体的不断循环。并通过在上盖开孔连接三通，将反应器阴极腔与光催化在线分析系统进行连接，形成密闭循环体系。

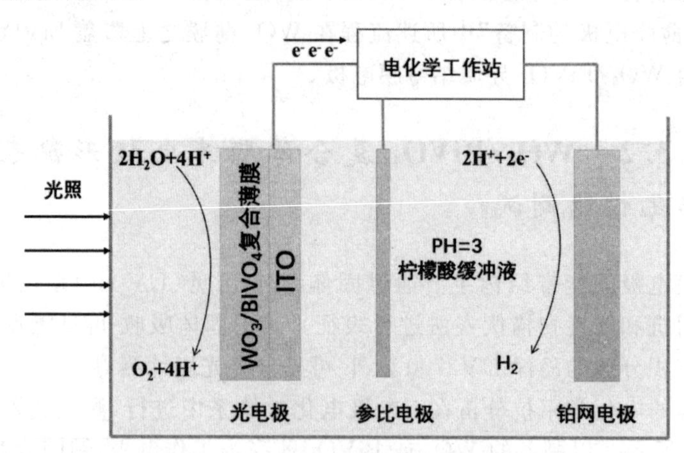

图 1-1　光电化学测试装置示意图

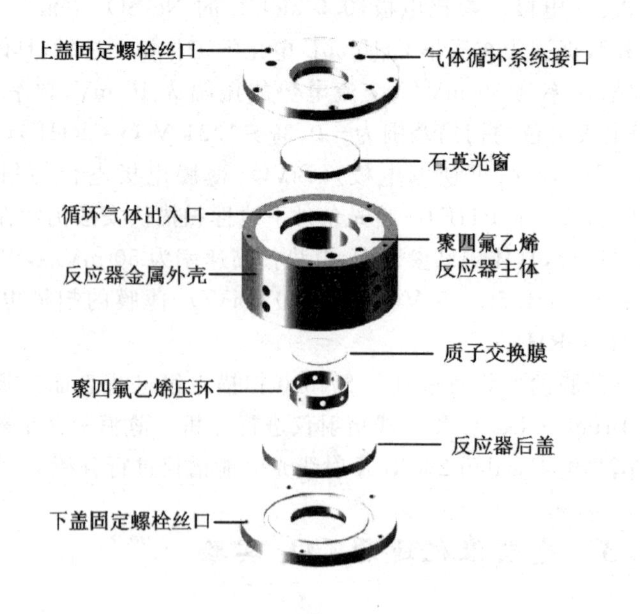

（a）结构和相关组件

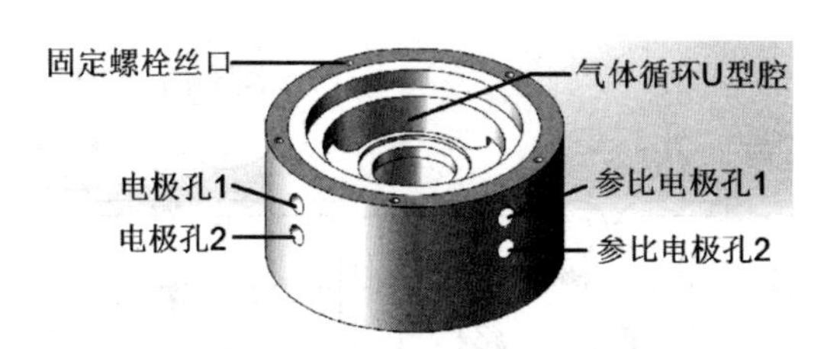

（b）从阴极反应池视角的侧视图

图 1-2　自行设计并加工的含光窗双池 CO_2 电催化反应器

此反应器具有如下特点：(1)采用立式结构，即光窗朝上，向下依次为阴极池、阳离子交换膜、阳极池，一方面光源可以从上方照射激发金属等离子体电极，克服了从侧方照射对光源的特殊要求和造成的不便；另一方面，离子膜可以和电解质溶液完全接触，充分利用了价格昂贵的离子膜并减少了离子传输引起的能量损耗。(2)通过降低反应池的纵径比，光源-工作电极-离子隔膜-辅助对电极之间的距离可以相互接近，不但降低了由于光源-工作电极之间距离远而造成光能量在电解质溶液中吸收损耗，而且降低了由于工作电极和对电极之间距离远而造成离子穿过离子膜达到电极造成的能量损失。(3)上部阴极池环形槽的存在，可以使 CO_2 反应气体和气相产物在反应系统中循环。(4)聚四氟乙烯反应内胆外加铝套的设计，可以使用金属螺丝紧固于铝套上来密封整个反应器，从而使反应器密封性能好，且避免了聚四氟乙烯内胆的损坏和变形。(5)双池反应器隔离了阳极区产物和阴极区反应产物，从而避免了反应后产物的复杂分离过程，更重要的是避免了产物之间发生逆反应达到化学平衡而使 CO_2 不能继续有效转化。(6)此反应器光窗向上以及电极侧面安装的方式也非常有利于光电反应器的串并联。

气体循环系统的示意图如图 1-3 所示。该系统主要由气体循环泵、六通阀取样器、压力计、冷凝器、气瓶、冷阱和缓冲瓶组成，四个主要连接接口分别连接 PEC 反应器、气罐、在线气相色谱仪(GC)和真空泵。

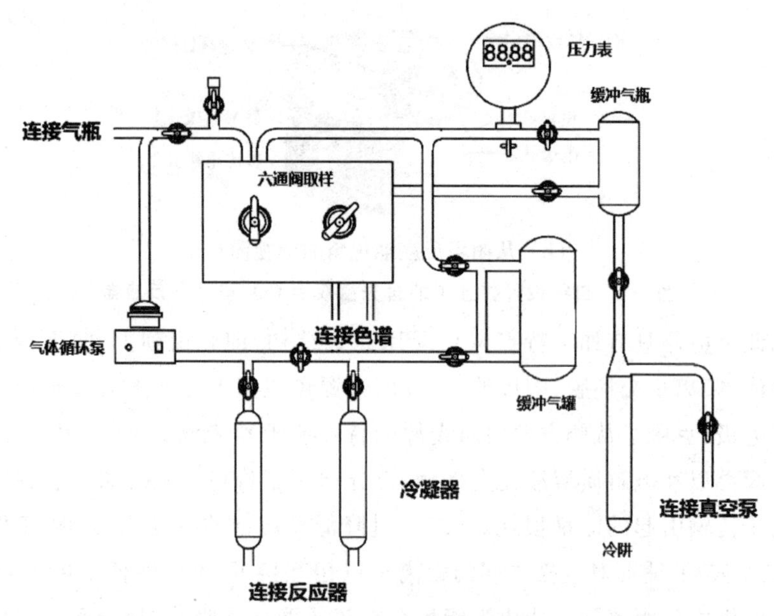

图 1-3　循环系统的示意图

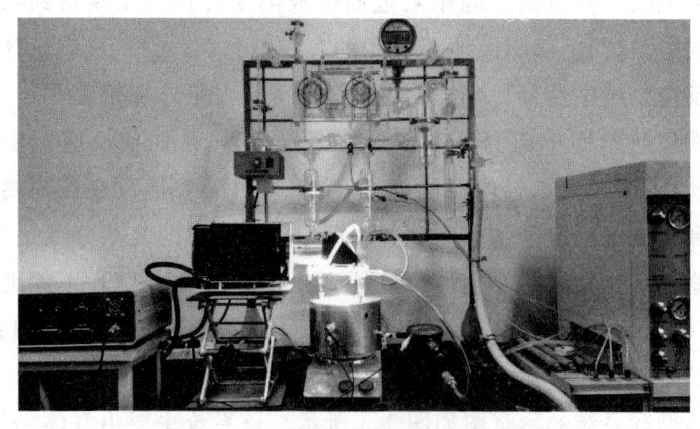

图 1-4　光电催化还原 CO_2 反应装置图

光电催化还原 CO_2 光电反应在自行设计制造的立式双腔反应器中进行，具体的实验装置如图 1-4 所示。将 TiO_2-NTAs 光电极、Ag 片对电极和参比电极密封安装在反应器中；反应器阴阳两池之间通过质子交换膜（Nafion 117 膜）隔开，然后向阳极腔缓慢加入 80 mL 的 pH＝3 柠檬酸-磷酸氢二钠缓冲液，向阴极腔加入 160 mL 的离子液体水溶液；将安装好的反应器与光催化在线检测系统连接，然后对系统抽真空 30 min 以排除反应系统以及电解质溶液中的空气，并检查系统气密性良好后，打开 CO_2 钢瓶阀门，再打开进气口向系统通入 CO_2 至大气压，接着打开反应器的出气口，

CO_2 以鼓泡的形式进入阴极腔的电解质溶液中，溢出后从出气口排出，持续通 CO_2 气体至阴极腔溶液吸收 CO_2 达到饱和(大约 4 h)，随后关闭出气口和进气口以及 CO_2 钢瓶阀门，使系统保持密闭，准备进行光电催化还原 CO_2 反应。

光电催化 CO_2 还原反应时，以氙灯作为光源来模拟太阳光，调节光照强度为 100 mW/cm^2；使用直流电源在阴阳极之间施加恒定的电压并记录反应过程中电流的变化，并使用电化学工作站的开路电压法来记录阳极电位，以便通过计算得到阴极 CO_2 还原电位；分别使用蠕动泵加速系统中气体的循环和阴极池内电解质的流动；光电催化还原 CO_2 持续进行 4 h，反应过程中每隔 1 h，通过光催化在线分析体系采集一定量的反应气并送入气相色谱进行在线检测分析，并抽取一定量的阴极电解液保存以便反应后统一检测分析液相产物。

反应结束后，关闭光源和直流电源、电化学工作站、蠕动泵，拆卸反应装置；将阴极电解液收集于样品瓶中，阳极电解液作为废液处理；将电极取出，清洗保存，最后清洗反应器以备下次使用。

1.3.4 光电催化 CO_2 还原实验和产物检测方法

CO_2 还原过程比较复杂，产物存在形式多样，既有液相也有气相产物。对于 CO_2 还原的气相产物采用在线气相色谱检测方法，而 CO_2 还原液相产物需经处理后采用离线气相色谱方法来检测。

1.3.4.1 气相产物 CO、CH_4 和 H_2 的在线检测

CO_2 还原气相产物的在线检测是通过两个六同阀的配合，定量采集反应混合气体送入气相色谱进行检测分析。色谱柱为 5A 分子筛双填充柱；检测器为热导检测器(Thermal Conductivity Detector，TCD)和氢火焰离子化检测器(Flame Ionization Detector，FID)，FID 检测器前加装有一个甲烷转化炉，高纯氮气作为载气。

本实验主要的气相产物有 CO、CH_4、H_2。其中 H_2 通过 TCD 进行检测，CH_4 直接使用 FID 进行检测，CO 必须先经过转化炉，转化为甲烷后使用 FID 检测器进行检测。气相色谱的使用条件：进样口温度：160 ℃；TCD 检测器温度为 160 ℃，桥电流为 70 mA；FID 检测器温度为 160 ℃；转化炉温度为 380 ℃，柱温恒定为 120 ℃。

1.3.4.2 液相中还原产物甲醇、甲酸和甲醛的检测

甲醇的检测：首先量取一定量反应后的阴极电解质溶液进行蒸馏，从

而将产物与反应液中的离子液体电解质分离;然后利用气相色谱检测分析收集得到的馏出液,并计算得到甲醇的含量。

甲酸的检测:采用乙醇在酸性条件下将甲酸酯化为甲酸乙酯的方法进行检测。具体步骤为:分别取 2.5 mL 阴极电解质溶液和 2.5 mL 硫酸乙醇溶液加入 20 mL 顶空进样瓶中,旋紧瓶盖密封后,放入顶空进样器加热区中 60 ℃加热 1.5 h,然后通过顶空进样器进样到气相色谱进行检测。

液相中还原产物甲醇和甲酸均使用气相色谱检测,采用 FFAP 极性毛细管柱,检测器为 FID,高纯氮气作为载气。气相色谱的使用条件:进样口温度为 100 ℃,FID 检测器温度为 130 ℃,柱温恒定为 80 ℃。

甲醛的检测:采用乙酰丙酮分光光度法测定甲醛的含量。具体步骤为:分别取 2.5 mL 阴极电解质溶液和 2.5 mL 乙酰丙酮溶液加入到 25 mL 的具塞比色管中,然后于 60 ℃水浴中加热 15 min,取出冷却后,通过紫外可见分光光度计测定甲醛的含量。

1.3.5 DFT 计算

量子化学计算用 Gaussian 09 Package[42] 进行。结构优化在 B3LYP/6-311+G(d)理论水平上进行。

1.4 $WO_3/BiVO_4$ 复合薄膜光电极制备表征和光电转化性能

1.4.1 光电极制备条件对其光电转化性能的影响

1.4.1.1 不同含量的聚乙二醇

本实验采用聚合物前驱体法制备 WO_3 薄膜,因此需要向偏钨酸铵前驱体溶液中加入一定量的聚乙二醇聚合物。聚合物的加入不仅可以使偏钨酸铵在溶液中分散更加均匀,而且聚合物还可以作为致孔剂以增加 WO_3 薄膜的孔隙率和提高 WO_3 薄膜的比表面积。本组实验中,主要研究了偏钨酸铵前驱体溶液中不同聚乙二醇的含量对 $WO_3/BiVO_4$ 复合薄膜光电极光电转化性能的影响。

图 1-5 是聚乙二醇的加入量不同时所制备的 $WO_3/BiVO_4$ 复合薄膜的光电流密度随所加电势变化的线性伏安曲线图。从图中可以观察到,当聚乙二醇的加入量为 0.5 mL 时,$WO_3/BiVO_4$ 复合薄膜光电极光电流最小;

当聚乙二醇的加入量为1.0 mL时，$WO_3/BiVO_4$ 复合薄膜光电极光电流的增加非常明显；当聚乙二醇的加入量为1.5 mL时，$WO_3/BiVO_4$ 复合薄膜光电极光电流反而减小。因此当聚乙二醇的加入量为1.0 mL时，所制备的 $WO_3/BiVO_4$ 复合薄膜光电极的光电流密度最大。

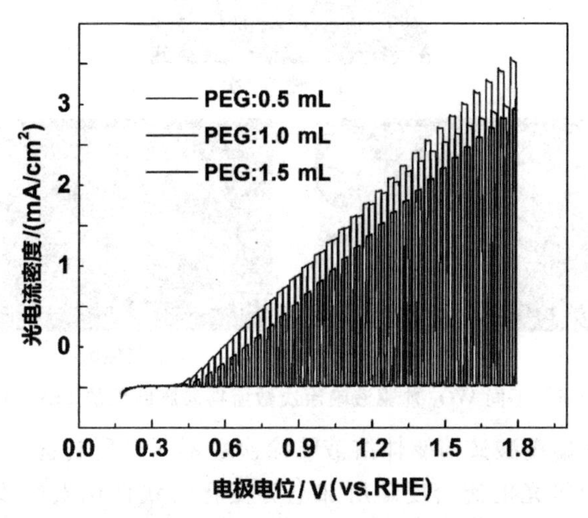

图1-5　不同PEG加入量所制备 $WO_3/BiVO_4$ 复合薄膜的线性伏安曲线

1.4.1.2　WO_3 薄膜厚度调节

本实验采用喷涂工艺将偏钨酸铵前驱体溶液喷涂在ITO导电玻璃基底上面，从而制得 WO_3 薄膜。因此不同的喷涂次数将会决定 WO_3 薄膜层的厚度，最终会影响到 $WO_3/BiVO_4$ 复合薄膜的光电转化性能。

图1-6是偏钨酸铵前驱体溶液喷涂次数不同时所制备的 $WO_3/BiVO_4$ 复合薄膜断面的FESEM图片。从图中可以清楚观察到 $WO_3/BiVO_4$ 复合薄膜光电极的结构组成——最下层是玻璃基底，上面是导电镀膜，中间颗粒状夹心层是 WO_3 薄膜，最上面是致密的 $BiVO_4$ 薄膜。由于 WO_3 薄膜是由纳米颗粒堆积形成，而 $BiVO_4$ 薄膜是填充在 WO_3 纳米颗粒的缝隙中，因此无法单独得到 WO_3 薄膜的厚度，通过FESEM断面图片测量了不同喷涂次数的 $WO_3/BiVO_4$ 复合薄膜厚度，图1-6(a)为喷涂2次时，复合薄膜厚度为330 nm；图1-6(b)为喷涂4次时，复合薄膜厚度为600 nm；图1-6(c)为喷涂6次时，复合薄膜厚度为880 nm。因此可以得到结论，随着喷涂次数的增加，$WO_3/BiVO_4$ 复合薄膜厚度也随之增加。

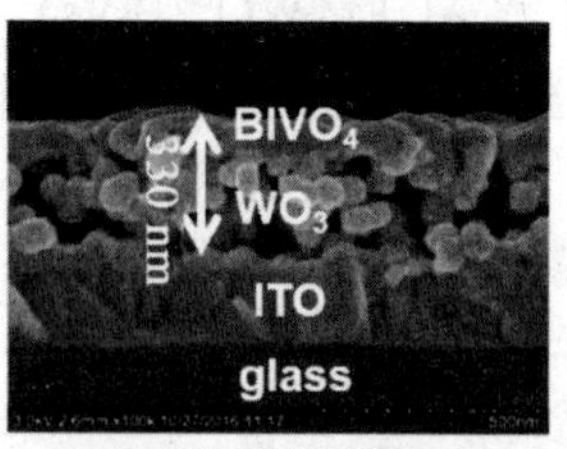

(a) 喷涂2次

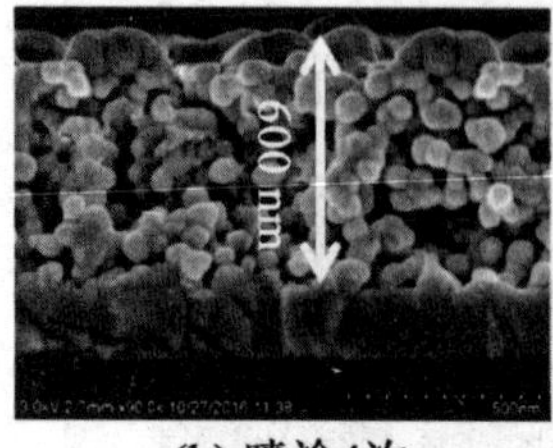

(b) 喷涂4次　　(c) 喷涂6次

图 1-6　不同 WO_3 前驱液喷涂次数所得薄膜断面的 FESEM 图

图 1-7 是偏钨酸铵前驱体溶液喷涂次数不同时所制备的 $WO_3/BiVO_4$ 复合薄膜光电极光电流密度随所加电势变化的线性伏安曲线图。从图中可以观察到，当喷涂 2 次时，$WO_3/BiVO_4$ 复合薄膜光电极光电流最小；当喷涂 4 次时，$WO_3/BiVO_4$ 复合薄膜光电极光电流达到最大值；当喷涂 6 次时，$WO_3/BiVO_4$ 复合薄膜光电极光电流基本保持不变。因此可以得到结论，随着喷涂次数的增加，$WO_3/BiVO_4$ 复合薄膜光电极的光电流先增大、后基本不变。结合不同喷涂次数时 $WO_3/BiVO_4$ 复合薄膜厚度，我们认为当偏钨酸铵前驱体溶液喷涂 4 次时，其厚度最合适，光电转化性能最优。

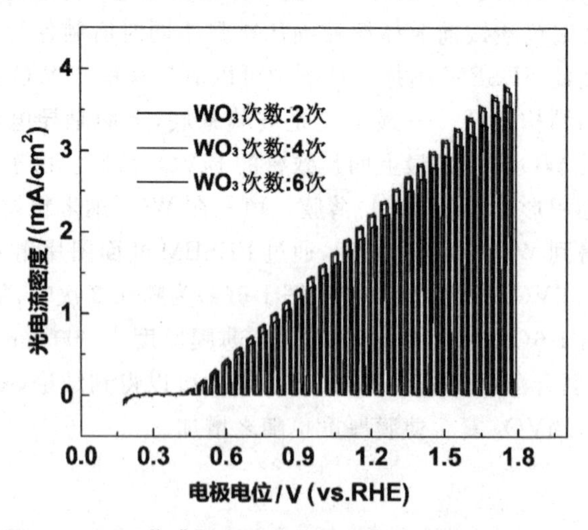

图 1-7　WO_3 薄膜厚度不同时复合薄膜的线性伏安曲线

1.4.1.3 $BiVO_4$ 薄膜厚度调节

本实验采用喷涂工艺实现 WO_3 与 $BiVO_4$ 的复合，从而制得 $WO_3/BiVO_4$ 复合薄膜光电极。因此不同的喷涂次数将会决定 $BiVO_4$ 薄膜层的厚度，从而会影响 $WO_3/BiVO_4$ 复合薄膜光电极的光电转化性能。

图 1-8 是钒源与铋源混合溶液喷涂次数不同时所制备 $WO_3/BiVO_4$ 复合薄膜光电极的 FESEM 图片。图 1-8(a)是不同喷涂次数制备的 $WO_3/BiVO_4$ 复合薄膜光电极的照片，从中可以看出，随着喷涂次数的增加，$WO_3/BiVO_4$ 复合薄膜光电极所呈现的颜色越来越深；图 1-8(b)为纯 WO_3 薄膜的 FESEM 图，可以明显观察到 WO_3 薄膜是由纳米颗粒组成；图(c)～图(f)喷涂次数分别为 1、2、3、4，可以看出随着喷涂次数的增加，WO_3 纳米颗粒之间的缝隙逐渐被填充，并且表面逐渐被 $BiVO_4$ 薄膜所覆盖。

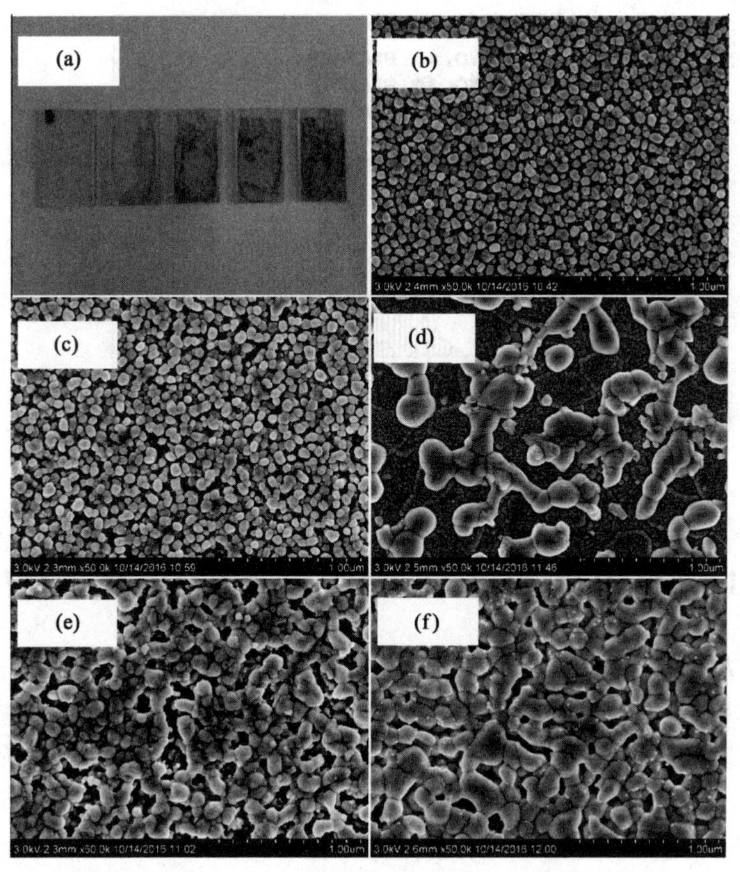

图 1-8 $BiVO_4$ 前驱液不同喷涂次数所制备复合薄膜表面的照片和 FESEM 图
(a)光学照片；(b),(c),(d),(e),(f)中喷涂次分别为 0、1、2、3、4

图 1-9 是 $BiVO_4$ 的前躯体溶液喷涂次数不同所制备的 $WO_3/BiVO_4$ 复合薄膜光电极光电流密度随所加电势变化的线性伏安曲线图。从图中可以观察到，当只有 WO_3 薄膜时，光电极的光电流最小。当复合 $BiVO_4$ 后，光电极的光电流急剧增大。随着 $BiVO_4$ 薄膜厚度的不断增加，$WO_3/BiVO_4$ 复合薄膜光电极光电流出现先增大后减小的现象。在喷涂次数为 2 次时，$WO_3/BiVO_4$ 复合薄膜光电极光电流达到最大。结合 $WO_3/BiVO_4$ 复合薄膜光电极的 FESEM 图片分析，$BiVO_4$ 薄膜太厚时，底层的 WO_3 薄膜将被完全覆盖，使得 $WO_3/BiVO_4$ 复合薄膜的整体厚度都有所增加，这将同时增加光致电子和空穴传输的路径，从而增大了电子与空穴的复合几率，因此导致光电流密度的减小。本实验得到的结果是，喷涂次数为 2 次时，$BiVO_4$ 薄膜厚度比较合适，$WO_3/BiVO_4$ 复合薄膜光电极光电转化性能最佳。

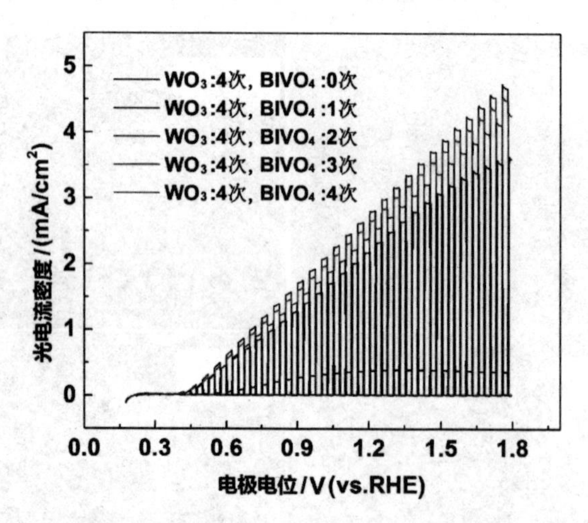

图 1-9　$BiVO_4$ 薄膜厚度不同时 $WO_3/BiVO_4$ 复合薄膜的线性伏安曲线

1.4.2　WO_3 和 $BiVO_4$ 半导体薄膜的能带结构表征

为了了解 $WO_3/BiVO_4$ 异质结薄膜的能级排列关系和光生载流子的转移分离特性，对未复合的 WO_3 和 $BiVO_4$ 半导体薄膜的能带结构，即禁带宽度 E_g、平带电位 E_f、导带底能级 E_c 和价带顶能级 E_v 分别进行了表征。首先通过固体紫外可见漫反射技术获得了 WO_3 薄膜的紫外-可见漫反射谱图，在此基础上，通过基于库贝尔卡-蒙克理论（Kuelka-Munk Theory）的 Tauc 方程，以 $(\alpha h\nu)^{0.5}$ 对 $h\nu$ 作图，即可通过外推法获得 WO_3 薄膜的带隙宽度 E_g。Tauc 方程如下[43]：

$$(\alpha h\nu)^n = A(h\nu - E_g)$$

式中，α 为光吸收系数，$h\nu$ 为光子能量，E_g 为带隙宽度，A 为常数，对于间接带隙半导体材料 $n=0.5$，对于直接带隙半导体材料 $n=2$。但实际应用中，固体薄膜样品的光吸收系数 α 不易直接求得。但可以通过使用减免函数 F 来代替光吸收系数 α，这是因为减免函数 F 与光吸收系数 α 之间呈线性关系，即 $F=\alpha/S$（式中 S 为散射常数）。而减免函数 F 可通过紫外-可见漫反射中测定的反射率 R 获得，其关系式为：

$$F=\frac{(1-R^2)}{2R}$$

因此，通过 $(Fh\nu)^{0.5}$ 对 $h\nu$ 作图[如图 1-10(a)所示]即可得到 WO_3 薄膜电极的带隙宽度 $E_g=2.78$ eV[44]。

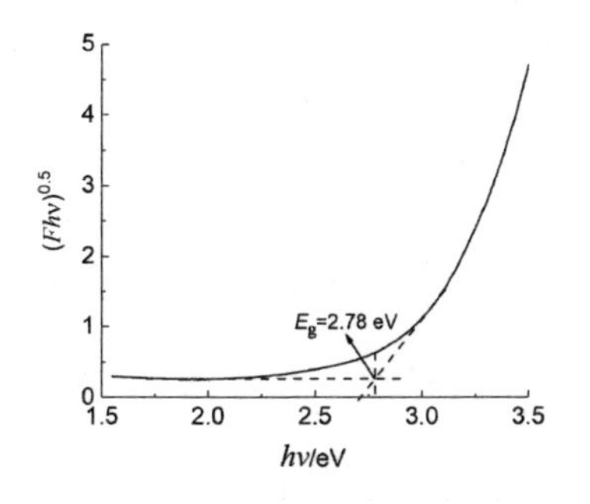

（a）WO_3 薄膜的Tauc图及禁带宽度分析

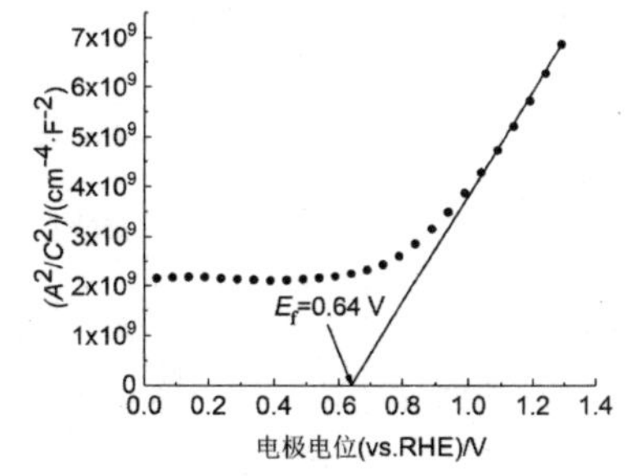

（b）WO_3 薄膜的莫特-肖特基曲线及平带电位的确定

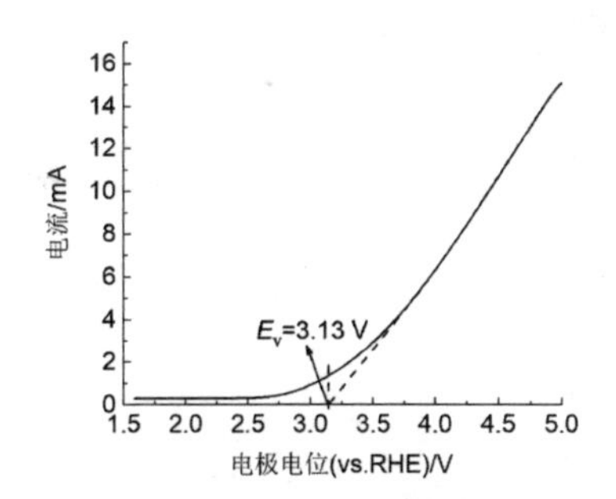

（c）暗光条件下WO_3薄膜的线性伏安曲线及价带顶位置的确定

图 1-10　WO_3 半导体薄膜的能带结构表征

接着，通过电化学阻抗的方法获得了 WO_3 半导体薄膜的平带电位 E_f。此方法是通过莫特-肖特基(Mott-Schottky, M-S)方程计算分析半导体的空间电荷微分电容(C)与半导体表面相对于本体的电势差 ΔE 的关系来求得半导体的平带电位。具体方程为[45]：

$$\frac{1}{C^2}=\frac{2}{\varepsilon_0\varepsilon A^2 eN_D}\left(E-E_f-\frac{k_B T}{e}\right)$$

式中，C 为半导体空间电容，e 为电子电量，ε_0 为真空介电常数，ε 为相对介电常数，A 是光电极面积，E 为外加电极电位，E_f 为半导体的平带电位，k_B 为玻尔兹曼常数，T 为开尔文温度。因此，通过以 A^2/C^2 对电化学阻抗测定中施加的电极电势 E 作图，所做拟合直线的延长线在 x 轴上的交点即为平带电位 E_f 的值。如图 1-10(b)所示，WO_3 薄膜的平带电位 $E_f=0.64$ V (vs. RHE)

然后，通过暗光下的线性伏安法获得了 WO_3 薄膜材料价带顶和导带底的电位值。图 1-10(c)为在暗光条件下测得的 WO_3 薄膜电极的线性伏安曲线，通过拟合直线的延长线与横坐标相交的交点即可得到 WO_3 薄膜的价带顶电位 $E_v=3.13$ V(vs. RHE)。最后，利用导带底电位 E_c 与价带顶电位 E_v 和禁带宽度 E_g 的关系，即 $E_c=E_v-E_g$，可以求出 WO_3 薄膜的导带底电位 $E_c=0.35$ V(vs. RHE)。

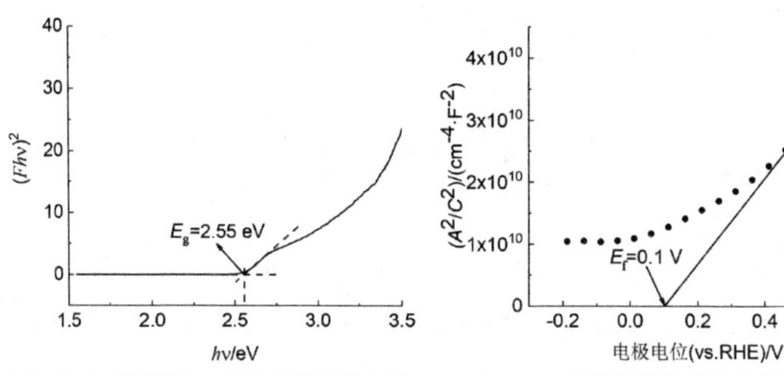

(a) $BiVO_4$ 薄膜的Tauc图及禁带宽度分析　(b) $BiVO_4$ 薄膜的莫特-肖特基曲线及平带电位的确定

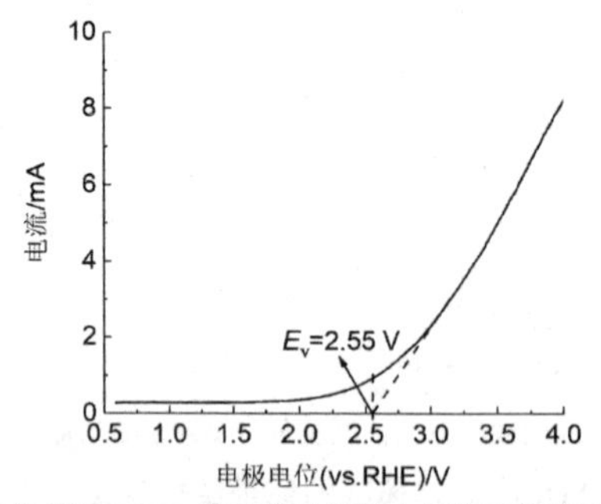

(c) 暗光条件下 $BiVO_4$ 薄膜的线性伏安曲线及价带顶位置的确定

图 1-11　$BiVO_4$ 半导体薄膜的能带结构表征

同样地，利用上述 WO_3 能带结构表征和计算的方法，可以得到 $BiVO_4$ 半导体薄膜的能带结构，见图 1-11。通过本部分的测试表征，得到的 WO_3 和 $BiVO_4$ 半导体薄膜的具体能带结构数值见表 1-1。

表 1-1 所制备的 WO_3 和 $BiVO_4$ 半导体薄膜的具体能带结构

	E_f^* /V	E_g/eV	E_c^* /V	E_v^* /V
WO_3	0.64	2.78	0.35	3.13
$BiVO_4$	0.1	2.55	0	2.55

注:加 * 为相对于可逆氢电极(vs. RHE)。

通过对表 1-1 的数据进行分析,可以画出如图 1-12 所示的 WO_3 和 $BiVO_4$ 的能级结构排列示意图。从图可以看出 WO_3 和 $BiVO_4$ 之间复合后可以形成类型Ⅱ的异质结,即当 WO_3 和 $BiVO_4$ 受到光的激发后,光生电子将在内电势的作用下由 $BiVO_4$ 的导带向 WO_3 的导带转移,然后经 ITO 导电基体向外电路转移;而光生空穴同样在内电势的作用下将由 WO_3 的价带向 $BiVO_4$ 的价带转移,进而和电解质溶液中的氧化-还原电对相互作用。因此,光生电子和光生空穴将在界面内电场的作用下向不同方向迁移,从而大大减少了光生电子和空穴的分离,从而会提高 WO_3 和 $BiVO_4$ 复合薄膜的光电转化性能。

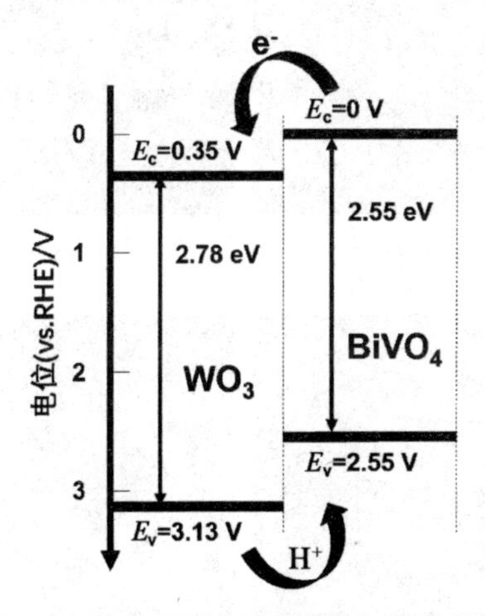

图 1-12 $WO_3/BiVO_4$ 异质结薄膜电极能级结构示意图

1.4.3 $WO_3/BiVO_4$ 复合薄膜光电极的结构表征

经过对 WO_3 和 $BiVO_4$ 薄膜的能带结构的表征和分析,证实两者之间具有形成类型 II 的异质结能带结构排列的良好条件,接着制备了 $WO_3/BiVO_4$ 异质结薄膜电极,并对该电极的形貌、晶型和元素构成进行了表征,最后对其光电转化性能进行了研究。

首先通过 FESEM 对所制备的 $WO_3/BiVO_4$ 异质结薄膜进行了表征测

试，作为对比，同时也对纯 WO_3 薄膜电极进行了表征，结果如图 1-13 所示。从图 1-13(a)所示的 WO_3 薄膜电极表面形貌的 FESEM 照片和图 1-13(b)所示的 WO_3 薄膜的截面 FESEM 照片可以看出，WO_3 薄膜是由粒径大小约为 70 nm 的颗粒堆积而成的多孔状结构，其膜厚约为 530 nm。图 1-13(c)为所制备的 $WO_3/BiVO_4$ 异质结薄膜的表面 FESEM 照片，从图中可以看出，由于 $BiVO_4$ 对 WO_3 层表面的包覆，使得原 WO_3 表面[图 1-13(a)]在喷涂了 $BiVO_4$ 后的表面孔隙度大幅减少。图 1-13(d)为所制备的 $WO_3/BiVO_4$ 异质结薄膜的截面 FESEM 照片，虽然从中难于清楚地分辨出 $BiVO_4$ 薄膜层的厚度以及其与 WO_3 层的清晰界面，但和图 1-13(b)对比，仍可看到 WO_3 上层部分空隙已被 $BiVO_4$ 填充。

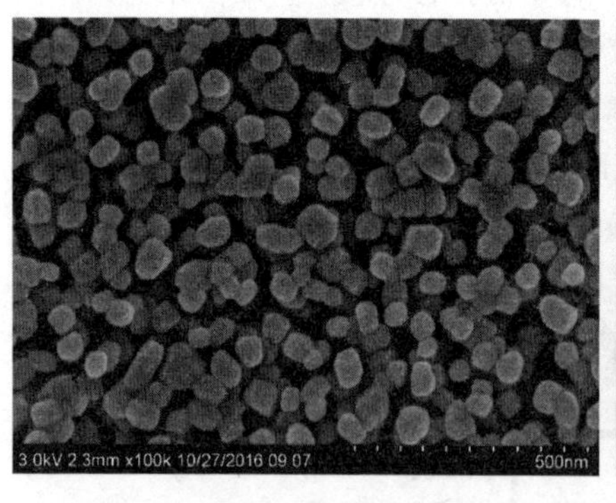

(a) WO_3 薄膜的表面

3.0kV 2.7mm x100k 10/27/2016 11:24 500nm

(b) WO_3 薄膜的截面

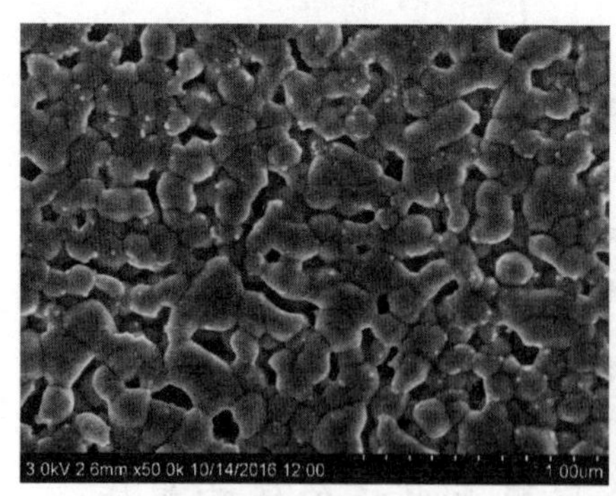

(c) $WO_3/BiVO_4$ 异质结薄膜的表面

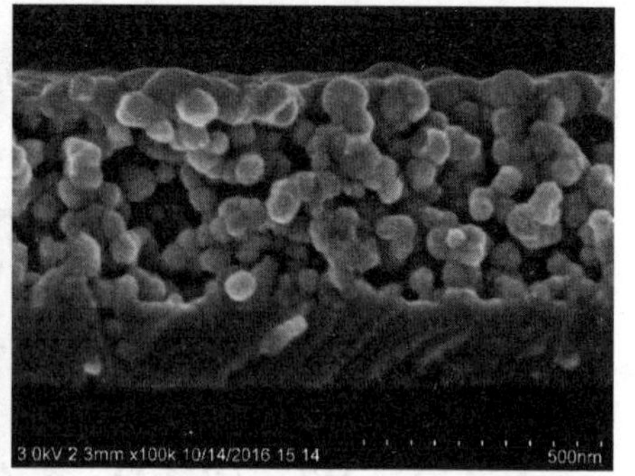

(d) $WO_3/BiVO_4$ 异质结薄膜的截面

图 1-13　WO_3 薄膜和 $WO_3/BiVO_4$ 异质结薄膜的 FESEM 图

接着，采用 X 射线衍射(X-ray Diffraction，XRD)技术对所制备的 WO_3 薄膜和 $WO_3/BiVO_4$ 异质结薄膜的晶相结构进行了分析表征，结果如图 1-14 所示。通过与 PDF No. 89-1287、No. 20-1323 标准卡片比对，图 1-14 中下方曲线中位于 23.6°、24°和 24.8°处的三个衍射峰可归属为单斜晶系 WO_3 薄膜的(002)、(020)和(200)晶面的衍射。图 1-14 中上方曲线的衍射峰中除了包含 WO_3 薄膜的特征峰位之外，在 12.0°和 17.7°处的衍射峰对应于单斜晶系 $BiVO_4$ 的(002)和(101)晶面衍射。$WO_3/BiVO_4$ 异质结薄膜的 XRD 表征 $WO_3/BiVO_4$ 异质结薄膜由单斜晶系的 WO_3 和同样为单斜晶系的 $BiVO_4$ 组成。此外，图中衍射峰峰形较为尖锐，这表明该制备方法所形成的薄膜结晶度较好[46]。

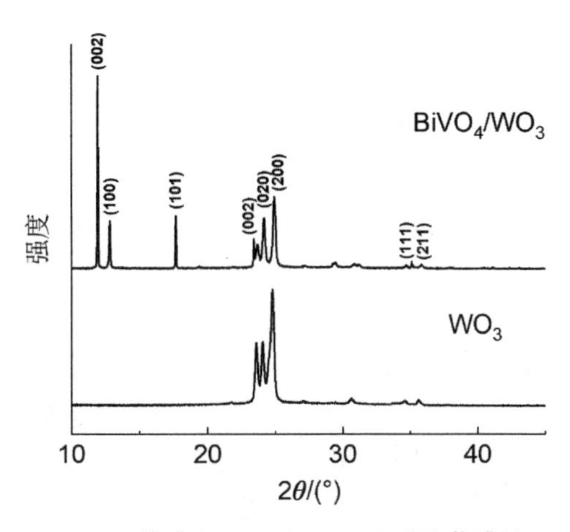

图 1-14　WO_3 薄膜和 $WO_3/BiVO_4$ 异质结薄膜的 XRD 图谱

然后，通过 X 射线光电子能谱(X-ray Photoelectron Spectroscopy，XPS)，对所制备的 WO_3 薄膜及 $WO_3/BiVO_4$ 异质结薄膜所含元素及其价态进行了分析和对比。图 1-15(a)为 WO_3 薄膜和 $WO_3/BiVO_4$ 异质结薄膜的 XPS 全谱，从中可以看出，和 WO_3 薄膜 XPS 全谱中仅有 W、O 和 C 元素相比，$WO_3/BiVO_4$ 异质结薄膜全谱中还出现了 Bi 和 V 元素，这说明 $BiVO_4$ 被成功地复合到 WO_3 的表面。接着，对 WO_3 薄膜和 $WO_3/BiVO_4$ 异质结薄膜中各个元素的谱图也进行了分析和对比，以进一步了解各个元素的存在状态。图 1-15(b)为 WO_3 薄膜和 $WO_3/BiVO_4$ 异质结薄膜中 W 元素 4f 轨道的高分辨谱，从中可以看出两种薄膜中 W4f 峰的结合能基本没有改变，$W4f_{5/2}$ 和 $W4f_{7/2}$ 轨道峰分别位于 37.38 eV 和 35.28 eV 处附近，表明了两种薄膜中 W 元素都以 W^{6+} 的形式存在。图 1-15(c)为 WO_3 薄膜和 $WO_3/BiVO_4$ 异质结薄膜中 O 元素 1s 轨道的高分辨谱，可以看出位于 530.28 eV 的 O1s 峰，可归属于 WO_3 晶格中的 O^{2-}，这表明了 WO_3 的形成[47−48]。当形成 $WO_3/BiVO_4$ 异质结薄膜时，新出现了位于 531.18 eV 的 O1s 特征峰，此峰可归属为 $BiVO_4$ 晶格氧。图 1-15(d)和(e)分别为 Bi 元素的 4f 轨道和 V 元素的 2p 轨道高分辨谱，其中 $Bi4f_{5/2}$ 和 $Bi4f_{7/2}$ 特征峰分别位于 164.28 eV 和 158.88 eV

处，$V2p_{1/2}$和$V2p_{3/2}$特征峰分别位于524.18 eV和516.58 eV处，表明了$WO_3/BiVO_4$异质结中Bi元素和V元素分别以Bi^{3+}和V^{5+}态存在。通过以上对WO_3薄膜及$WO_3/BiVO_4$异质结薄膜的XPS分析可以得出，成功制备了$WO_3/BiVO_4$复合异质结薄膜电极[49-50]。

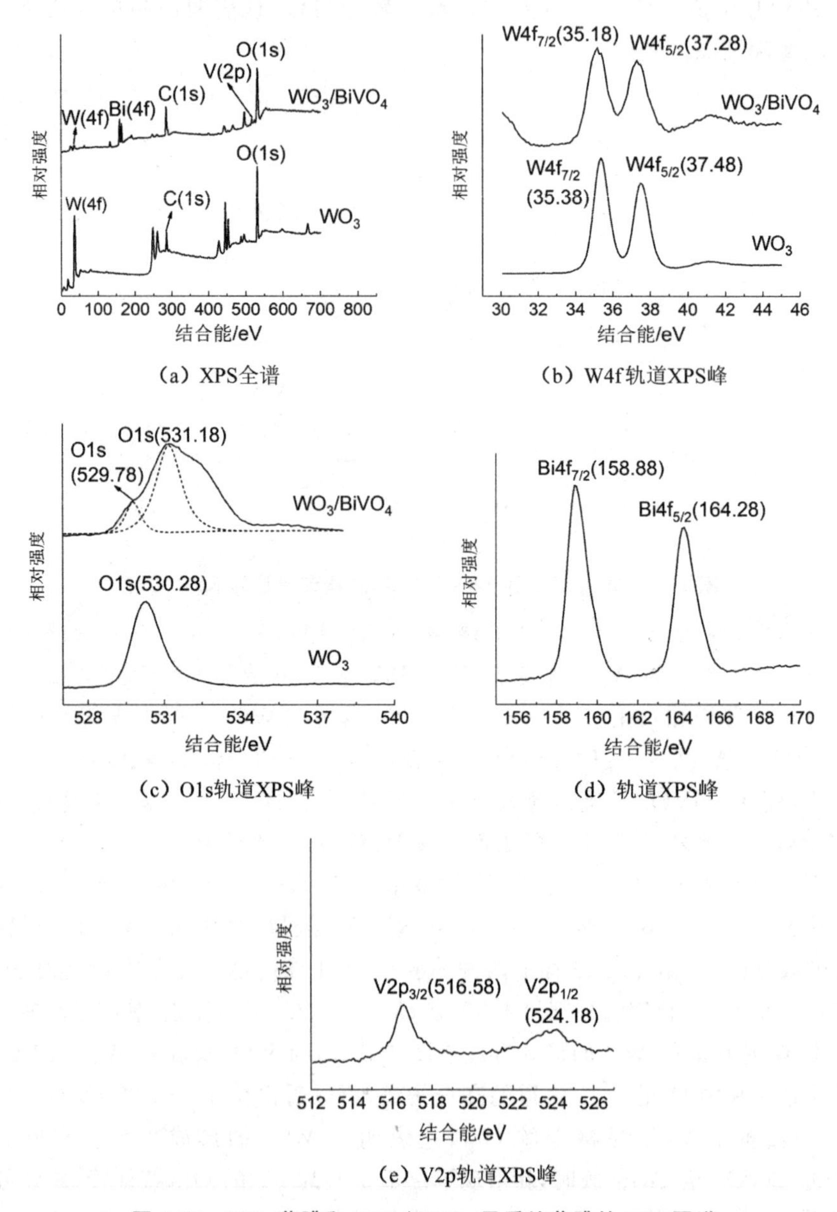

图1-15　WO_3薄膜和$WO_3/BiVO_4$异质结薄膜的XPS图谱

1.5　$WO_3/BiVO_4$ 复合薄膜光电极光电催化 CO_2 还原的研究

1.5.1　反应体系及原理

本实验中(图 1-16),以 $WO_3/BiVO_4$ 复合薄膜为光阳极,以银片为电阴极 CO_2 还原催化剂,阳极电解质为有较高空穴捕获能力的 pH=3 柠檬酸-磷酸氢二钠缓冲液,阴极电解质使用 0.454 mol/L 的[NH_2C_3MIm][Br]水溶液促进 CO_2 的吸收和转化。以 500 W 氙灯为光源,并调节强度为 100 mW/cm^2,使用 Keithley 2450 数字源表在光阳极和阴极之间施加一定的电压。

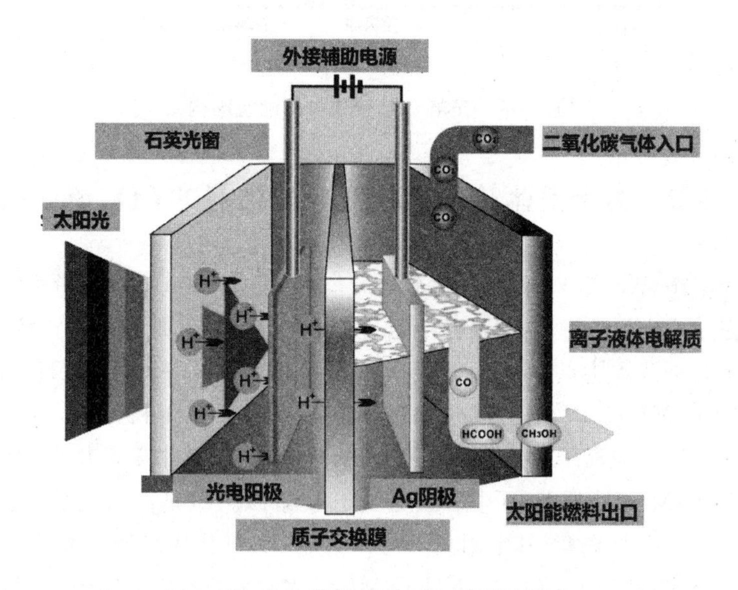

图 1-16　光电催化还原 CO_2 原理示意图

根据以上能带结构表征,图 1-17 显示了光电 CO_2 转换的能量结构图,其中光子被 $WO_3/BiVO_4$ 光电阳极吸收以产生电子和空穴,然后通过内部电场将空穴分离,并转移到光电阳极的表面将 H_2O 氧化成 O_2 和 H^+。而光生电子被转移到 Ag 的阴极并与通过质子交换膜的 H^+ 将 CO_2 转化为太阳能燃料。

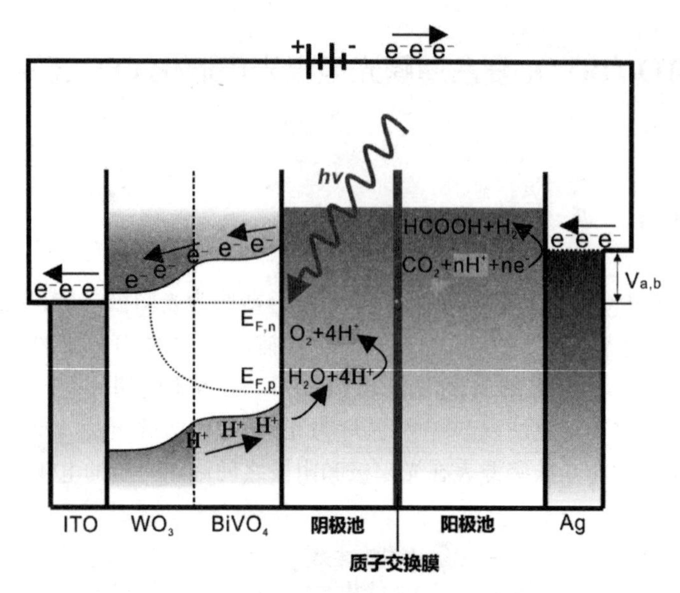

图 1-17　光电 CO_2 转化中的能量结构图

1.5.2　离子液体作为吸收剂和活化剂下 CO_2 的转化性能

经过测试发现，CO_2 在 0.454 mol/L $[NH_2C_3MIm][Br]$水溶液中的溶解度为 0.211 mol/L，这明显高于已经报道的 CO_2 在 $KHCO_3$ 水溶液与非功能化离子液体中的溶解度。根据以前报道的 CO_2 的吸收机理，对 CO_2 在$[NH_2C_3MIm][Br]$水溶液中的吸收机理进行了推测和分析。如图 1-18 所示，式(1)是纯离子液体与 CO_2 之间的吸收平衡，其中氨基功能化的阳离子$[NH_2C_3MIm]^+$捕获 CO_2 形成氨基甲酸酯；式(2)是离子液体水溶液与 CO_2 之间的吸收平衡，其中阳离子与 CO_2 和 H_2O 作用形成碳酸盐；结合以上两个公式，得到了 CO_2 在$[NH_2C_3MIm][Br]$水溶液中的吸收平衡式(3)。在光电催化还原 CO_2 的过程中，随着 CO_2 分子被消耗，已经形成的氨基甲酸盐会连续不断地释放出 CO_2 以参与还原反应。因此，利用$[NH_2C_3MIm][Br]$水溶液作为光电催化还原 CO_2 阴极的电解质可以促进 CO_2 高效的吸收和转化。

为了研究光电催化还原 CO_2 的反应中离子液体的作用，我们比较了$[NH_2C_3MIm][Br]$水溶液中与常用于光电催化 CO_2 还原的电解质 $KHCO_3$ 的水溶液中 CO_2 的循环伏安曲线。通常来说，还原电流达到 0.6 mA/cm^2 时的电位即可定义为还原初始电位。从图 1-19 中氮气饱和的$[NH_2C_3MIm]$

[Br]水溶液的伏安曲线可以看出，此溶液中 H_2O 还原为 H_2 的初始电位为－0.24 V，而当还原电位达到－0.34 V 时，还原电流密度开始快速增大。而 CO_2 饱和的[NH_2C_3MIm][Br]水溶液循环伏安图与氮气饱和的[NH_2C_3MIm][Br]水溶液的循环伏安曲线非常相似，但是其初始电位向负方向移动到－0.38 V，这表明在溶液中不仅有 H_2O 的还原，而且发生了 CO_2 的还原。初始电位的负移同时也表明了，相比于 H_2O 还原为 H_2 的还原电位，CO_2 还原为 HCOOH 的还原电位更负。由 CO_2 饱和的 $KHCO_3$ 水溶液的循环伏安曲线可知，CO_2 还原的初始电位为－0.47 V。与 $KHCO_3$ 水溶液相比，CO_2 饱和的[NH_2C_3MIm][Br]水溶液中 CO_2 还原的初始电位从－0.47 V 正移到 －0.38 V，这表明在[NH_2C_3MIm][Br]水溶液的 CO_2 还原的过电势减小了。这可能主要是因为离子液体的阳离子与 CO_2 之间络合物的形成降低了反应能垒从而导致了过电势的降低。

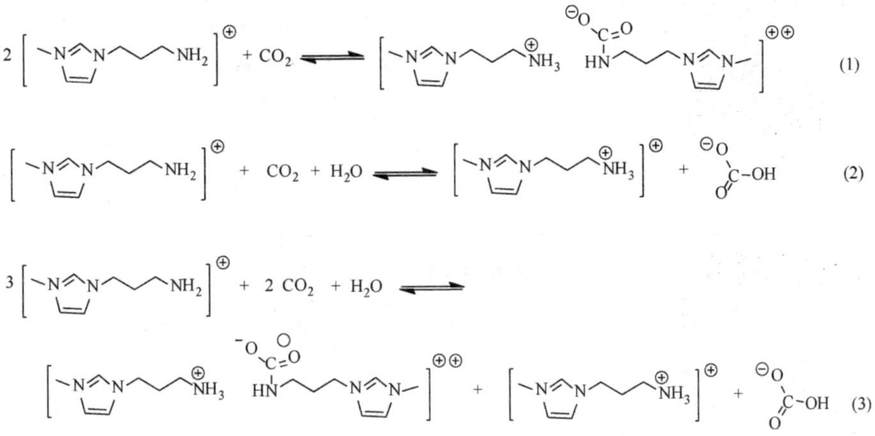

(1)

(2)

(3)

图 1-18　[NH_2C_3MIm][Br]水溶液的 CO_2 吸收机理

本实验中，我们在保证其他实验条件相同的情况下，分别在不同外加电压(1.1 V、1.3 V、1.5 V、1.7 V、1.9 V、2.1 V、2.3 V、2.5 V)进行光电催化还原 CO_2 的实验。反应 4 h 后，通过气相色谱对光电催化还原 CO_2 的还原产物进行了分析，其中气相的主要产物是 H_2，液相的主要产物是 HCOOH。我们主要考察了不同外加电压对光电催化还原 CO_2 过程中不同还原产物的产量和法拉第电流效率的影响。

图 1-20 是施加不同外加电压时光电催化还原 CO_2 过程中还原产物 H_2 和 HCOOH 的产量变化曲线图。从中可以看出，H_2 和 HCOOH 的产量都随着外加电压的增大而增加。当外加电压从 1.1 V 增大到 2.5 V 时，HCOOH 的产量由 0 mmol 快速增加到 0.82 mmol。但是，当外加电压从

1.1 V 增大到 1.7 V,H_2 的产量基本没有增加并且产量非常小仅为 0.022 mmol;当外加电压大于 1.7 V 时,H_2 的产量才开始缓慢的增加,在外加电压为 2.5 V 时,其产量达到最大值 0.151 mmol。我们知道在光电催化反应系统的阴极区,H_2O 还原产生 H_2 与 CO_2 的还原是一对竞争反应,而通过以上分析我们发现本实验体系中 H_2 的产量非常小且随外加电压的增大增加得非常缓慢,而 CO_2 的还原产物 HCOOH 则随外加电压的增大而快速增加。这表明阴极区 1-胺丙基-3-甲基咪唑溴盐离子的使用有效地抑制了 H_2O 还原产生 H_2。

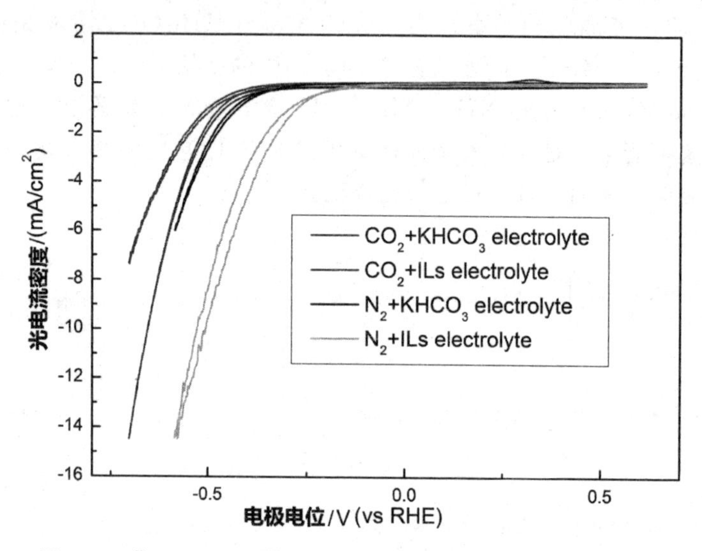

图 1-19 [NH_2C_3MIm][Br]与 $KHCO_3$ 水溶液的循环伏安曲线

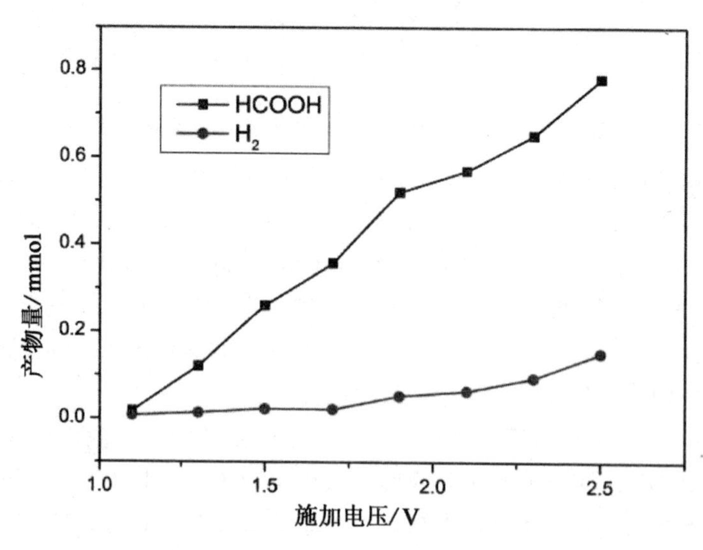

图 1-20 不同外加电压时产物量的变化

图 1-21 是不同外加电压时光电催化 CO_2 还原中不同还原产物的法拉第效率曲线图。从图中可以观察到，随着外加电压的增大，HCOOH 的法拉第效率先增大后减小，在外加电压大于 1.7 V 时，其法拉第效率达到最大值 94.1%。而 H_2 的法拉第效率先减小后增大，而在外加电压为 1.7 V 时，其法拉第效率达到最小值。我们还注意到，HCOOH 的法拉第效率始终都比较大(大于 80%)，而 H_2 的法拉第效率最大没有超过 20%。这说明反应过程中通过外电路转移到阴极的电子大部分被用于 CO_2 的还原产生 HCOOH，而 H_2 的产生被有效的抑制。

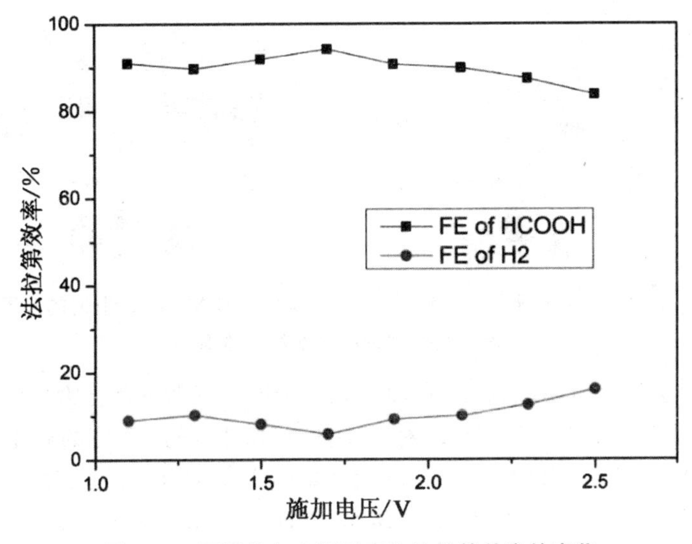

图 1-21 不同外加电压时产物法拉第效率的变化

1.5.3 氨基功能化离子液体辅助光电催化 CO_2 还原的反应机理

为了提供功能化离子液体活化 CO_2 更多的证据，量子化学计算被用于获得从阴极接收一个电子之后离子液体阳离子和 CO_2 之间形成的中间体中 C2…CO_2 的相互作用强度。中间体$[C_4MImCO_2]_{(ad)}$和$[NH_2C_3MImCO_2]_{(ad)}$的最低能量结构如图 1-22 所示。可以看出$[NH_2C_3MImCO_2]_{(ad)}$中 C2…CO_2 的键长(1.75 Å)比$[C_4MImCO_2]_{(ad)}$中 C2…CO_2 的键长(1.90 Å)短得多，这意味着$[NH_2C_3MIm]^+_{(ad)}$的 C2 与 CO_2 之间的相互作用强于$[C_4MIm]^+_{(ad)}$的 C2 之间的相互作用。这也可以通过计算得到的这两种离子

液体的 CO_2 和阳离子之间的结合能来支持（对于[NH_2C_3MIm]$^{+}_{(ad)}$ 和 [C_4MIm]$^{+}_{(ad)}$ 分别为 -23.6 kJ/mol 和 -3.4 kJ/mol）。因此，与[C_4MIm]$^{+}_{(ad)}$ 相比，[NH_2C_3MIm]$^{+}_{(ad)}$ 与 CO_2 更容易形成中间体可能是 [NH_2C_3MIm][Br] 水溶液中形成 HCOOH 具有较高 FE 的原因。基于上述分析和先前的报道[51−54]，还提出了在功能化离子液体作为电解质和活化剂下 CO_2 转化为 HCOOH 的途径(图 1-22)。

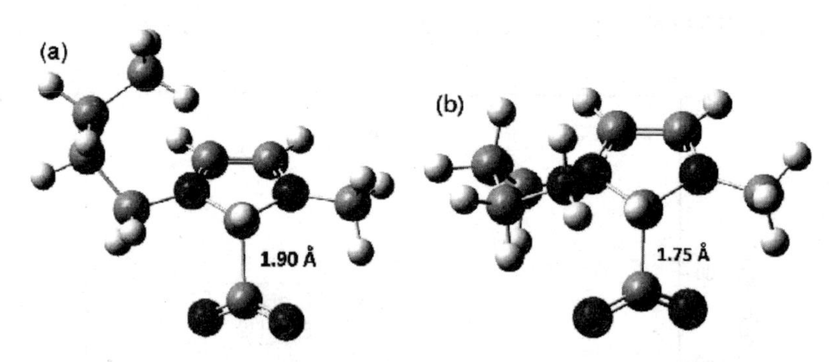

图 1-22　在 CO_2 与离子液体[C_4MIm][Br](a)和[NH_2C_3MIm][Br](b)的阳离子之间形成的中间体的最低能量结构

结合上述分析，我们提出了 CO_2 在离子液体辅助下转化为甲酸的可能途径(图 1-23)：首先，CO_2 通过对[NH_2C_3MIm]$^{+}_{(ad)}$ 的 C2 位的亲电进攻形成中间体[$NH_2C_3MImCO_2$]$_{(ad)}$，然后 C2－H 键被破坏之后质子转移到 CO_2 中的氧原子，导致咪唑-2-羧酸酯[$NH_2C_3MImCOOH$]$_{(ad)}$ 的形成[式(1)]。随后，在获得一个电子和两个质子后，[$NH_2C_3MImCOOH$]$_{(ad)}$ 的 C—C 键断裂，最终获得 COOH 产物[式(2)]。

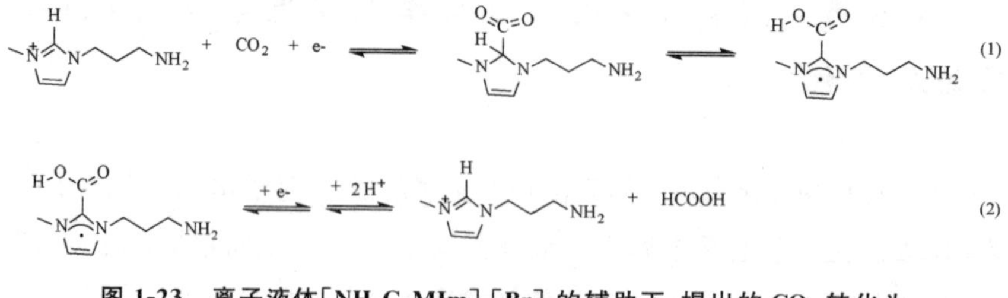

+ CO_2 + e- (1)

+ e-　+ 2H$^+$　+ HCOOH (2)

图 1-23　离子液体[NH_2C_3MIm][Br] 的辅助下，提出的 CO_2 转化为 HCOOH 的可能途径

1.5.4　不同外加电压时光电催化还原 CO_2 的光电转化效率

本实验中，我们通过数字源表提供外加电压进行光电催化 CO_2 还原实验的同时，并通过其记录了光电催化 CO_2 还原反应过程中的光电流变化。以 Ag/AgCl 作为光阳极参比电极，还通过电化学工作站开路电压方法记录了光阳极的电位变化。我们主要考察了不同外加电压对光电催化还原 CO_2 中阳极电位和光电流的影响。图 1-24 是不同外加电压时的光电催化还原 CO_2 中阳极电位变化曲线图。从图中可以明显观察到，随着外加电压的增大，阳极电位同步增加。

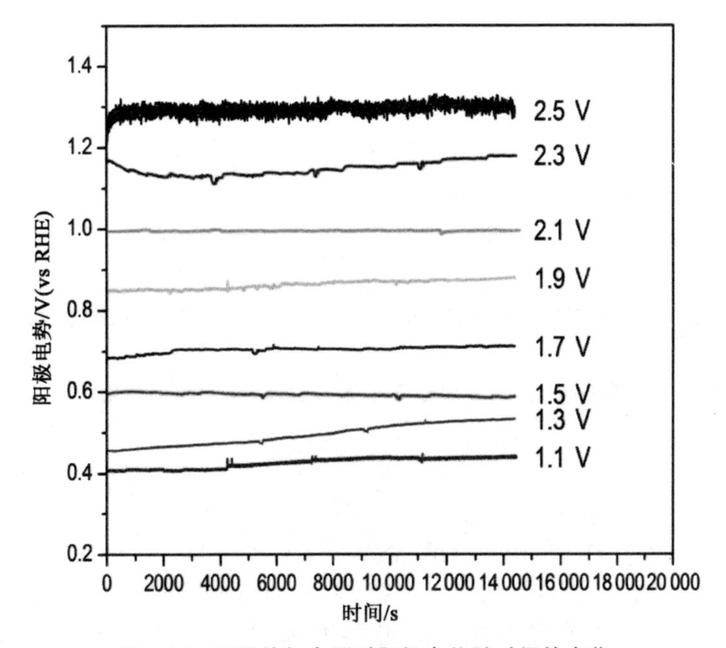

图 1-24 不同外加电压时阳极电位随时间的变化

图 1-25 是不同外加电压时光电催化还原 CO_2 中光电流变化曲线图。从图中可以明显观察到，光电流随着外加电压的增大而增加。我们认为光电流的增大与阳极电位的增加之间存在一定的联系，在光电催化还原 CO_2 反应过程中，当外加电压增加时，首先引起阳极电位的增加，而阳极电位的增加使光阳极 $WO_3/BiVO_4$ 复合半导体能带更加弯曲，这更加有利于光生电子-空穴的分离，最终提高了光电流。

根据图 1-24 提供的电位和图 1-25 提供的电流数据，以及获得转化产物的量，进一步计算了本光电转化体系中的能量转化效率。由于光电催化还原 CO_2 系统的能量主要由光能和电能两部分提供，还分别计算了这两部分能量的转化效率。通过公式(1)计算得到电能的转化效率 η_{ECE}，通过公式(2)计算得到光能的转化效率 η_{PCE}。

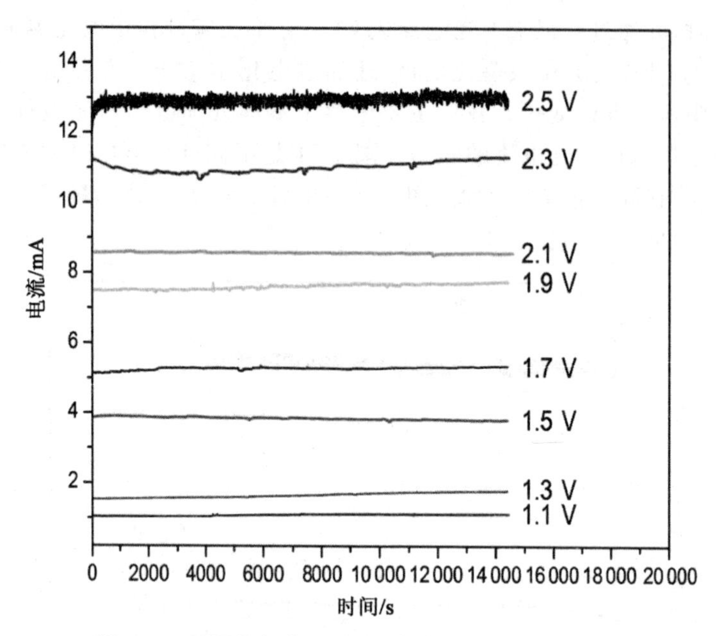

图 1-25　不同外加电压时，反应过程中光电流的变化

$$\eta_{ECE}=\frac{\Sigma n_i(\mathrm{mmol})\Delta G_{m,i}(\mathrm{kJ/mol})}{V_{app}(V)Q(C)}\times 100\% \qquad (1)$$

$$\eta_{PCE}=\frac{\Sigma n_i(\mathrm{mmol})\Delta G_{m,i}(\mathrm{kJ/mol})-V_{app}(V)Q(C)}{P_{in}(\mathrm{mW/cm^2})S_e(\mathrm{cm^2})t(\mathrm{s})/1\ 000}\times 100\% \qquad (2)$$

在上面的公式中，n_i 代表了产物 H_2 和 HCOOH 的摩尔数；$\Delta G_{m,i}$是不同产物的标准摩尔吉布斯生成能（HCOOH 的标准吉布斯生成能是 285.57 J/mol，H_2 的标准吉布斯生成能是 237.19 J/mol）；V_{app}是光阳极与阴极之间外加的电压；Q 是反应过程中通过的电荷库仑数；P_{in}是照射在光阳极表面的光照强度；S_e 是光阳极的有效光照面积；t 是光电催化还原 CO_2 的反应时间。

表 1-2　不同外加电压时还原产物的量及计算的相应效率

外加电压/V	电荷数/C	HCOOH 的产量/mmol	H_2 的产量/mmol	电能-化学能转化效率/%	光能净转化效率/%
2.5	180.0	0.782	0.151	57.57	−2.20
2.3	144.2	0.652	0.094	62.48	−2.16
2.1	122.4	0.570	0.064	69.26	−1.37
1.9	110.9	0.521	0.053	76.66	−0.85

续表

外加电压/V	电荷数/C	HCOOH 的产量/mmol	H_2 的产量/mmol	电能-化学能转化效率/%	光能净转化效率/%
1.7	73.4	0.358	0.022	86.18	−0.30
1.5	54.7	0.216	0.023	97.29	−0.04
1.3	25.9	0.121	0.014	111.85	0.07
1.1	17.3	0.081	0.008	132.51	0.11

表1-2是不同外加电压时光电催化还原 CO_2 的主要还原产物的量及计算的相应效率。从表中可以明显观察到，随着外加电压的降低，光电催化还原 CO_2 的电能-化学能的转化效率不断增大。这主要是因为当外加电压降低时光电流也会随之减小，而光电流的减小意味着用于克服质子交换膜和电解质溶液的阻抗所引起的能量损耗的降低，因此使得电能-化学能的转化效率增大。

此外，我们注意到，当外加电压小于1.5 V时，电能-化学能的转化效率将大于100%，这意味着储存在还原产物中的化学能已经大于了所消耗的电能。因此，大于100%的这部分能量主要是由光能所提供的，也就是说光能补偿了光电反应过程中由过电势和阻抗引起的能量损失，这一点也可从光能的净转化效率得到验证。从表中可以看出，当外加电压小于1.5 V时，光能的净转化效率是正值，这表明了在光电催化还原 CO_2 过程中有一部分光能转化为化学能而存储在了还原产物中。应当说明的是，当外加电压大于1.5 V时，光能的净转化效率是负值，但这并不意味着光在光电催化还原 CO_2 过程中没有起作用或者起到负作用，这仅仅表明由光所提供的能量不能够完全补偿光电反应过程中由过电势和阻抗所引起的能量损失。

1.6 主要结论

(1)制备了 $WO_3/BiVO_4$ 复合薄膜光电极，考察了 WO_3 的前驱体溶液中聚乙二醇添加量、WO_3 薄膜厚度和 $BiVO_4$ 薄膜厚度对 $WO_3/BiVO_4$ 复合光电极的光电转化性能的影响。结果表明，添加聚乙二醇1 mL，WO_3 的前驱体溶液喷涂4次，$BiVO_4$ 的前躯体溶液喷涂2次时所制备得到的 $WO_3/BiVO_4$ 光电转化性能最好。

(2)采用所制备的 $WO_3/BiVO_4$ 复合薄膜为光阳极，以Ag片为阴极，以[NH_2C_3MIm][Br]水溶液作为阴极电解质，进行光电催化还原CO_2的实验。结果表明：CO_2还原的主要产物是HCOOH，其产量随外加电压的增大而快速增加，在外加电压为1.7 V时，其法拉第效率达到最大值94.1%。且在施加电压仅为1.1 V时，光能的净转化效率可以达到0.11%。离子液体[NH_2C_3MIm][Br]不仅起到吸收剂的作用增加了反应物CO_2的溶解度，而且可以通过与CO_2之间的相互作用降低了CO_2还原反应的过电势。

参考文献

[1] A B Robinson，N E Robinson，W Soon. The truth about human contribution to global warming environmental effects of increased atmospheric carbon dioxide[J]. *Journal of American Physicians and Surgeons*，2007(01)：103－105.

[2] M Mikkelsen. The teraton challenge. A review of fixation and transformation of carbon dioxide[J]. *Energy & Environmental Science*，2009，3(1)：43-81.

[3] C Graves，S D Ebbesen，M Mogensen，et al. Sustainable hydrocarbon fuels by recycling CO_2 and H_2O with renewable or nuclear energy[J]. *Renewable & Sustainable Energy Reviews*，2011，15(1)：1-23.

[4] M Aresta，A Dibenedetto，A Angelini. The use of solar energy can enhance the conversion of carbon dioxide into energy-rich products：stepping towards artificial photosynthesis[J]. *Philosophical Transactions of the Royal Society a-Mathematical Physical and Engineering Sciences*，2013，371(1996)：111－112.

[5] N S Spinner，J A Vega，W E Mustain. ChemInform abstract：Recent progress in the electrochemical conversion and utilization of CO_2[J]. *ChemInform*，2012，43(13)：19-28.

[6] 吴改，程军，张梦，等. 太阳能光电催化还原CO_2的最新研究进展[J]. 浙江大学学报(工学版)，2013，47(4)：680-686.

[7] M Halmann. Photoelectrochemical reduction of aqueous carbon dioxide on p-type gallium phosphide in liquid junction solar cells[J]. *Nature*，1978，275(5676)：115-116.

[8] J Zhao，X Wang，Z Xu，et al. Hybrid catalysts for photoelectrochemical reduction of carbon dioxide：a prospective review on semiconduc-

tor/metal complex co-catalyst systems[J]. *Journal of Materials Chemistry A*, 2014, 2(37): 15228-15233.

[9] S Sato, T Morikawa, S Saeki, et al. Visible-light-induced selective CO_2 reduction utilizing a ruthenium complex electrocatalyst linked to a p-type nitrogen-doped Ta_2O_5 semiconductor[J]. *Angewandte Chemie International Edition*, 2010, 49(30): 5101-5.

[10] D Won, J Chung, S Park, et al. Photoelectrochemical production of useful fuels from carbon dioxide on a polypyrrole-coated p-ZnTe photocathode under visible light irradiation[J]. *Journal of Materials Chemistry A*, 2014, 3(3): 1089-1095.

[11] J Cheng, M Zhang, G Wu, et al. Photoelectrocatalytic reduction of CO_2 into chemicals using Pt-modified reduced graphene oxide combined with Pt-modified TiO_2 nanotubes[J]. *Environmental Science & Technology*, 2014, 48(12): 7076.

[12] G Magesh, E S Kim, H J Kang, et al. A versatile photoanode-driven photoelectrochemical system for conversion of CO_2 to fuels with high faradaic efficiencies at low bias potentials[J]. *Journal of Materials Chemistry A*, 2014, 2(7): 2044-2049.

[13] S Sato, T Arai, T Morikawa, et al. Selective CO_2 conversion to formate conjugated with H_2O oxidation utilizing semiconductor/complex hybrid photocatalysts[J]. *Journal of the American Chemical Society*, 2011, 133(39): 15240.

[14] S Xie, Q Zhang, G Liu, et al. Photocatalytic and photoelectrocatalytic reduction of CO_2 using heterogeneous catalysts with controlled nanostructures[J]. *Chemical Communications*, 2016, 52(1): 35-59.

[15] J Liu, C Y Baozhu. Photoelectrochemical reduction of carbon dioxide on a p + /p-Si photocathode in aqueous electrolyte[J]. *Journal of Electroanalytical Chemistry*, 1992, 324(1-2): 191-200.

[16] I Taniguchi, B Aurian-Blajeni, J O M Bockris. The reduction of carbon dioxide at illuminated p-type semiconductor electrodes in nonaqueous media[J]. *Electrochimica Acta*, 1984, 29(7): 923-932.

[17] J O M Bockris, J C Wass. On the photoelectrocatalytic reduction of carbon dioxide[J]. *Materials Chemistry & Physics*, 1989, 22(3-4): 249-280.

[18] 胡海涛. 水热合成 MoS_2/TiO_2NTs 和 FeS_2/TiO_2NTs 复合电极

及其光助电催化还原 CO_2 制备甲醇[D]. 泰安:山东农业大学,2013.

[19] D Gong,C A Grimes,O K Varghese,et al. Titanium oxide nanotube arrays prepared by anodic oxidation[J]. *Journal of Materials Research*,2001,16(12):3331-3334.

[20] Q Cai,M Paulose,O K Varghese,et al. The effect of electrolyte composition on the fabrication of self-organized titanium oxide nanotube arrays by anodic oxidation[J]. *Journal of Materials Research*,2005,20(01):230-236.

[21] M Paulose,H E Prakasam,O K Varghese,et al. TiO_2 nanotube arrays of 1 000 μm length by anodization of titanium foil:phenol red diffusion[J]. *The Journal of Physical Chemistry C*,2007,111(41):14992-14997.

[22] H E Prakasam,K Shankar,M Paulose,et al. A new benchmark for TiO_2 nanotube array growth by anodization[J]. *The Journal of Physical Chemistry C*,2007,111(20):7235-7241.

[23] K Shankar,G K Mor,H E Prakasam,et al. Highly-ordered TiO_2 nanotube arrays up to 220 μm in length:use in water photoelectrolysis and dye-sensitized solar cells[J]. *Nanotechnology*,2007,18(6):065707.

[24] S Rani,S C Roy,M Paulose,et al. Synthesis and applications of electrochemically self-assembled titania nanotube arrays[J]. *Physical Chemistry Chemical Physics*,2010,12(12):2780-2800.

[25] N K Allam,C A Grimes. Formation of vertically oriented TiO2 nanotube arrays using a fluoride free HCl aqueous electrolyte[J]. *The Journal of Physical Chemistry C*,2007,111(35):13028-13032.

[26] H-H Ou,S-L Lo,C-H Liao. N-doped TiO_2 prepared from microwave-assisted titanate nanotubes (Na_xH_2? xTi_3O_7):The effect of microwave irradiation during TNT synthesis on the visible light photoactivity of N-doped TiO_2[J]. *The Journal of Physical Chemistry C*,2011,115(10):4000-4007.

[27] Y J Zhang,Y C Wang,W Yan,et al. Synthesis of Cr_2O_3/TNTs nanocomposite and its photocatalytic hydrogen generation under visible light irradiation[J]. *Applied Surface Science*,2009,255(23):9508-9511.

[28] B K Vijayan,N M Dimitrijevic,J Wu,et al. The effects of Pt doping on the structure and visible light photoactivity of titania nanotubes[J]. *The Journal of Physical Chemistry C*,2010,114(49):21262-21269.

[29] J Zhu, D Yang, J Geng, et al. Synthesis and characterization of bamboo-like CdS/TiO_2 nanotubes composites with enhanced visible-light photocatalytic activity[J]. *Journal of Nanoparticle Research*, 2008, 10(5): 729-736.

[30] W Li, P Da, Y Zhang, et al. WO_3 nanoflakes for enhanced photoelectrochemical conversion[J]. *ACS Nano*, 2014, 8(11): 11770-11777.

[31] I Olliges - Stadler, J Stötzel, D Koziej, et al. Study of the chemical mechanism involved in the formation of Tungstite in benzyl alcohol by the advanced QEXAFS technique[J]. *Chemistry-A European Journal*, 2012, 18(8): 2305-2312.

[32] G Liu, X Wang, X Wang, et al. Photocatalytic H_2 and O_2 evolution over tungsten oxide dispersed on silica[J]. *Journal of catalysis*, 2012, 293, 61-66.

[33] X Zhang, L Gong, K Liu, et al. Tungsten oxide nanowires grown on carbon cloth as a flexible cold cathode[J]. *Advanced Materials*, 2010, 22(46): 5292-5296.

[34] A Z Sadek, H Zheng, M Breedon, et al. High-temperature anodized WO_3 nanoplatelet films for photosensitive devices[J]. *Langmuir*, 2009, 25(16): 9545-9551.

[35] J Z Ou, S Balendhran, M R Field, et al. The anodized crystalline WO_3 nanoporous network with enhanced electrochromic properties[J]. *Nanoscale*, 2012, 4(19): 5980-5988.

[36] L J Zhang, S Li, B K Liu, et al. Highly efficient CdS/WO_3 photocatalysts: Z-scheme photocatalytic mechanism for their enhanced photocatalytic H_2 evolution under visible light[J]. *Acs Catalysis*, 2014, 4(10): 3724-3729.

[37] Z F Huang, J J Song, L Pan, et al. Tungsten oxides for photocatalysis, electrochemistry, and phototherapy [J]. *Advanced Materials*, 2015, 27(36): 5309-5327.

[38] P M Rao, L Cai, C Liu, et al. Simultaneously efficient light absorption and charge separation in $WO_3/BiVO_4$ core/shell nanowire photoanode for photoelectrochemical water oxidation[J]. *Nano Letters*, 2014, 14(2): 1099-1105.

[39] J Su, L Guo, N Bao, et al. Nanostructured $WO_3/BiVO_4$ heterojunction films for efficient photoelectrochemical water splitting[J]. *Nano*

Letters,2011,11(5):1928-1933.

[40] E D Bates,R D Mayton,I Ntai,et al. CO_2 capture by a task-specific ionic liquid[J]. *Journal of the American Chemical Society*,2002,124(6):926-927.

[41] J Rosen,G S Hutchings,Q Lu,et al. Mechanistic insights into the electrochemical reduction of CO_2 to CO on nanostructured Ag surfaces [J]. *Acs Catalysis*,2015,5(7):4293-4299.

[42] M Khamooshi,K Parham,U Atikol. Overview of ionic liquids used as working fluids in absorption cycles[J]. *Advances in Mechanical Engineering*,2013,2013:300-306.

[43] H Kaneko,S Nishimoto,K Miyake,et al. Physical and electrochemichromic properties of rf sputtered tungsten oxide films[J]. *Journal of Applied Physics*,1986,59(7):2526-2534.

[44] S J Hong,S Lee,J S Jang,et al. Heterojunction $BiVO_4/WO_3$ electrodes for enhanced photoactivity of water oxidation[J]. *Energy & Environmental Science*,2011,4(5):1781-1787.

[45] S Ardo,G J Meyer. Photodriven heterogeneous charge transfer with transition-metal compounds anchored to TiO_2 semiconductor surfaces [J]. *Chemical Society Reviews*,2009,38(1):115-164.

[46] J Z Su,L J Guo,N Z Bao,et al. Nanostructured $WO_3/BiVO_4$ heterojunction films for efficient photoelectrochemical water splitting[J]. *Nano Lett.*,2011,11(5):1928-1933.

[47] L C Wang,Y Wang,Y Cheng,et al. Hydrogen-treated mesoporous WO_3 as a reducing agent of CO_2 to fuels (CH_4 and CH_3OH) with enhanced photothermal catalytic performance[J]. *Journal of Materials Chemistry A*,2016,4(14):5314-5322.

[48] G M Wang,Y C Ling,H Y Wang,et al. Hydrogen-treated WO_3 nanoflakes show enhanced photostability[J]. *Energy & Environmental Science*,2012,5(3):6180-6187.

[49] Q Y Zeng,J H Li,L S Li,et al. Synthesis of $WO_3/BiVO_4$ photoanode using a reaction of bismuth nitrate with peroxovanadate on WO_3 film for efficient photoelectrocatalytic water splitting and organic pollutant degradation[J]. *Appl. Catal. B-Environ*,2017,217:21-29.

[50] S P Berglund,A J Rettie,S Hoang,et al. Incorporation of Mo and W into nanostructured BiVO(4) films for efficient photoelectrochemi-

cal water oxidation[J]. *Physical Chemistry Chemical Physics*, 2012, 14(19):7065.

[51] B A Rosen, A Salehi-Khojin, M R Thorson, et al. Ionic liquid-mediated selective conversion of CO_2 to CO at low overpotentials[J]. *Science*, 2011, 334(6056):643-644.

[52] B A Rosen, J L Haan, P Mukherjee, et al. In situ spectroscopic examination of a low overpotential pathway for carbon dioxide conversion to carbon monoxide[J]. *J. Phys. Chem. C*, 2012, 116(29):15307-15312.

[53] L Y Sun, G K Ramesha, P V Kamat, et al. Switching the reaction course of electrochemical CO_2 reduction with ionic liquids[J]. *Langmuir*, 2014, 30(21):6302-6308.

[54] Y Q Wang, M Hatakeyama, K Ogata, et al. Activation of CO_2 by ionic liquid EMIM-BF_4 in the electrochemical system: a theoretical study[J]. *Phys. Chem. Chem. Phys.*, 2015, 17(36):23521-23531.

第2章　黑TiO_2纳米管的制备及其光电催化还原CO_2性能

2.1 引　言

近年来，TiO_2纳米管以其比表面积大、吸附能力强、光吸收性能好等特点得到广泛的关注和研究[1-2]。通常制备TiO_2-NTAs的方法主要有水热合成法、模板合成法和阳极氧化法。其中阳极氧化法与其他方法相比，具有过程简单、易于操作，重复性好，而且所制得的TiO_2-NTAs与Ti金属基底结合牢固等优点。但是，如何调控工艺参数，获得管径均一、管壁光滑且管口干净无杂质的TiO_2-NTAs依然存在很大困难。

此外，TiO_2-NTAs较低的光电转化效率限制了其在实际中的应用。这主要是因为作为n型半导体的TiO_2，其本身带隙较宽，只有波长小于387 nm的紫外光激发才能够显示出其光电转化活性。而紫外光部分只占太阳光总能量的5%左右，因此导致TiO_2总的光转化效率很低[3]。为解决这一问题，人们广泛采用外部金属元素或非金属元素掺杂的方法，使其光吸收范围向可见光区拓展，从而达到增加太阳光利用率进而提高光电转化性能的目的。但是，引入的杂元素不可避免会造成TiO_2的晶体结构缺陷，而这些缺陷又成为了新的光生电子-空穴复合中心，从而造成TiO_2总的光电转化性能并没有显著提高。近年来，通过将TiO_2晶格结构中Ti^{4+}部分还原为Ti^{3+}的方法，在TiO_2带隙结构中引入新的自掺杂能级，提高了TiO_2在可见光区的吸收[4-5]。并且，因为没有杂原子的引入和新的复合中心的形成，所以TiO_2的光电转化性能得到了显著的提高。由于自掺杂TiO_2在可见光区良好的吸收，而造成此种类型的TiO_2呈现褐色或黑色，因此被人们统称为黑TiO_2[6-7]。

本书在综合TiO_2纳米管和自掺杂改性两者优点基础上，首先采用阳极氧化法制备了TiO_2-NTAs，并研究了制备条件如电解液组成、氧化电压和后处理等对结构形貌的影响；接着，以氢气为还原剂采用高温热还原的

方法制备了黑 TiO_2-NTAs，并通过紫外-可见光谱和电化学线性伏安分别表征了其光吸收性能和光电转化性能，最后，以所制备的黑 TiO_2-NTAs 为光阳极、Ag 片为阴极，1-乙基-3-甲基咪唑四氟硼酸盐水溶液为电解质，开展了光电催化 CO_2 还原的研究。

2.2　实验部分

2.2.1　TiO_2-NTAs 的阳极氧化法制备

2.2.1.1　钛片的前处理

本实验采用的 Ti 金属基体为纯度 99.99%，尺寸 20 mm×40 mm×0.5 mm 的工业钛片。为了得到表面洁净的钛片，需要对工业钛片进行预处理，处理过程如下：首先，将钛片依次放入丙酮、乙醇、蒸馏水中各超声 10 min，以除去钛片表面的油污；接着，将钛片放入混酸（所用的混酸组成为 $HF : HNO_3 : H_2O = 1 : 3 : 16$（体积比））中化学抛光 30 s 以除去钛片表面的氧化层，然后用蒸馏水冲洗以去除钛片表面残留的酸渍；最后用氮气吹干，密封保存，备用。

2.2.1.2　电解液的选择

本实验制备 TiO_2-NTAs 采用阳极氧化法第三代含水有机物体系，主要采用乙二醇和丙三醇两种有机物体系：乙二醇体系电解液主要组成是 NH_4F、水和乙二醇；丙三醇体系电解液主要组成是 NH_4F、$(NH_4)_2SO_4$、水和丙三醇。

2.2.1.3　阳极氧化过程

阳极氧化过程在具有循环夹套的玻璃水浴电解池中进行，具体过程如下：首先向电解池中加入大约 100 mL 电解质；然后将处理好的钛片基体作为阳极，以铂网作为阴极，同时浸没到电解液中，并尽量保证钛片与铂网平行正对，钛片与铂网之间的距离为 1.5 cm；最后通过控制不同的阳极氧化工艺参数在钛片基体上形成 TiO_2-NTAs。

2.2.1.4 TiO_2-NTAs 的后处理

阳极氧化后得到的 TiO_2-NTAs 首先用去离子水冲洗以除去表面残留的电解液，然后再通过超声处理以除去纳米管口表面的杂质覆盖物，最后用氮气吹干。

2.2.2 高温氢化法制备黑 TiO_2-NTAs

通过高温氢化 TiO_2-NTAs 的工艺来制备黑 TiO_2-NTAs，具体过程如下：首先将阳极氧化法制得的 TiO_2-NTAs 放入管式马弗炉中，然后抽真空，接着通入氢气（流速为 30 mL/min）和氮气（流速为 200 mL/min）的混合气体作为还原气氛，马弗炉以 5 ℃/min 的速率升高温度至 500 ℃，恒温保持 2 h 后自然冷却至室温，即可制得黑 TiO_2-NTAs 样品。

2.2.3 TiO_2-NTAs 形貌表征和光电转化性能测试

TiO_2-NTAs 样品的表面形貌利用 Hitachi S-4800 冷场发射扫描电子显微镜进行表征。样品晶相结构采用 BRUCKER D8 X 射线衍射仪进行表征。样品的漫反射和吸收光谱采用北京普析通用仪器有限公司的 TU-1901 型紫外可见分光光度计（配备积分球）进行测试，测试时以精细 $BaSO_4$ 粉末所压制的薄片作参比。

TiO_2-NTAs 样品的光电转化性能测试采用标准的三电极体系，实验装置示意图如图 2-1 所示。在石英单池三电极电解池中，以 TiO_2-NTAs 作为工作电极（光电极），铂网作为对电极，饱和甘汞电极（SCE）作为参比电极，1 mol/L H_2SO_4 为支持电解质，H_2O_2（0.5 mol/L）作为空穴捕获剂。相应的线性伏安电化学测试和数据采集在 CHI 660E 电化学工作站上进行，扫描速率 5 mV/s；光源采用北京中教金源 CEL-HXUV300 型氙灯光源（配有 AM 1.5 滤光片），通过光强度计来测试其光功率密度，并调节光功率密度到 100 mW/cm^2；光电极的有效接受辐射区域面积为 1 cm×1 cm；光的通断通过电子开关定时器控制，频率为 0.2 Hz。

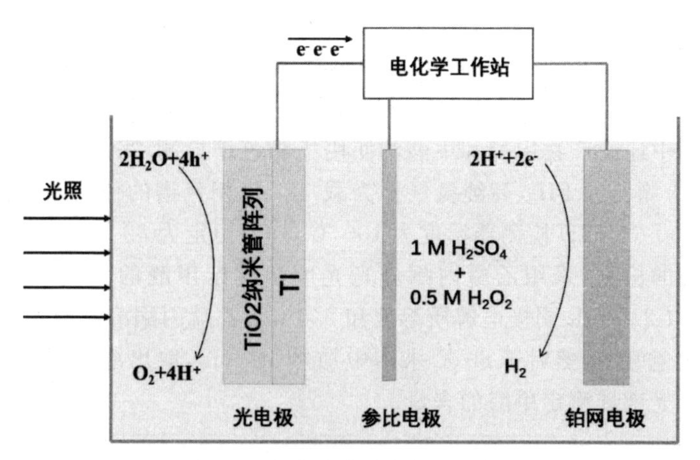

图 2-1　光电化学测试装置示意图

2.2.4　CO_2 还原产物的检测方法

CO_2 还原过程比较复杂，产物存在形式多样，既有液相也有气相产物。对于 CO_2 还原的气相产物采用在线气相色谱检测方法，而 CO_2 还原液相产物需经处理后采用离线气相色谱方法来检测。

2.2.4.1　气相产物 CO、CH_4 和 H_2 的在线检测

CO_2 还原气相产物的在线检测是通过两个六通阀的配合，定量采集反应混合气体送入气相色谱进行检测分析。色谱柱为 5A 分子筛双填充柱；检测器为热导检测器（TCD）和氢火焰离子化检测器（FID），FID 检测器前加装有一个甲烷转化炉，高纯氮气作为载气。

本实验主要的气相产物有 CO、CH_4、H_2。其中 H_2 通过 TCD 进行检测，CH_4 直接使用 FID 进行检测，CO 必须先经过转化炉，转化为甲烷后使用 FID 检测器进行检测。气相色谱的使用条件：进样口温度为 160 ℃；TCD 检测器温度为 160 ℃，桥电流为 70 mA；FID 检测器温度为 160 ℃；转化炉温度为 380 ℃，柱温恒定为 120 ℃。

2.2.4.2　液相中还原产物甲醇、甲酸和甲醛的检测

甲醇的检测：首先量取一定量反应后的阴极电解质溶液进行蒸馏，从而将产物与反应液中的离子液体电解质分离；然后利用气相色谱检测分析收集得到的馏出液，并计算得到甲醇的含量。

甲酸的检测：采用乙醇在酸性条件下将甲酸酯化为甲酸乙酯的方法进

行检测。具体步骤为:分别取 2.5 mL 阴极电解质溶液和 2.5 mL 硫酸乙醇溶液加入 20 mL 顶空进样瓶中,旋紧瓶盖密封后,放入顶空进样器加热区中 60 ℃加热 1.5 h,然后通过顶空进样器进样到气相色谱进行检测。

液相中还原产物甲醇和甲酸均使用气相色谱检测,采用 FFAP 极性毛细管柱,检测器为 FID,高纯氮气作为载气。气相色谱的使用条件:进样口温度为 100 ℃,FID 检测器温度为 130 ℃,柱温恒定为 80 ℃。

甲醛的检测:采用乙酰丙酮分光光度法测定甲醛的含量。具体步骤为:分别取 2.5 mL 阴极电解质溶液和 2.5 mL 乙酰丙酮溶液加入到 25 mL 的具塞比色管中,然后于 60 ℃水浴中加热 15 min,取出冷却后,通过紫外可见分光光度计测定甲醛的含量。

2.3 乙二醇电解液体系中 TiO_2-NTAs 的制备及其氢化

2.3.1 乙二醇电解液体系中阳极氧化法制备 TiO_2-NTAs 条件的优化

2.3.1.1 不同氧化次数对制备 TiO_2-NTAs 结构形貌的影响

本组实验中,我们主要研究了一步法和两步法所制得的 TiO_2-NTAs 样品结构形貌的不同。制备条件如下:电解液以乙二醇作为溶剂,其中含有 0.4 wt%的 NH_4F 和 3 vol%的 H_2O,氧化电压为 30 V,一步法氧化时间为 2 h;两步法时第一次氧化时间为 0.5 h、第二次氧化时间为 2 h。

图 2-2 是一步法制备 TiO_2-NTAs 的场发射扫描电镜(Field Emission Scanning Electron Microcopy,FESEM)图片,从中可以看出,一步法制备得到的 TiO_2-NTAs 煅烧后纳米管破碎严重,并且几乎完全从钛基底上脱落。图 2-3 是两步法制备 TiO_2-NTAs 的 FESEM 图,其中图 2-3(a)是一次氧化后经酸处理后 Ti 金属基体上留下的凹槽,图 2-3(b)是二次氧化后制备的 TiO_2 纳米管。通过图片可以看到一次阳极氧化后使用稀盐酸将 TiO_2 纳米管腐蚀,在钛金属基底表面形成排列有序非常规整的凹槽,随后二次氧化在此基础上继续生长,制得的 TiO_2-NTAs 不易脱落。

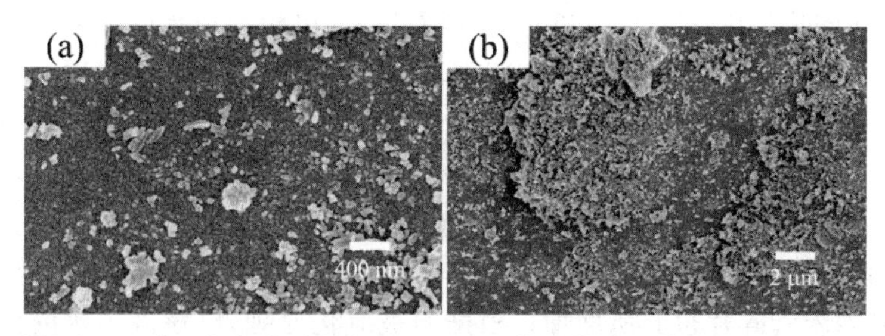

图 2-2 一步阳极氧化法制备 TiO_2-NTAs 样品煅烧后基体的 FESEM 图

(a)高倍像;(b)低倍像

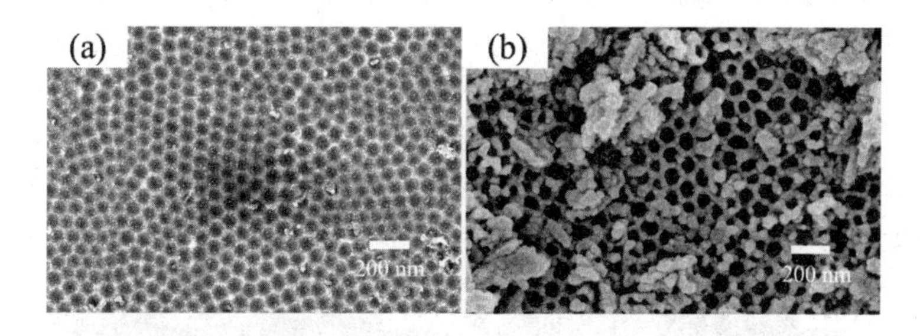

图 2-3 两步阳极氧化法制备 TiO_2-NTAs 的 FSESM 图

(a)一次氧化酸处理后基体上的凹槽;(b)二次氧化后制备的 TiO_2-NTAs

从一步法与两步法的对比可以看出,由于一次阳极氧化前钛片基底的表面微观形貌的不规整,存在许多不规则、无序的区域,氧化后的 TiO_2-NTAs 底部和钛金属基底表面之间存在一定内应力,这会降低阵列层和金属基体之间的结合强度,导致形成的 TiO_2-NTAs 容易与金属钛基体分离。而采用两步法,即一次阳极氧化后将 TiO_2-NTAs 腐蚀,这样会在钛基底表面留下非常规整且均匀致密分布的凹槽,在此基础上继续进行二次氧化时,在整个钛片表面电场强度分布比较均匀,并且在每个凹槽的中心位置电场强度最大,这样每个凹槽会形成新的孔核,最后生长为纳米管,从而可以制备出排列均匀有序、不易脱落的 TiO_2-NTAs。因此,本实验条件下主要采用两步法制备 TiO_2-NTAs。

2.3.1.2 电解液中水含量对 TiO_2-NTAs 结构形貌的影响

由于本实验采用的是乙二醇体系的混合电解液,其中含有一定量的水,为了考察电解液中水的含量对 TiO_2-NTAs 结构形貌(如纳米管的管径、壁厚、规整性以及纳米管表面是否有杂物覆盖)的影响,我们配制了水体积分数分别为 3%、4%、5%、6%的乙二醇混合电解液,其他制备条件不变。

图 2-4 是电解液中水的体积分数不同时,所制备的 TiO_2-NTAs 的

FESEM 图片。由图 2-4(a)和(b)可以看出，当电解液中水的体积分数较少为 3%和 4%时，所制备的 TiO_2-NTAs，管口参差不齐，表面堆积大量由破碎纳米管形成的碎片，且不易通过超声的方法清除。当水的体积分数为 5%时，所形成的纳米管阵列[图 2-4(c)]，管径均匀(约 120 nm)，管口整齐光滑，表面仅有少量的残留物，且具有较好的形貌。而当水的体积分数继续增加到 6%时，所形成的纳米管阵列[图 2-4(d)]，管口又变得参差不齐，表面的纳米管碎片也有所增加。根据阳极氧化原理，电解液中水的体积分数主要影响纳米管的生长速度。当乙二醇电解液中水的体积分数较少时，电解液黏度较大，电解质扩散较慢，造成纳米管的生长较慢且形成速率不一致，最终导致形成的纳米管参差不齐，且较大的电解液黏度也不利于表面碎片的脱离和清除。然而当乙二醇电解液中水的体积分数过大时，会导致纳米管生长速度过快，也不利于形成管径均匀，管口光滑的 TiO_2-NTAs。因此，本实验条件下，乙二醇电解液中水的体积分数为 5%时，纳米管的生长速度较为合适，从而形成了形貌良好的 TiO_2-NTAs。

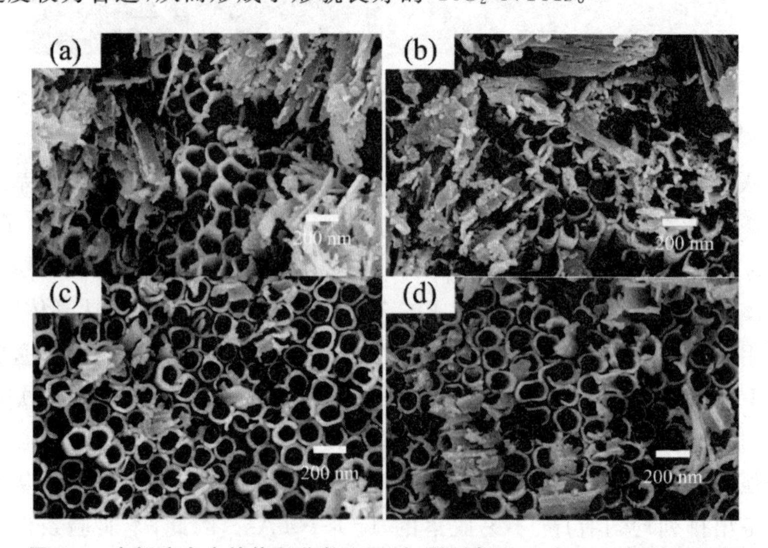

图 2-4　电解液中水的体积分数不同时，所制备 TiO_2-NTAs 的 FESEM 图

(a)3%；(b)4%；(c)5%；(d)6%

2.3.1.3　阳极氧化电压对 TiO_2-NTAs 结构形貌的影响

在本组实验中，我们研究了加载不同氧化电压对 TiO_2-NTAs 结构形貌的影响，包括纳米管的管径、壁厚、规整性以及纳米管表面是否有杂物覆盖。

图 2-5 是分别在 30 V、40 V、50 V、60 V 氧化电压下所制备 TiO_2-NT-

As 的 FESEM 图片。由图可以观察到，随着氧化电压的增大，TiO_2 纳米管管径不断增大（30 V、40 V、50 V、60 V 电压时的管径分别为 80 nm、100 nm、120 nm、140 nm），但管壁厚度基本没有变化（均为 20 nm 左右）。此外还可以看到，随着氧化电压的增大，TiO_2 纳米管管壁破损越来越严重，并且管口有大量纳米碎片的堆积。这主要是因为随着电压的增大，纳米管管径不断增大，管壁绝对厚度却没有变化，造成其相对厚度越来越小。这就导致纳米管越来越脆弱，而在超声处理过程中管口容易破碎，而且由此产生的纳米碎片会阻塞管口。

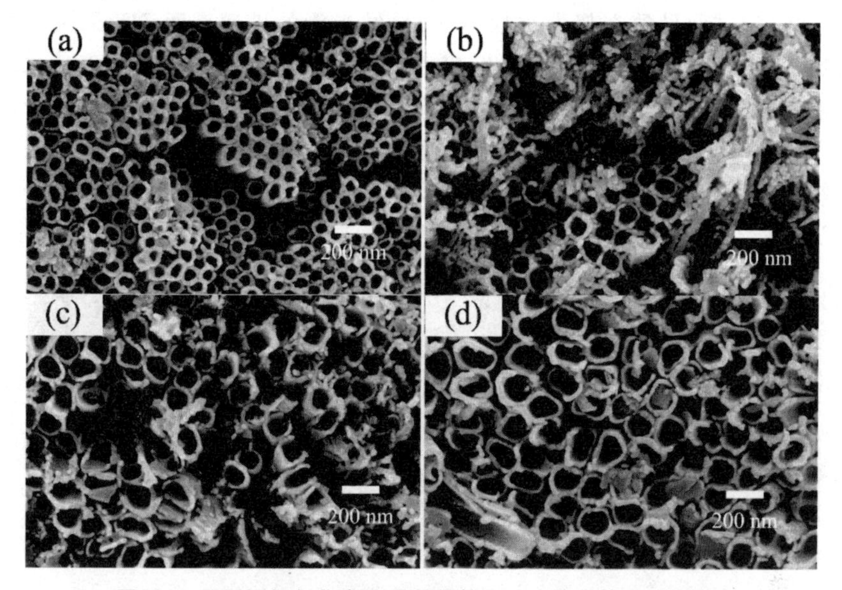

图 2-5　不同阳极氧化电压下所制备 TiO_2-NTAs 的 FESEM 图

(a)30 V；(b)40 V；(c)50 V；(d)60 V

阳极氧化电压与纳米管管径的关系是由在初期氧化膜表面形成的纳米孔数目决定的。在加载电压较大时，初期形成的氧化膜表面承受的电场强度大，被随机击穿的概率就大，则在氧化膜表面形成的纳米孔的数量就比较多，并且分布紧密，接着紧密分布的小孔会不断被刻蚀，在刻蚀过程中，距离比较近的几个纳米孔便合成一个直径更大的纳米孔，接下来就进入了纳米孔的稳定生长阶段，即纳米管的形成[8]。因此，本实验条件下，采用 30 V 氧化电压时，TiO_2-NTAs 管径比较合适，并且形貌较好。

2.3.1.4　不同超声液对 TiO_2-NTAs 后处理的影响

由于阳极氧化法直接制备得到的 TiO_2-NTAs 表面不干净，有许多纳米碎片存在堵塞了纳米管口，这会影响其光催化性能。在本组实验中，我们研究了使用不同超声液以及超声时间的处理对 TiO_2-NTAs 结构形貌的影响。

由图 2-6 可以看出，TiO_2-NTAs 在水溶液中超声 30 min[图 2-6(a)]后管口仍有少量纳米颗粒覆盖，并且管壁出现部分破损；而在乙醇中超声 30 min[图 2-6(b)]后，管口基本没有杂物，且管壁光滑无破损。由于超声溶液的表面张力和蒸气压是影响超声过程强度的两个主要因素，即超声溶液的表面张力越大，蒸气压越低，其超声强度就越大[9]。通过对比水和乙醇两种超声溶液，由于水溶液的表面张力较大，蒸气压较低而具有过大的超声强度，进而导致在超声过程中 TiO_2 纳米管的破碎。而乙醇的表面张力比水小，蒸气压又比水大，因此，以乙醇作为超声溶液产生的强度比水小且能量较为适中，既能去除纳米管表面聚集的纳米颗粒又不易使纳米管断裂破碎，从而得到的 TiO_2-NTAs 形貌较好。我们还对比了不同超声时间对纳米管表面覆盖物的去除率，最终优化得到 TiO_2-NTAs 的最佳后处理方法是在乙醇中超声 30 min。

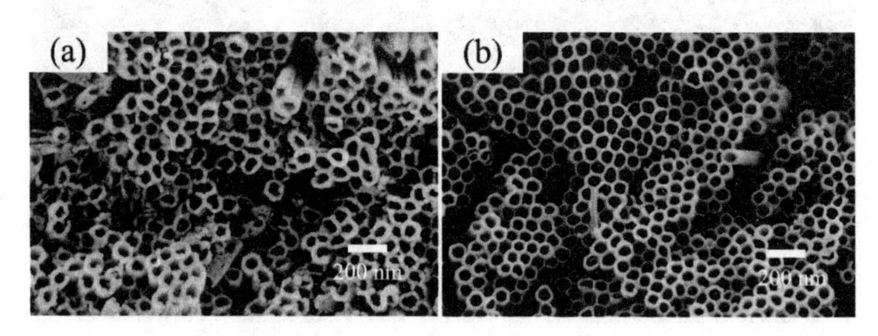

图 2-6　不同溶液中超声处理后 TiO_2-NTAs 的 FESEM 图

(a)水；(b)乙醇

2.3.2　高温氢化还原法制备黑 TiO_2-NTAs 及光吸收性能

在获得形貌良好，表面洁净的 TiO_2-NTAs 基础上，为了克服其本身带隙较宽(大约 3.25 eV)而仅能吸收紫外光的限制。我们采用高温 H_2 还原法进一步制备自掺杂的黑 TiO_2-NTAs，以期减小其带隙宽度，扩大对太阳光的响应，增强其对可见光的吸收。图 2-7 为采用积分球漫反射技术获得的氢化前后 TiO_2-NTAs 的紫外-可见光吸收谱图，从图中可以看到氢化后所制备的黑 TiO_2-NTAs 不论在紫外区(230～420 nm)还是可见光区(420～850 nm)，其对光的吸收率都有显著的提高，说明氢化后 TiO_2-NT-

As 的光吸收性能明显提高。

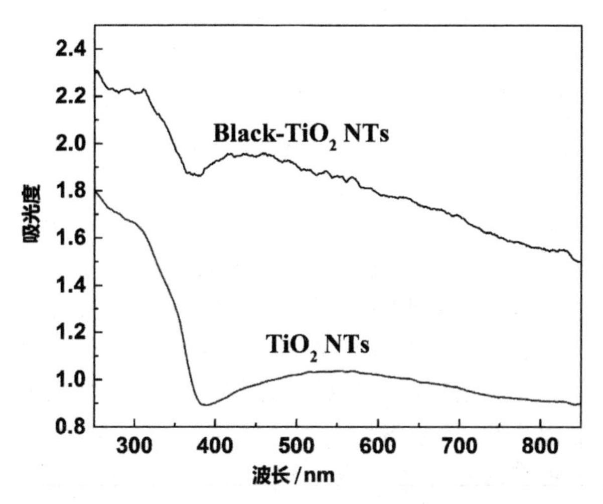

图 2-7　TiO_2-NTAs 氢化前后紫外-可见光吸收谱图

为了进一步研究氢化前后 TiO_2-NTAs 能带结构的变化，基于库贝尔卡-蒙克理论(Kuelka-Munk Theory)，通过作图法，得到了 TiO_2-NTAs 氢化前后的带隙宽度，如图 2-8 所示。由图可以得到未氢化的 TiO_2-NTAs 禁带宽度为 2.94 eV；氢化后带隙宽度减小为 2.81 eV，说明其最大吸收波长发生了红移，光吸收范围明显向可见光区拓展。相比于未氢化 TiO_2-NTAs，氢化后带隙宽度减小了 0.13 eV，这主要是因为高温氢化可以将 TiO_2 晶格结构中 Ti^{4+} 部分还原为 Ti^{3+}，而在 TiO_2 带隙结构中引入新的自掺杂能级，降低了其禁带宽度，从而提高了在紫外和可见光区，特别是可见光区的吸收性能。

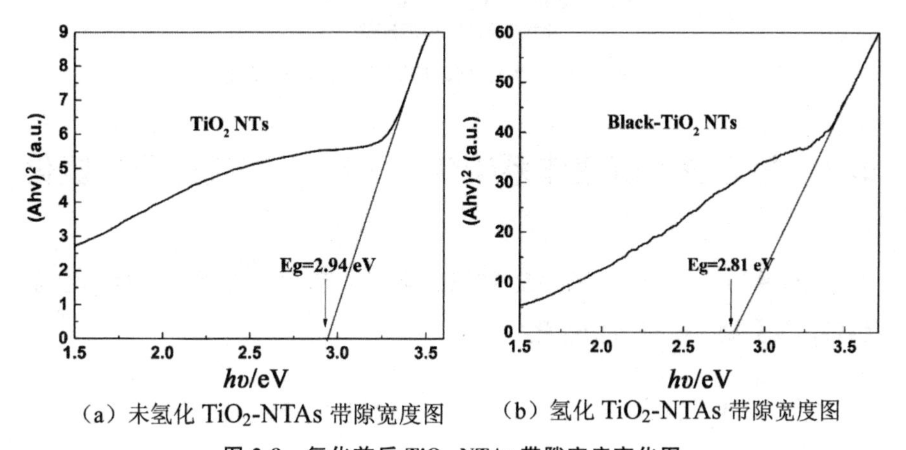

(a) 未氢化 TiO_2-NTAs 带隙宽度图　(b) 氢化 TiO_2-NTAs 带隙宽度图

图 2-8　氢化前后 TiO_2-NTAs 带隙宽度变化图

2.3.3 黑 TiO_2-NTAs 的光电转化性能

我们进一步考察了所制备的黑 TiO_2-NTAs 的光电转化性能。图 2-9 是 TiO_2-NTAs 氢化前后光电流密度随所加电势变化的线性伏安曲线图。由图可以看到，未氢化 TiO_2-NTAs 的光电流密度随偏压的增加而缓慢增大，然后基本保持不变，且整体值比较小，在施加相对于标准氢电极为 1.23 V 偏压时光电流密度仅为 0.248 mA/cm^2。氢化后的黑 TiO_2-NTAs 光电流密度随偏压的增加快速增大，在施加相对于标准氢电极为 1.23 V 偏压时光电流密度达到了 1.258 mA/cm^2，几乎是未氢化 TiO_2-NTAs 光电流密度的 5 倍。联系氢化前后光吸收性能变化，氢化后光电流密度的显著增加主要是因为黑 TiO_2-NTAs 对紫外-可见光的吸收有明显增强，进而激发产生了更多的光生电子-空穴对，所以最终提高了光电转化性能。

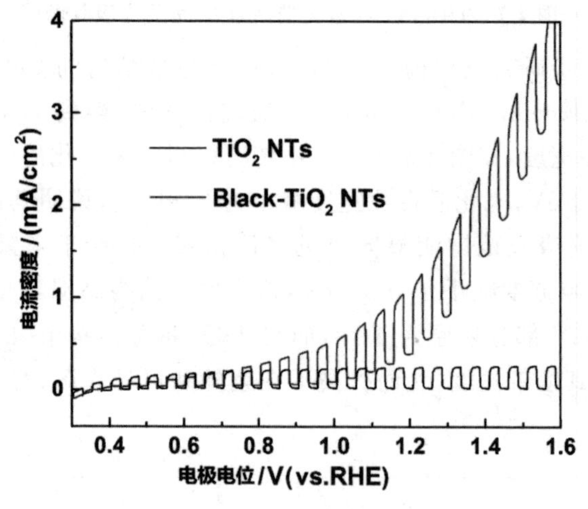

图 2-9 TiO_2-NTAs 氢化前后的线性伏安曲线

2.4 丙三醇电解液体系中 TiO_2-NTAs 的制备及其氢化

2.4.1 丙三醇电解液体系中阳极氧化法制备 TiO_2-NTAs 条件的优化

2.4.1.1 阳极氧化电压对 TiO_2-NTAs 结构形貌的影响

在本组实验中，我们研究了在丙三醇电解液体系中采用两步阳极氧化法条件下,加载不同氧化电压对 TiO_2-NTAs 结构形貌的影响。本组实验借鉴乙二醇体系制备条件,但通过实验发现,由于丙三醇黏度远大于乙二醇,离子在丙三醇体系的运动速度远小于乙二醇体系,导致丙三醇体系氧化电流较小,大约为 10 mA(乙二醇体系为 30 mA)。在氧化时间为 2 h 时,由于丙三醇电解液体系中纳米管生长速度相对较慢,导致所形成的 TiO_2-NTAs 膜相对较薄。而将氧化时间增加为 4 h 时,可以制得厚度均一的 TiO_2-NTAs。具体制备条件如下:电解液以丙三醇作为溶剂,其中含有 0.2 mol/L NH_4F、0.15 mol/L $(NH_4)_2SO_4$ 和 5 vol%的 H_2O,氧化电压分别为 30 V、60 V。

图 2-10 是分别在 30 V、60 V 氧化电压时所制 TiO_2-NTAs 样品的 FESEM 图片。对比图 2-10(a)、(b)可以发现,随着氧化电压的增大,纳米管管径增大(30 V、60 V 电压时的管径分别为 67 nm、160 nm),但纳米管管壁厚度基本没有变化(均为 20 nm 左右)。可以非常明显观察到 30 V 电压制备的 TiO_2-NTAs 长短不均一并且管口有少量纳米颗粒覆盖,而 60 V 电压时其相对规整且管壁光滑,管口干净。本实验条件下,60 V 是最佳的氧化电压。

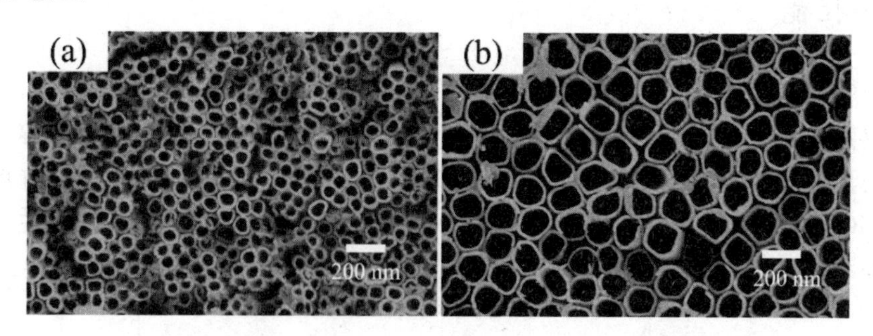

图 2-10　不同阳极氧化电压下所制备 TiO_2-NTAs 的 FESEM 图

(a)30 V;(b)60 V

2.4.1.2　不同后处理时间对 TiO_2-NTAs 形貌的影响

由于阳极氧化法制备得到的 TiO_2-NTAs 表面不干净,有许多纳米碎片存在堵塞了纳米管口,这会影响其光催化性能。因此我们期望通过超声的后处理方法来去除纳米管表面的纳米碎片,获得具有良好形貌的 TiO_2-NTAs。根据乙二醇体系超声后处理经验可知,乙醇最适合作为超声溶液。在本组实验中,我们在选择乙醇作为超声溶液的基础上,研究了不同超声时间对纳米碎片的去除情况。

图 2-11 是乙醇中不同超声时间的 TiO_2-NTAs 的 FESEM 图片。对比可以发现,超声 30 min 时 TiO_2 纳米管管口仍然有少量纳米颗粒覆盖,而超

声 60 min 管口完全没有杂物、非常干净，得到的 TiO_2 纳米管阵列的形貌较好。本实验确定在乙醇溶液中超声时间 60 min 的后处理方法对纳米碎片的去除最佳。

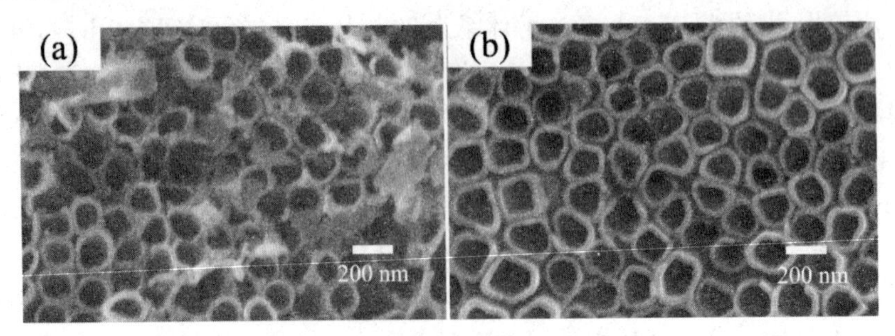

图 2-11　乙醇中不同超声处理时间下 TiO_2-NTAs 的 FESEM 图

(a)30 min;(b)60 min

2.4.2　高温氢化还原法制备黑 TiO_2-NTAs 及光吸收性能

丙三醇电解液体系所制得的 TiO_2-NTAs 同样存在本身带隙较宽，而仅能吸收紫外光的缺点。我们也采用高温 H_2 还原法进一步制备了自掺杂的黑 TiO_2-NTAs。图 2-12 为采用积分球漫反射技术获得的氢化前后 TiO_2-NTAs 的紫外-可见光吸收谱图，从中可以看到氢化 TiO_2-NTAs 在紫外和可见光范围的吸收都有所增强但效果不是非常明显。

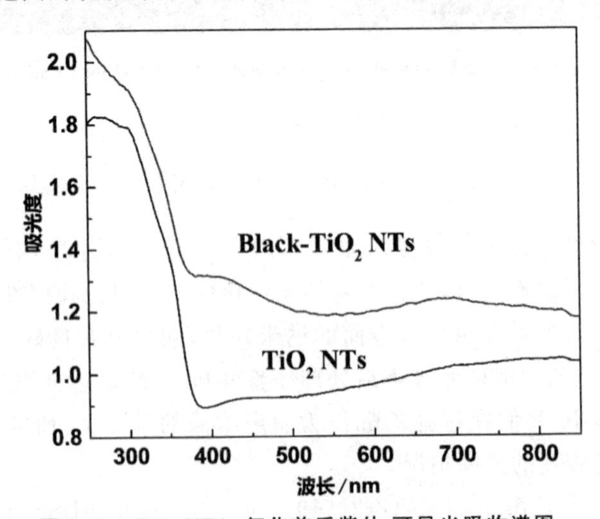

图 2-12　TiO_2-NTAs 氢化前后紫外-可见光吸收谱图

为了进一步研究氢化前后 TiO_2-NTAs 能带结构的变化，基于库贝尔卡-蒙克理论（Kuelka-Munk Theory），通过作图法，得到了 TiO_2-NTAs 氢化前后的带隙宽度，如图 2-13 所示。由图可以得到未氢化 TiO_2-NTAs 的带隙宽度为 3.09 eV，氢化后的带隙宽度为 3.07 eV。相比于未氢化，氢化后 TiO_2-NTAs 的带隙宽度仅减小了 0.02 eV，表明高温氢化没有明显作用，因此对紫外-可见光的吸收没有明显的增强，我们得到结论其不易被氢化还原。

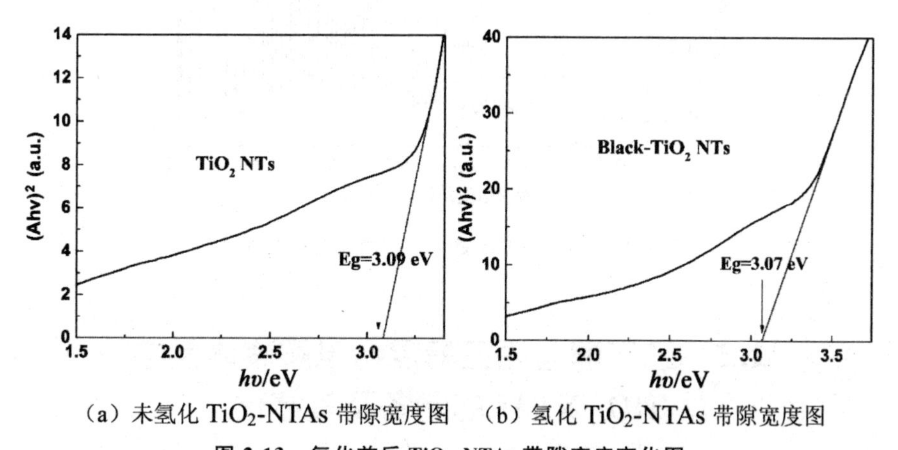

（a）未氢化 TiO_2-NTAs 带隙宽度图　（b）氢化 TiO_2-NTAs 带隙宽度图

图 2-13　氢化前后 TiO_2-NTAs 带隙宽度变化图

2.4.3　黑 TiO_2-NTAs 的光电转化性能

我们进一步考察了所制备的黑 TiO_2-NTAs 的光电转化性能。图 2-14 是 TiO_2-NTAs 氢化前后光电流密度随所加电势变化的线性伏安曲线图。从图可以看到，未氢化时其光电流密度随着偏压的增加而缓慢增大，然后基本保持不变。氢化后的光电流密度随着偏压的增加不断增大。但是我们同时也看到，在施加相对于标准氢电极为 1.1 V 之前，未氢化 TiO_2-NTAs 的光电流密度反而大于氢化后的，1.1 V(vs RHE)之后，氢化后的光电流才开始大于未氢化的。在 1.23 V(vs RHE)时，未氢化 TiO_2-NTAs 的光电流为 0.534 mA/cm^2，氢化后的光电流为 0.687 mA/cm^2，两者的光电流相差不大。结合 TiO_2-NTAs 氢化前后光吸收性能变化以及带隙宽度的变化情况，说明丙三醇体系中制备 TiO_2-NTAs 氢化改性后，对其光吸收增强不明显，因此并不能显著提高光电流密度和光电转化性能。

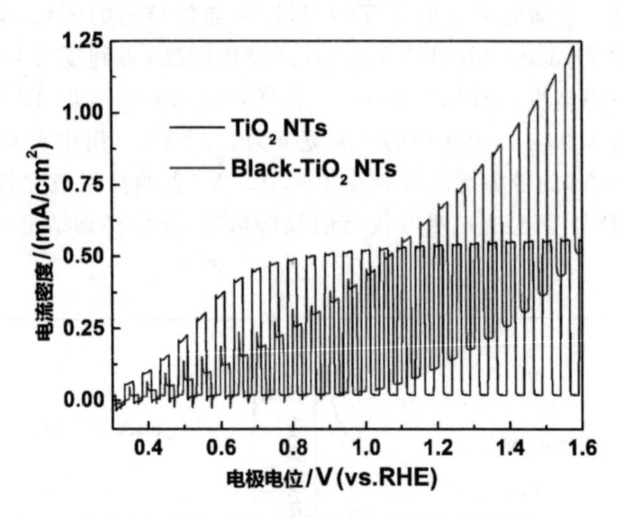

图 2-14　TiO_2-NTAs 氢化前后的线性伏安曲线

2.5　乙二醇与丙三醇混合电解液体系中 TiO_2-NTAs 的制备及其氢化

2.5.1　乙二醇与丙三醇体系所制备黑 TiO_2-NTAs 的比较

通过比较乙二醇与丙三醇体系在各自最佳条件下所制得的 TiO_2-NTAs 的结构形貌可以发现，乙二醇体系所制备的 TiO_2-NTAs 容易团簇，管长不一且管口仍被少量纳米颗粒覆盖；而丙三醇体系制备得到 TiO_2-NTAs，形貌比较规整，且管壁比较光滑，管口也比较干净。

通过比较乙二醇与丙三醇体系中所制备的黑 TiO_2-NTAs 的紫外-可见光吸收性能和光电转化性能可以发现，与丙三醇体系相比，乙二醇体系中制得的 TiO_2-NTAs 氢化后对紫外-可见光的吸收明显增强，带隙宽度也明显较小，光电转化性能显著提高。

因此，在综合考虑了 TiO_2-NTAs 制备和应用中形貌和光电性能两个因素后，我们尝试了采用乙二醇与丙三醇混合体系来制备 TiO_2-NTAs 并进行高温氢化改性。

2.5.2　氧化电压对混合电解液体系制备 TiO_2-NTAs 结构形貌的影响

考虑到丙三醇体系制备 TiO_2-NTAs 形貌结构较好，我们决定在基于丙三醇电解液体系的同时，向其中加入少量乙二醇来制备 TiO_2-NTAs。在本组实验中，我们研究了在乙二醇与丙三醇混合电解液中采用两步法条件下，研究加载不同氧化电压对 TiO_2-NTAs 结构形貌（如纳米管的管径、壁厚、规整性以及纳米管表面是否有杂物覆盖）的影响。具体制备条件如下：电解液以丙三醇作为溶剂，其中含有 0.2 mol/L NH_4F、0.15 mol/L $(NH_4)_2SO_4$、5 vol% H_2O 和 20%乙二醇，氧化电压分别为 30 V、45 V、60 V，两步法时第一次氧化时间为 1 h、第二次氧化时间为 4 h。

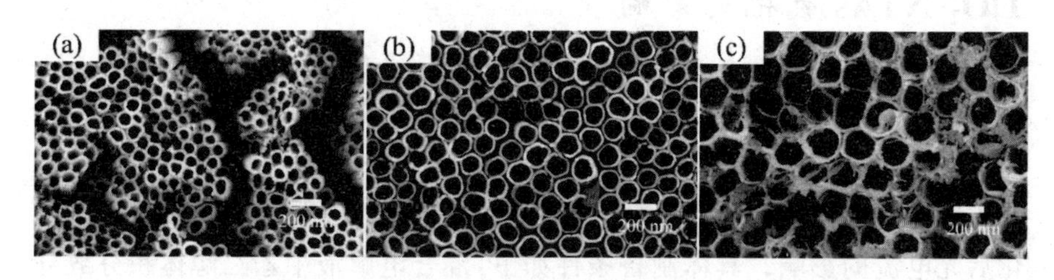

图 2-15　不同阳极氧化电压下所制备 TiO_2-NTAs 的 FESEM 图

(a)30 V；(b)45 V；(c)60 V

图 2-15 是分别在 30 V、45 V、60 V 氧化电压下所制备 TiO_2-NTAs 样品的 FESEM 图片。由图可以观察到，氧化电压的变化对 TiO_2-NTAs 的管径和形貌均产生了影响。对比图 2-15(a)、(b)、(c)可以发现，随着电压的增大，纳米管管径不断增大（30 V、45 V、60 V 电压时的管径分别为 80 nm、120 nm、180 nm），但纳米管壁厚基本没有变化（均为 20 nm 左右）。可以非常明显观察到 30 V 电压所制备的 TiO_2 纳米管长短不均一并且管口有少量纳米颗粒覆盖，并且纳米管形成了团簇；而 45 V 电压制得的 TiO_2-NTAs 比较规整，且管壁光滑管口干净；60 V 电压制备的 TiO_2-NTAs 虽然规整性较好，但纳米管口破碎较严重，并且表面有絮状物覆盖。

乙二醇与丙三醇混合电解液中制得的 TiO_2-NTAs 也遵循氧化电压越大，纳米管径越大的规律。当加载较小电压（30 V）时，氧化初期形成的氧化膜表面承受的电场强度较小，氧化膜被随机击穿的概率也就小（场致溶解),所以形成的纳米管径较小并且之间间隙较大,造成纳米管易形成团簇。当加载较大电压(60 V)时,氧化初期形成的氧化膜表面承受的电场强度较大,氧化膜被随机击穿的概率就大(场致溶解),则在氧化膜表面形成的纳米孔的数量相对就多,所以形成的纳米管径较大,但是由于电压过大,在生长后期由于离子运动速度较快,导致纳米管口被腐蚀严重。乙二醇电解液体系由于黏度较小,离子迁移速率快,30 V 电压即可形成纳米管;丙三醇电解液体系由于黏度较大,离子迁移速率慢,需要 60 V 电压才可形成纳米管;而乙二醇与丙三醇混合电解液由于黏度介于两者中间,因此采用 45 V 氧化电压时,TiO_2-NTAs 管径比较合适,并且形貌较好。

2.5.3 不同含量乙二醇对混合电解液体系制备的 TiO_2-NTAs 氢化的影响

考虑到乙二醇体系制备 TiO_2-NTAs 氢化后光电流较大。我们决定在丙三醇体系中加入少量乙二醇来制备 TiO_2-NTAs。本组实验中,主要研究了不同乙二醇的含量对乙二醇与丙三醇混合电解液制备的 TiO_2-NTAs 氢化后光电流的影响。具体制备条件如下:混合电解液中乙二醇体积分数分别为 0%、10%、20%、25%、30%,以丙三醇作为溶剂,其中还含有 0.2 mol/L NH_4F、0.15 mol/L $(NH_4)_2SO_4$、5 vol% H_2O,采用两步法,阳极氧化电压为 45 V。TiO_2-NTAs 氢化在马弗炉中 H_2 : N_2 = 30 : 200 (mL/min)氛围下 500 ℃煅烧 2 h。

图 2-16 是加入不同量乙二醇的丙三醇体系制备 TiO_2-NTAs 氢化前后线性伏安图。从图中可以清楚看到,氢化后 TiO_2-NTAs 在相同电位时的光电流随乙二醇加入量的增加先增大后减小,当乙二醇体积分数为 20% 时,在 1.23 V(vs RHE)的光电流最大。因此我们确定乙二醇与丙三醇混合体系溶液中乙二醇的最佳体积分数为 20%,此时制备的 TiO_2-NTAs 光电流最大,光电转化性能最好。

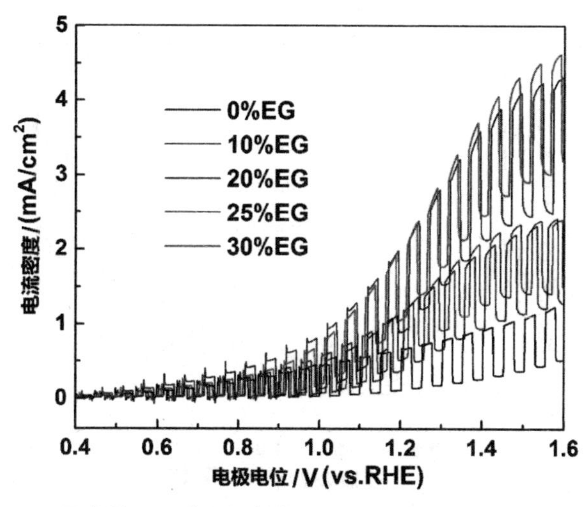

图 2-16　不同含量乙二醇所制备的 TiO_2-NTAs 氢化后的线性伏安曲线

2.5.4　煅烧气氛中氢气含量不同对 TiO_2-NTAs 氢化后性能的影响

本组实验中，主要研究了不同氢气含量对 TiO_2-NTAs 氢化后光电流密度的影响。TiO_2-NTAs 氢化条件：控制 H_2 流量分别为 30、60、100 mL/min，N_2 流量为 200 mL/min，在马弗炉中 500 ℃煅烧 2 h。

图 2-17 是不同氢气含量下煅烧所制备的黑 TiO_2-NTAs 的线性伏安曲线图。从图中可以清楚观察到，氢气流量与光电流没有表现出一定的线性关系，并且整体光电转化性能没有较大的差别。但是在 1.23 V(vs RHE)电位处，H_2 流量为 30 mL/min 时煅烧得到的黑 TiO_2-NTAs 的光电流比较大。因此我们采用 H_2 流量为 30 mL/min、N_2 流量为 200 mL/min 的条件对所制备的 TiO_2-NTAs 进行高温氢化改性。

2.5.5　煅烧温度对 TiO_2-NTAs 氢化的影响

本组实验中，主要研究了不同氢化温度对 TiO_2-NTAs 的晶型结构及光电转化性能的影响。TiO_2-NTAs 氢化条件，控制 H_2 流量为 30 mL/min，N_2 流量为 200 mL/min，马弗炉中分别在 400 ℃、500 ℃、600 ℃煅烧 2 h。

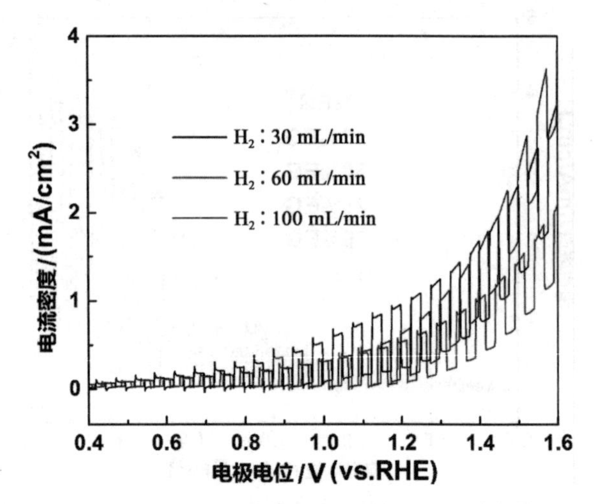

图 2-17　不同氢气含量时所制备黑 TiO_2-NTAs 的线性伏安曲线

图 2-18 是不同温度氢化后 TiO_2-NTAs 的 X 射线衍射(X-ray Diffraction,XRD)图。根据 PDF 标准卡片(锐钛矿型 TiO_2 No. 21-1272 和金红石型 TiO_2 No. 21-1276),我们对样品的 XRD 图中各主要衍射峰进行了归属。由图可知,400 ℃和 500 ℃煅烧得到的 TiO_2-NTAs 的衍射峰分别归属于锐钛矿型 TiO_2 和金属钛;而 600 ℃煅烧得到的 TiO_2-NTAs 的衍射峰分别归属于锐钛矿、金属钛以及少量的金红石,这与文献所报道的 550 ℃是 TiO_2 由锐钛矿型向金红石型转变的临界温度相一致。

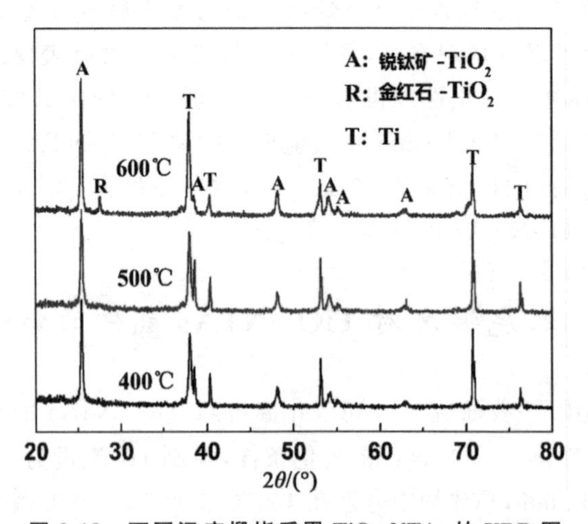

图 2-18　不同温度煅烧后黑 TiO_2-NTAs 的 XRD 图

图 2-19 是在不同温度氢化后 TiO_2-NTAs 线性伏安图。从图中可以明显观察到,在 1.23 V(vs RHE)电位时,500 ℃高温氢化后的 TiO_2-NTAs

的光电流最大,400 ℃高温氢化后的光电流次之,600 ℃高温氢化后的光电流最小。结合 XRD 图可知,400 ℃和 500 ℃高温氢化后得到的 TiO_2-NTAs 是锐钛矿型,而 600 ℃高温氢化后除了锐钛矿型还有少量的金红石型。与金红石型相比,锐钛矿具有较高的光催化活性,因此其光电流较大。400 ℃高温氢化后的光电流较 500 ℃小,这可能是因为温度较低时,样品没有完全晶化而形成锐钛矿型结构。因此,本实验确定的最佳氢化温度为 500 ℃。

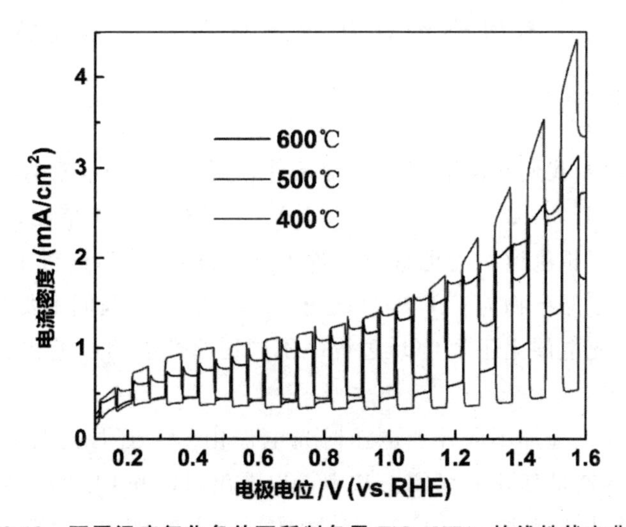

图 2-19 不同温度氢化条件下所制备黑 TiO_2-NTAs 的线性伏安曲线

2.6 黑 TiO_2-NTAs 光电极光电催化 CO_2 还原的研究

2.6.1 光电催化 CO_2 还原的反应条件和基本原理

具体反应条件为:采用所制备的黑 TiO_2-NTAs 为光阳极,以 Ag 片为阴极;阳极电解质为 pH=3 柠檬酸-磷酸氢二钠缓冲液,阴极电解质使用 18 wt% [EMIm][BF_4];以 500 W 氙灯为光源,并调节强度为 100 mW/cm^2;使用 Keithley 2450 数字源表在光阳极和阴极之间施加一定偏电压。

光电反应的基本原理为:黑 TiO_2-NTAs 光催化剂作为阳极接受光照,产生光生电子-空穴对,其中,光生电子在外加电压作用下通过外电路转移到阴极 Ag 催化剂上,外加电压不仅有利于半导体的能带弯曲而使光生电子-空穴对分离，还提高了光生电子的能量以达到 CO_2 的还原电位；具有强氧化性的光生空穴会将阳极池里的水氧化生成氧气和质子，并且产生的质子在外加电压的驱动下，穿过质子交换膜到达阴极区；阴极区内[EMIm][BF_4]电解液中吸收的 CO_2 与从阳极转移而来的电子和质子在 Ag 催化剂的作用下反应生成气体产物（CH_4、CO 等）与液相产物（HCOOH、CH_3OH 等）。

2.6.2 不同外加电压对光电催化还原 CO_2 反应产物的影响

本实验中，我们在保证其他实验条件相同的情况下，分别在不同外加电压（1.7 V、1.9 V、2.1 V、2.3 V、2.5 V）下进行了光电催化还原 CO_2 的实验。通过气相色谱对光电催化还原 CO_2 的还原产物进行了分析，其中 CO_2 的主要还原产物为 CO，H_2O 的还原产物为 H_2。我们主要考察了不同外加电压对光电催化还原 CO_2 过程中不同还原产物的产量和法拉第电流效率的影响。

图 2-20 是施加不同外加电压时光电催化 CO_2 还原过程中还原产物 H_2 和 CO 的产量变化曲线图。从中可以看出，H_2 和 CO 的产量都随着外加电压的增大而增加。但 CO 主产物的增加并不明显，特别是在 1.9 V 之前，产物 CO 的摩尔数比 H_2 要小，从 2.1 V 开始，CO 的产量才开始占优；然而随着外加电压的继续增大，CO 的量虽然继续增加，但其增加量比较缓慢，而 H_2 的产量却开始快速增加，并最终再次超过了 CO 的产量。

图 2-21 是不同外加电压时光电催化 CO_2 还原中还原产物 CO 的法拉第效率曲线图。从图中可以观察到，随着外加电压的增大，CO 的法拉第效率先增大后减小，在外加电压为 2.1 V 时，其法拉第效率达到最大值 67.3%，然而在 1.7 V、1.9 V 和 2.5 V 时，CO 的法拉第效率都没有超过 50%，说明在这些外加电压时，阴极上 CO_2 的还原被抑制，而主要发生的是 H_2O 还原为 H_2 的反应。因此，可以看出，外加电压在一定程度上决定了阴极的电极电势，并最终决定了产物选择性。

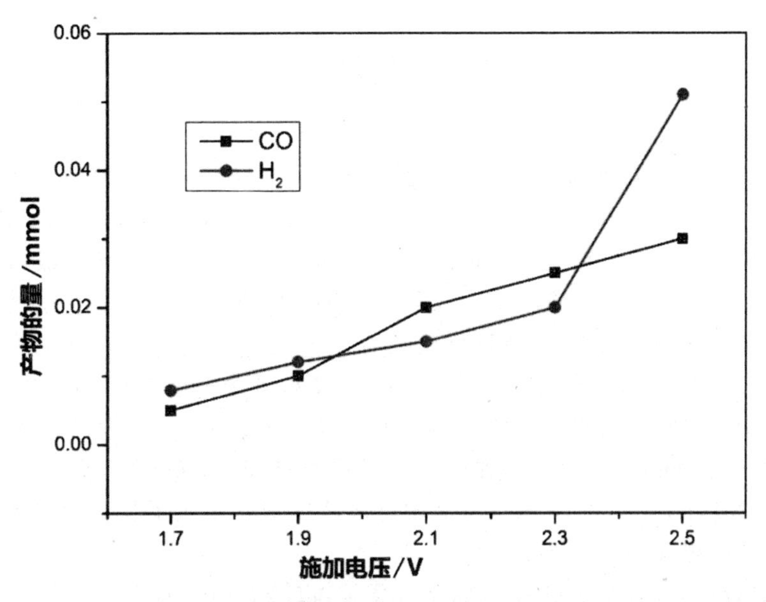

图 2-20　不同外加电压时产物的量的变化

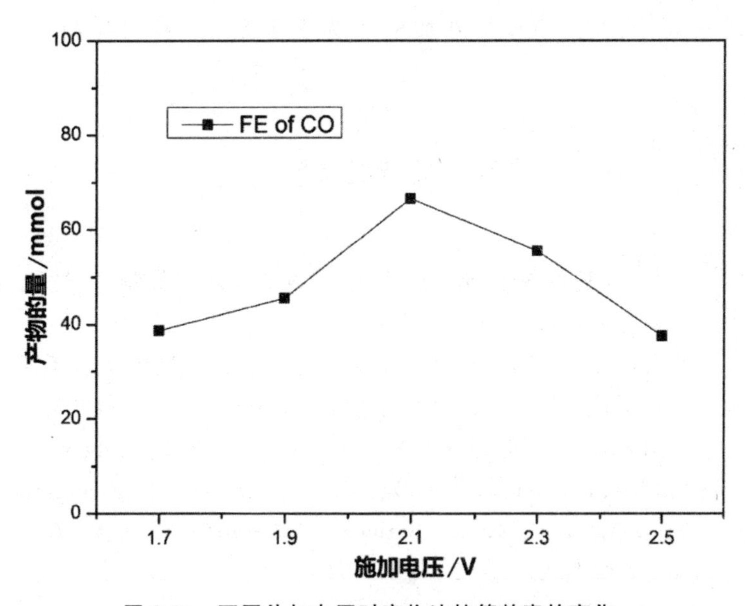

图 2-21　不同外加电压时产物法拉第效率的变化

2.7 主要结论

首先采用阳极氧化和随后高温氢化还原的方法成功制备了黑 TiO_2-NTAs，通过 SEM、XRD、UV-vis、LSV 等测试方法对样品的表面形貌、晶型结构和光电转化性能分别进行了表征，考察了电解质组成、阳极氧化电压和不同后处理方法等对样品结构和形貌的影响，以及高温氢化工艺对所制备的黑 TiO_2-NTAs 光电转化性能的影响；结果表明，在含有 0.2 mol/L NH_4F、0.15 mol/L $(NH_4)_2SO_4$、5 vol% H_2O 和 20 vol%乙二醇的丙三醇溶液中，施加 45 V 电压条件下，采用两步法阳极氧化 4 h，接着在乙醇溶液中超声 45 min 的条件下，成功制备了规整有序，管壁光滑，管口干净的 TiO_2-NTAs；在 500 ℃，氢气气氛中还原 2 h，成功得到了具有优良光电转化性能的黑 TiO_2-NTAs。

以所制备的黑 TiO_2-NTAs 为光阳极，以[EMIm][BF_4]水溶液作为阴极电解质溶液，进行了光电催化还原 CO_2 的研究。此反应体系中光电 CO_2 还原的主要产物是 CO，在外加电压为 2.1 V 时，其法拉第效率达到了 67.3%。

参考文献

[1] 李洪义，王菲，祖冠男，等. 氧化钛纳米管阵列的制备、性能及应用[J]. 中国材料进展，2016，35 (3)：212-218.

[2] 李欢欢，陈润锋，马琮，等. 阳极氧化法制备二氧化钛纳米管及其在太阳能电池中的应用[J]. 物理化学学报，2011，27 (5)：1017-1025.

[3] S Hoang，S P Berglund，N T Hahn，et al. Enhancing visible light photo-oxidation of water with TiO_2 nanowire arrays via cotreatment with H_2 and NH_3：synergistic effects between Ti^{3+} and N[J]. *J Am Chem Soc*，2012，134 (8)：3659-62.

[4] M Xing，W Fang，M Nasir，et al. Self-doped Ti^{3+}-enhanced TiO_2 nanoparticles with a high-performance photocatalysis[J]. *Journal of Catalysis*，2013，297 (1)：236-243.

[5] Z Zhang，M N Hedhili，H Zhu，et al. Electrochemical reduction induced self-doping of Ti^{3+} for efficient water splitting performance on TiO_2

based photoelectrodes[J]. *Phys Chem Chem Phys*, 2013, 15 (37): 15637-44.

[6] X Chen, L Liu, Z Liu, et al. Properties of disorder-engineered black titanium dioxide nanoparticles through hydrogenation[J]. *Sci Rep*, 2013, 3, 1510.

[7] C Kim, S Kim, J Lee, et al. Capacitive and oxidant generating properties of black-colored TiO_2 nanotube array fabricated by electrochemical self-doping[J]. *ACS Appl Mater Interfaces*, 2015, 7 (14): 7486-91.

[8] 王强. 阳极氧化法制备自组装二氧化钛纳米管阵列研究[D]. 哈尔滨:哈尔滨工业大学,2013.

[9] 朱文,刘喜,柳慧琼,等. 氧化钛纳米管阵列的表面聚集控制及光电化学特性[J]. 稀有金属材料与工程,2011,40 (6):1069-1074.

第3章 Ta_3N_5 半导体薄膜光电极的制备及其光电催化还原 CO_2 的研究

3.1 引 言

光电催化还原 CO_2 制取太阳能燃料技术是一种非常有前景的新技术，有望同时处理全球的能源短缺和环境问题。该技术主要利用太阳能驱动 CO_2 和 H_2O 之间的耦合反应制备燃料（如甲醇、乙醇、甲烷等），不但可以将太阳能以化学能的形式贮存起来加以利用而且可以将温室气体 CO_2 变废为宝，因而该技术提供了一种可持续发展的新途径[1]。然而，想要实现太阳能驱动 CO_2 高效率转化，研究和开发新型的半导体光电极是最严峻的挑战之一。这主要是因为光电极作为整个转化体系中吸收太阳光进而产生光生电子和空穴的场所，其性能对光电催化还原 CO_2 的效率具有重要的作用。

过去的几十年中，研究者广泛研究的光电阳极材料仍以金属氧化物半导体为主，如：TiO_2、$SrTiO_3$、WO_3 和 $BiVO_4$ 等[2-3]。大多数金属氧化半导体的带隙宽度较大（一般大于 2.8 eV），在波长小于 400 nm 的紫外光激发下才能显示出光电转化活性，而紫外光部分只占太阳光总能量的 5%左右，导致金属氧化物的光电转化率较低[2,4]。此外，金属氧化物存在的导电性能差，导致光生电子-空穴分离和传输困难，以及表面缓慢的水氧化反应动力学等缺点，大大地降低了金属氧化物半导体整体的光电催化效率[2,4]。

近年来，相较于金属氧化物半导体光电极，金属氮化物的研究吸引了广大研究者的目光。这主要是因为金属氮化物具有较为合适的带隙宽度以及较高的导带电位，因而在国内外掀起了研究的热潮[1]。尤其是 Ta_3N_5 半导体材料由于具有较为合适的禁带宽度（约 2.1 eV），而在可见光区具有良好的吸收能力而得到广泛的关注。并且有研究表明，理论上其最大的转换效率可以达到 15.9%[5]，因此 Ta_3N_5 光电极是新型光阳极材料的研究热点之一[5-6]。

传统的金属氮化物光电极的制备方法主要以水热法、喷涂法、模板法、溶胶-凝胶法和气相沉积法等方法[7-8]为主，但是这些制备方法存在诸如操作设备较复杂、制备参数不易调控以及可成膜面积较小等缺点。所以，研究一种操作简捷、成膜均匀且面积较大、光电催化效率较高的 Ta_3N_5 光电极制备方法，是合成和应用 Ta_3N_5 光电极的首要任务。此外，通过相应的表征手段来深入了解 Ta_3N_5 的微观能带结构与其性能之间的关系，也是进一步研究这一新型电极必做的工作。

此外，近年来，在功能材料的微观设计和性能预测方面，基于密度泛函理论（Density of Functional Theory，DFT）的第一性原理方法是一种应用广泛且已经被证明非常有效的理论方法。采用密度泛函理论计算手段，可以对所研究功能材料的物理结构以及电学、光学、力学、磁学和反应性能等物理化学性质做出有效的预测和判断。经过实验验证与理论计算相结合的研究方法，人们已经在金属材料催化性能的设计与预测、半导体材料的掺杂改性、纳米材料自组装、生命体系研究、纳米电路设计等领域取得一系列的显著成果。

本部分在综合考虑了常见光电极制备方法优缺点的基础上，最终确定了采用阳极氧化-高温氮化两步工艺法来制备 Ta_3N_5 薄膜光电极，即首先利用恒电位电化学阳极氧化 Ta 金属基体的方法制备 Ta_2O_5 薄膜；随后经高温炉在 NH_3 气氛中高温氮化进一步形成 Ta_3N_5 薄膜光电极。与传统的制备方法相比较，本书采用的两步法制备工艺具有便于操作、成膜均匀、重现性较好等特点[9]。此外，在制备了 Ta_3N_5 薄膜光电极的基础上，进一步探讨了阳极氧化法制备的 Ta_3N_5 薄膜光电极的结构与其性能之间的关系。通过冷场发射扫描电子显微镜、X射线衍射技术、X射线光电子能谱技术以及固体紫外-可见光谱仪、电化学阻抗法等一系列的表征手段，研究了 Ta_3N_5 薄膜光电极的形貌、晶体结构、表面元素的组成以及能带结构；接着分别采用PBE泛函、GGA＋U方法和HSE06杂化泛函计算了 Ta_3N_5 的态密度和能带结构，并和实验测定值进行了对比；为了对由 Ta_2O_5 经 TaON 高温氮化制备 Ta_3N_5 有更深入的了解，我们进一步计算了 TaON 的态密度和能带结构，并和 Ta_3N_5 做了比较。最后研究了 Ta_3N_5 薄膜光电极的电化学性能以及光电转化性能。

3.2 实验部分

3.2.1 Ta_2O_5 薄膜的制备

3.2.1.1 Ta 片的预处理

实验中所用 Ta 金属片基体的质量分数为 99.9%,尺寸为 20 mm×30 mm×0.2 mm。欲制备 Ta_3N_5 薄膜光电极,需要对其进行前处理,得到表面洁净的 Ta 片基体,具体的处理过程如下:首先,将高纯度 Ta 片依次放入丙酮、乙醇和三次蒸馏水中,各超声 30 min,除去 Ta 片表面的污渍;随后,使用高纯氮气将处理后的 Ta 片吹干,并密封保存,备用。

在处理过程中,需要注意以下三点:

(1)在三种溶液中超声时,要使得处理的 Ta 片间彼此独立不堆叠,以保证 Ta 金属片上下两面均能接触溶液,从而确保将金属表面的油污处理干净。

(2)超声仪的液面高度在浸渍 Ta 片溶液的液面之上,以保证最佳的超声效果。

(3)超声波是一种能量,超声仪中溶液的温度随着超声时间的增加而升高,所以要注意不能使溶液的温度升得太高。

3.2.1.2 阳极氧化法制备 Ta_2O_5 薄膜

采用阳极氧化 Ta 金属基体的方法制备 Ta_2O_5 薄膜,以含 F^- 的乙二醇体系作为电解质溶液,其主要成分包括:乙二醇为溶剂,NH_4F(浓度为 0.15 mol/L)为电解质,并含有少量的水(体积分数 1%)。

在配备循环水套的玻璃水浴电解槽中,以预处理过的 Ta 片为电化学的阳极,以铂网为对电极(电化学阴极),恒温 20 ℃并施加 50 V 恒定直流电压电化学阳极氧化 15 min,从而在 Ta 金属基体的表面制得 Ta_2O_5 薄膜。此过程中,尽可能地保证两电极的平行并要注意不要将电极夹浸入电解液中。

3.2.1.3 Ta_2O_5 薄膜的后处理

将制备好的 Ta_2O_5 薄膜做后处理。为保证氧化物薄膜的完整,根据液体的表面张力作用，本书中选用了与电解质溶液表面张力相近的两种有机溶剂——乙二醇、乙醇作为后处理溶液。具体过程为：将所制备的 Ta_2O_5 薄膜分别浸泡在纯乙二醇中一次、乙醇中三次，每次浸泡时间均为 20 min，以除去在阳极氧化反应过程中 Ta_2O_5 薄膜表面的杂质覆盖物，最后使用高纯氮气将其吹干，密封保存，备用。

注意：在每次浸泡过程中，应保证 Ta_2O_5 薄膜完全浸泡在处理液的液面以下，从而达到最佳的处理效果。

3.2.2 高温氮化制备 Ta_3N_5 薄膜光电极

通过高温氮化所制备的 Ta_2O_5 薄膜制备所需要的 Ta_3N_5 薄膜光电极，具体的制备流程如下：

(1)将阳极氧化法制备的 Ta_2O_5 薄膜放入水平式真空高温炉的石英腔中，然后抽气 30 min 以除尽石英腔内的空气。

(2)接着向真空石英腔中通入高纯氨气至常压状态，流速为 100 mL/min。

(3)在常压状态下，将马弗炉由室温升温至 950 ℃，其升温速率为 9 ℃/min，同时高温恒温保持 3 h 后自然降温至室温，制得 Ta_3N_5 薄膜光电极。

制备 Ta_3N_5 薄膜光电极过程中发生的反应如下：

$$4Ta + 5O_2 \longrightarrow 2Ta_2O_5$$

$$3Ta_2O_5 + 5NH_3 \longrightarrow 2Ta_3N_5 + 5H_2O$$

注意事项：氨气为有毒气体，需要对未反应的氨气进行酸液（如磷酸等酸性溶液）吸收处理。

3.2.3 材料的表征方法

利用 Hitachi S-4800 冷场发射扫描电子显微镜对所制备的 Ta_3N_5 薄膜光电极的断面形貌进行表征。采用 Brucker D8 X 射线衍射仪表征了薄膜光电极的晶相结构。通过美国热电 Thermo escalab 250Xi X 射线光电子能谱仪对光电极薄膜层表面元素及元素化学态做了表征。Ta_3N_5 薄膜光电极的吸收光谱分析采用日本岛津 UV2700 固体紫外-可见分光光度计（配备积分球）。

Ta_3N_5 薄膜光电极的电化学阻抗分析（Mott-Schottky 曲线）采用标准三电极体系，其中以所制备的 Ta_3N_5 薄膜光电极为工作电极，铂网为对电极，Ag/AgCl 电极为参比电极，0.5 mol/L Na_2SO_4 溶液作为支持电解液。

在CHI 660E电化学工作站上进行相应的测试和数据的采集，扫描速率为50 mV/s，交流电势的振幅为10 mV，频率为1 kHz，扫描的电极电位范围为−0.07～1.43 V(vs. RHE)。同时，在标准三电极体系的暗光条件下，通过线性伏安扫描来测定Ta_3N_5薄膜电极的价带电位，扫描速率为50 mV/s，扫描电极电位为1.3～2.4 V(vs. RHE)。

采用交流电化学阻抗法测试Ta_3N_5薄膜光电极的电化学阻抗谱(Electrochemical Impedance Spectroscopy，EIS)。在一定条件的电解池中，研究了所制备的光电极在测试频率下的电化学阻抗性能。该检测技术仍使用标准的三电极体系，即工作电极(光阳极)为Ta_3N_5薄膜光电极、对电极为铂网电极、参比电极为Ag/AgCl，以1 M NaOH水溶液(pH=13.6)为电解液。通过CHI 660E电化学工作站进行相应的测试以及数据的采集，外加偏压为1.60 V(vs. RHE)，交流电势的振幅为10 mV，测试频率范围为10^{-1}～10^4 Hz，同时测试前向电解液通一定量的氮气且整个测试过程中始终保持氮气氛围，保证无氧气存在。此外，使用北京中教金源CEL-HXUV300型氙灯为光源(配备AM 1.5滤光片)，调节光源的光功率密度为100 mW/cm^2。

所制备的Ta_3N_5薄膜样品的光电转化性能测试同样采用标准的三电极体系，其中以所制备的Ta_3N_5薄膜光电极作为光阳电极(工作电极)，铂网作为对电极，Ag/AgCl作为参比电极，pH=3的H_2SO_4水溶液为支持电解液，少量的H_2O_2(0.5 mol/L)作为空穴捕获剂。相对应的线性伏安电化学测试和实验数据的采集在CHI 660E电化学工作站上进行，扫描速率为5 mV/s；光源采用北京中教金源CEL-HXUV300型氙灯光源(配备AM 1.5滤光片)，调节光源的光功率密度为100 mW/cm^2；通过电子开关定时器控制光源的通断，频率为0.2 Hz。

3.2.4 量化计算方法

对Ta_3N_5和TaON结构和电子特性的研究采用的是第一性原理的赝势平面波方法[10−12]。该方法集成于Vienna ab-initio(VASP)[13]软件包中。交换关联泛函采用的是PBE-GGA的形式[14]。平面波基组的截断能为500 eV，能量和力的收敛判据分别是1×10^{-5} eV和0.01 eV/Å。布里渊区的k点取样：对于Ta_3N_5，采用的是9×9×5的Monkhorst-Pack网格[15]；对于TaON，采用的是6×6×6的Monkhorst-Pack网格。为了更加准确地描述带隙，我们采用了GGA+U以及HSE06方法[16]，其中Ta原子U值的大小为5 eV[17]；在HSE06计算中，混合参数(Mixing Parameter)α和筛选参数(Screening Parameter)ω 的值分别是 25%和 0.2 Å^{-1}。对于 N、O 和 Ta 分别取 $2s^2\ 2p^3$,$2s^2\ 2p^4$ 和 $5p^6\ 5d^4\ 6s^1$ 为价电子轨道。VASP 态密度和能带结构计算的主要步骤为:首先进行晶格结构的优化(Structure Optimization),然后进行静态自洽(Static Self-consistence)计算产生波函数和电子密度函数为态密度和能带结构计算做准备,最后分别进行态密度计算和能带计算。

3.2.5　光电催化还原 CO_2 实验

光电催化 CO_2 还原反应在自制反应器中进行,以氙灯作为光源来模拟太阳光,光照强度为 100 mW/cm^2;以所制备的 Ta_3N_5 薄膜为光阳极、Ag 片为对电极和 Ag/AgCl;以质子交换膜(Nafion 117 膜)为固体电解质膜将阳极池和阴极池隔开,阳极池以 pH=3 柠檬酸-磷酸氢二钠缓冲液为电解质溶液,阴极池以 0.5 M 的 $KHCO_3$ 为电解质溶液;使用吉时利直流电源在阴阳极之间施加恒定的电压并记录反应过程中电流的变化,同时使用电化学工作站来记录阳极电位;光电催化还原 CO_2 持续进行 4 h,反应过程中每隔 1 h,通过光催化在线分析体系采集一定量的反应气并送入气相色谱进行在线检测分析。

3.3　结果与讨论

3.3.1　薄膜电极氮化前后表面颜色的变化

在乙二醇体系中通过阳极氧化-高温氮化两步工艺法制备了 Ta_3N_5 薄膜光电极。图 3-1 中(a)、(b)分别为氮化 Ta_2O_5 薄膜电极前后的照片。阳极氧化法制备的 Ta_2O_5 薄膜电极表面氧化层相对较薄,分布均匀且厚度均一,实验过程中发现氧化层不易脱落。高温氮化后,薄膜电极表面由淡黄色转为砖红色且颜色均匀,与基体 Ta 结合更牢固。氮化前后,薄膜层颜色的变化说明所制备的 Ta_3N_5 薄膜光电极的吸收范围部分位于可见光区域。当光电极材料有较强的吸光能力时,其材料本身才能显示出较深的颜色,而较强的光吸收能力将有利于促进价带电子受激发产生电子-空穴对[4,18]。

(a) Ta_2O_5 薄膜电极

(b) Ta_3N_5 薄膜电极

图 3-1　薄膜电极表面颜色

3.3.2　Ta_3N_5 薄膜光电极的场发射扫描电镜的表征

Ta_3N_5 薄膜光电极断面的场发射扫描电镜(Field Emiission Scanning Electron Microcopy, FESEM)，如图 3-2 所示。图 3-2(a)为所制备的 Ta_3N_5 薄膜光电极的断面 FESEM 图，从图中能够明显地看到断面呈现上下两层，且层间的分界面非常清晰。其中，底层为致密的 Ta 金属基体，上层为所制备的 Ta_3N_5 薄膜层，其厚度大约为 10 μm。图 3-2(b)为 Ta_3N_5 薄膜层的高倍 FESEM 图，得知 Ta_3N_5 光电极的薄膜呈多孔结构的类层状，并且是由 Ta_3N_5 纳米颗粒堆积而成的。由此可见，所制备的 Ta_3N_5 薄膜光电极是一种由纳米颗粒堆积而成多孔的类层状结构。

进一步通过软件 Nano Measure 的统计分析功能对 Ta_3N_5 光电极薄膜层颗粒的粒径进行了研究，其具体的颗粒粒径分布情况如图 3-3 所示，可以看出薄膜层纳米颗粒的粒径大小基本呈现正态分布，粒径大小主要集中于 10.3～16.4 nm，其中粒径介于 10.3～12.3 nm 的粒子百分比约为 15.5%，粒径介于 12.3～14.3 nm 的粒子百分比约为 24.6%，粒径介于 14.4～16.4 nm 的粒子百分比约为 29.2%，总体的平均颗粒粒径大小约为 14.9 nm。薄膜光电极的 FESEM 图及其薄膜层的纳米颗粒粒径的分析结果表明，构成类层状 Ta_3N_5 薄膜层的纳米颗粒粒径较小，形成较大的光电极比表面积，因此增大了薄膜与电解液两者间的接触面积，这必将有利于在固-液界面间光生载流子的传输和界面反应的发生。

(a) Ta_3N_5 薄膜光电极的断面低倍 FESEM 图　　(b) Ta_3N_5 薄膜光电极的薄膜层 FESEM 图

图 3-2　Ta_3N_5 薄膜光电极的断面 FESEM 图

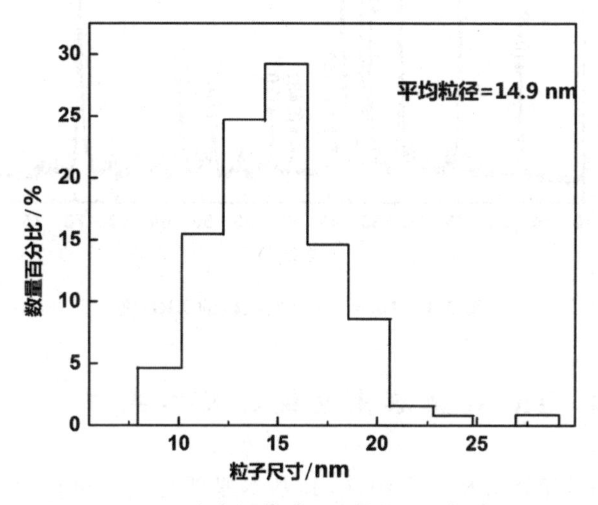

图 3-3　Ta_3N_5 光电极薄膜层颗粒的平均粒径分布图

3.3.3　Ta_3N_5 薄膜光电极的形貌表征

在 X 射线的作用下，每种晶体材料都有自身的特征衍射峰。根据 X 射线衍射（X-ray Diffraction，XRD）谱图能够定性地分析样品的结晶度；通过进一步与标准谱进行对比，根据晶态材料衍射图谱中衍射峰峰形、衍射峰数目、角度值以及相对强度，可以得知所制备样品的物相组成。利用这一原理我们通过 XRD 手段研究了所制备 Ta_3N_5 薄膜光电极的晶体结构，如图 3-4 所示。

图 3-4 中，光电极薄膜层的衍射峰峰形尖锐，这表明了在该温度下氮化

所形成的 Ta_3N_5 薄膜的结晶度较高，且结晶的晶型较好。XRD 衍射谱图具有明显的衍射强峰，各主要的衍射峰可归属于 Ta_3N_5 薄膜和金属 Ta 基体，同时 Ta_3N_5 薄膜的衍射峰值相对较高，这也说明了经过高温氮化后所制备的 Ta_3N_5 薄膜的晶体质量较好。图 3-4 中具有明显的衍射峰特征，24.5°的衍射峰强度强于 31.6°的衍射峰[19]，进一步与 PDF No. 65-1247 标准卡片比对后，确定所制备的 Ta_3N_5 薄膜为单斜晶系结构。

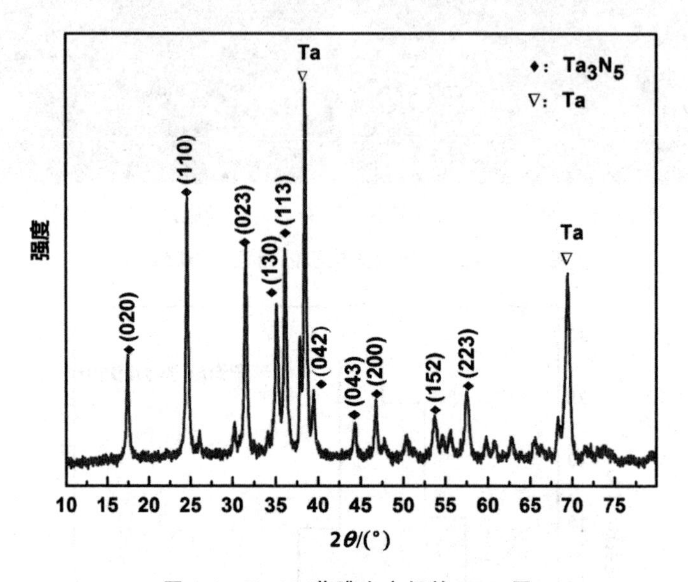

图 3-4 Ta_3N_5 薄膜光电极的 XRD 图

3.3.4 Ta_3N_5 薄膜光电极的 XPS 表征

利用 XPS 定性分析元素组成，其基本原理是光电离作用——利用 X-射线的照射激发样品表面某元素的原子内层能级电子跃迁，使其脱离原子核的束缚，进而逃逸出样品表面变成自由的光电子，而这些光电子携带样品的某些特征信息，如元素、化学态等信息。不同原子的外层电子所处的能级不相同，则所测样品光电子的键结合能也不一样。根据宽谱中样品表面的谱峰结合能的位置，进而确定样品表面的元素组成。同时，不同元素的原子周围的化学环境有所差异，因此内层电子结合能也不相同，这种现象在谱图中以光电子结合能谱峰的位移（化学位移）显现出来，即为 XPS 定性分析元素化学态的原理。通过对所需要的元素进行 XPS 检测，能够得知此元素所处的化学环境。总之，从 XPS 图谱中衍射峰的峰位以及峰形可以获得检测样品的表面元素组成、化学态和分子结构等，同时对面积的积分可得知样品表面元素含量或浓度，可用于样品的定性分析和定量分析。

根据 XPS 的检测原理，首先对所制备 Ta_3N_5 薄膜光电极进行了全谱扫描分析，判断薄膜光电极表面的元素组成；其次，通过测定 Ta 元素的化学位移，进而确定该元素化学态的分析。如图 3-5 所示，分别为所制备 Ta_3N_5 薄膜光电极的 XPS 全谱图和 Ta(4f)能级的 XPS 窄谱图。从图 3-5(a)中发现：除了 O(1s)、Ta(4d)和 Ta(4f)轨道的 XPS 峰以外，也出现了 N(1s)轨道的 XPS 峰，这说明在高温氮化作用下，N 元素被引入 Ta_2O_5 的晶格中。但图 3-5(a)的全谱显示仍有 O(1s)峰的出现，这又说明高温氮化过程中晶格氧没有被 N 完全取代。由于 N 元素和 O 元素的电负性不同，造成了与它们所结合的 Ta 元素的结合能大小有所差异。因此，进一步对 Ta(4f)峰的分峰拟合分析，确定所制备的薄膜光电极的氮化程度，如图 3-5(b)。从图 3-5(b)中可知：N 元素分别与 Ta 元素的 Ta($4f_{7/2}$)轨道和 Ta($4f_{5/2}$)轨道结合的结合能为 24.5 eV 和 26.5 eV，结合能的差为 2 eV，这是自旋轨道分裂所引起的[19-20]。另外，XPS 拟合峰中位于较高结合能处的两个 Ta(4f)小峰，则对应于钽氧化物中与 O 元素结合的 Ta 元素的 XPS 峰[19,21]，但它们的强度明显弱于上述 N 元素结合的 Ta(4f)峰，这说明晶格中原来的 O 元素在高温氮化过程中大部分被 N 元素取代，进而证明了成功地制备了 Ta_3N_5 薄膜光电极。上述 XRD 表征中未出现明显的 Ta_2O_5 的衍射峰，也同样说明了高温氮化是制备 Ta_3N_5 薄膜光电极的一种简单而有效的方法。

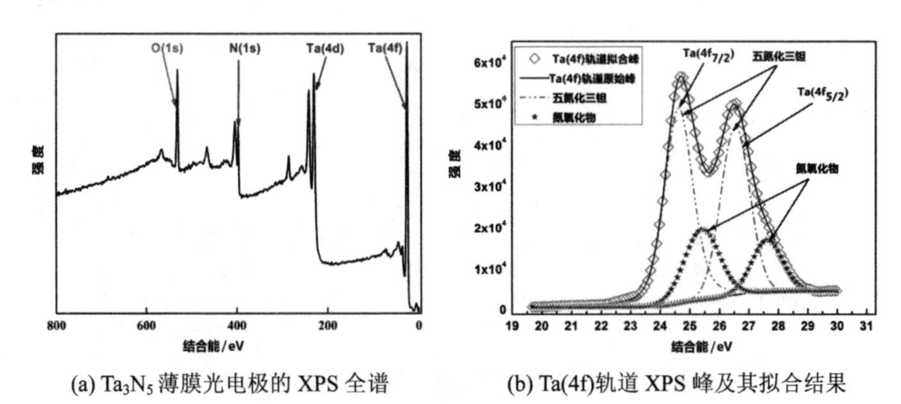

(a) Ta_3N_5 薄膜光电极的 XPS 全谱　　(b) Ta(4f)轨道 XPS 峰及其拟合结果

图 3-5　Ta_3N_5 薄膜光电极的 XPS 图谱

3.3.5　Ta_3N_5 薄膜光电极的能带结构表征

由于在光电还原反应中，光电极材料的能带结构（包括平带电位、导带电位、价带电位和禁带宽度)对整个反应体系的效率具有决定作用,因此在对 Ta_3N_5 薄膜光电极的物质结构表征的基础上,进一步对 Ta_3N_5 薄膜光电极的能带结构进行了表征。

紫外-可见(Ultraviolet-visible,UV-vis)吸收光谱仪可用于研究固体样品的光吸收性能,其原理就是分子或者离子吸光受激后发生能级间的电子跃迁。一般采用积分球法在近紫外光和可见光进行检测,测试波长范围一般为:200～800 nm。采用积分球的目的就是收集所有的漫反射光,在积分球内壁涂白色的漫反射层(常用 $BaSO_4$ 为参比样品,其绝对漫反射率约等于 100%)作为对照,检测的样品对紫外可见光有一定的吸收且光吸收能力强于对照品,进而积分球将接收到有差异的漫反射光信号,从而最终确定检测样品的吸光范围以及光吸收性能。

本研究采用积分球漫反射技术获得了 Ta_3N_5 薄膜光电极的紫外-可见光吸收谱图,如图 3-6(a)所示。从图 3-6(a)可以看到:光电极的最强吸收带位于可见光区 360～620 nm,说明 Ta_3N_5 薄膜光电极对可见光具有良好的吸收性能。在紫外-可见光吸收光谱的基础上,运用基于库贝尔卡-蒙克理论(Kuelka-Munk Theory)的 Tauc 方程,如公式(3-1)[22]。

$$(\alpha h\nu)^2 = A(h\nu - E_g) \tag{3-1}$$

式中,α 为光吸收系数,$h\nu$ 为光子能量,E_g 为带隙宽度,A 为常数即吸光度。

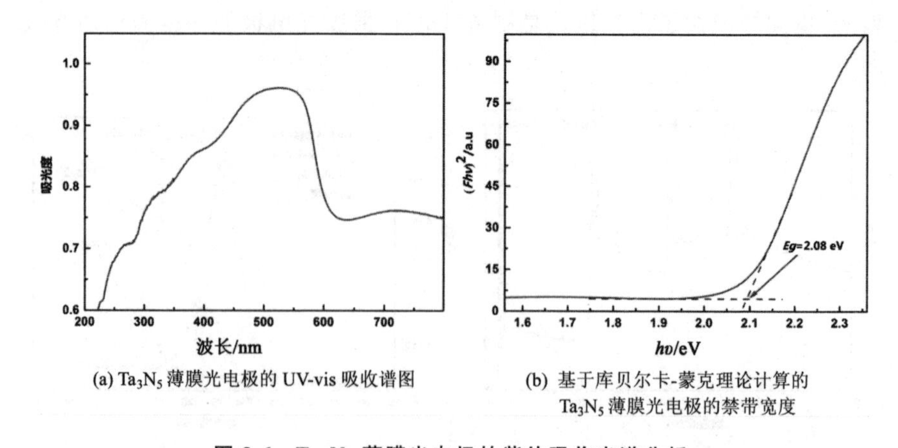

(a) Ta_3N_5 薄膜光电极的 UV-vis 吸收谱图

(b) 基于库贝尔卡-蒙克理论计算的 Ta_3N_5 薄膜光电极的禁带宽度

图 3-6 Ta_3N_5 薄膜光电极的紫外吸收光谱分析

根据公式(3-1),以光子的能量 $h\nu$ 为横坐标轴、$(\alpha h\nu)^2$ 为纵坐标作图(图 3-6(b)所示),利用直线部分外推与横向直线部分外推的交点可以得到 Ta_3N_5 薄膜光电极的带隙宽度,从图中可以看出所制备 Ta_3N_5 薄膜光电极的禁带宽度 E_g=2.08 eV。

Ta_3N_5 薄膜光电极具有半导体的性质,因而可以利用莫特-肖特基理论来分析薄膜电极得到该电极的平带电位。当 Ta_3N_5 半导体薄膜电极和电解质溶液接触时，两者之间会发生电荷的转移，由于半导体的费米能级 E_F 高于溶液中氧化还原电对的费米能级 $E_{F,R}$，半导体导带中的电子就会向溶液转移，电子通过固体/液体结的转移破坏了半导体和溶液的初始电中性，从而导致半导体表面一定深度的区域中产生过量的正电荷，这一负载正电荷的区域称为耗尽层。由于双电子层电容很大，所以半导体耗尽层的空间电荷电容对电极电位是决定性的存在，这也意味着利用外加电位可以调控耗尽层空间电荷区的电容。因此利用两者间的关系可以检测所制备的 Ta_3N_5 薄膜光电极的能带结构[23-24]。

半导体的空间电荷层微分电容（C）与半导体表面对于本体的电势差 ΔE 的关系可以用莫特-肖特基方程[22]表示为：

$$\frac{1}{C^2}=\frac{2}{\varepsilon_0 \varepsilon e A^2 N_D}\left(E-E_f-\frac{\kappa_B T}{e}\right) \tag{3-2}$$

其中，C 为半导体空间电容（通过电化学阻抗获得），e 为电子电量，ε_0 为真空介电常数，ε 为相对介电常数，A 是光电极面积，E 为所施加的电极电位，N_D 为载流子浓度，E_f 为半导体的平带电位，k_B 为玻耳兹曼常数，T 为开尔文温度。

因此，可以采用莫特-肖特基电化学测试来计算 Ta_3N_5 薄膜光电极的平带电位以及载流子浓度，而且确定了 Ta_3N_5 薄膜光电极的半导体材料类型。对于半导体材料而言，在半导体光催化反应中平带电位的界面电子转移是一个相当关键的热力学参数。

根据该方程，以 A^2/C^2 对电化学阻抗测定中施加的电极电位 E 作图，以图中的直线部分做切线，其延长线在横轴上交于一点，该点的截距就是平带电位 E_f 的值。所制备的 Ta_3N_5 薄膜光电极的 M-S 曲线如图 3-7 所示，得知 Ta_3N_5 薄膜光电极的平带电位 E_f 为 -0.18 V(vs. RHE)。该曲线的切线斜率为正，表明了 Ta_3N_5 薄膜光电极为 n 型半导体材料。进一步利用该曲线的切线斜率，通过上述公式进一步计算得出其载流子浓度 N_D 为 $3.11\times10^{22}\ cm^{-3}$。

对于 n 型半导体材料而言，在暗光条件下能带随着反向偏压的增大变得更加弯曲。相对于价带电位来说，当费米能级为正值时，外加偏压增加至某一电势时将导致极度地消耗或载流子反转[25-26]。这一瞬间，通过界面的电流将突然增大，该过程中对应电流增大时的初始电位值即为半导体的价带电位[19]。

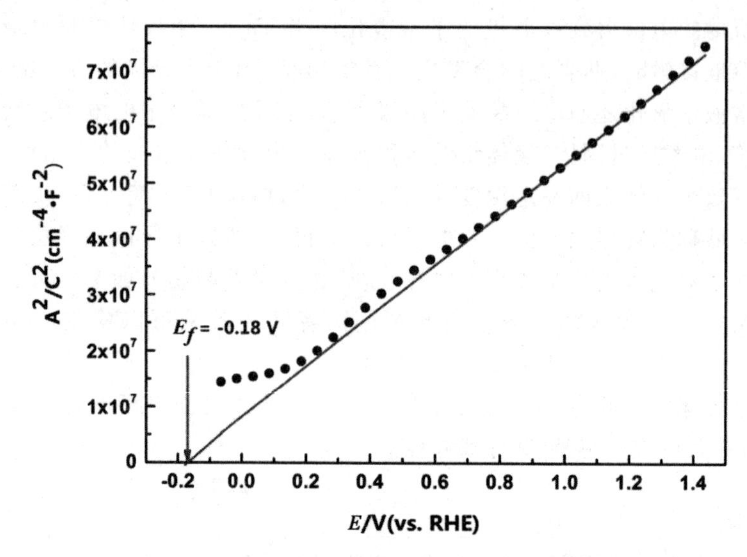

图 3-7　Ta_3N_5 薄膜光电极的莫特一肖特基曲线

依据线性伏安检测的这一检测特性，在暗光条件下对 Ta_3N_5 薄膜进行了线性伏安扫描，如图 3-8 所示。电流在经拟合直线的外推与横坐标相交可以得到其价带电位 E_V 为 1.79 V(vs. RHE)。由于已测得 Ta_3N_5 薄膜电极的带隙宽度 $E_g=2.08$ eV，结合公式(3-3)，即可求得薄膜电极的导带电位 E_C 为－0.29 V(vs. RHE)。

$$E_C = E_V - E_g \tag{3-3}$$

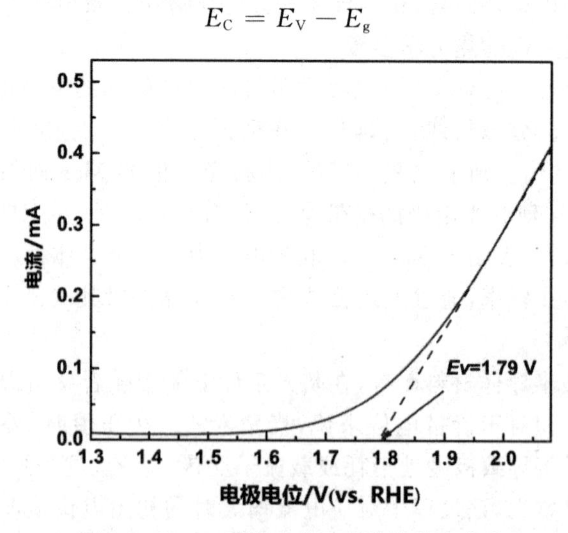

图 3-8　Ta_3N_5 薄膜光电极的线性伏安曲线

通过该部分实验中一系列的表征以及分析，得知 Ta_3N_5 薄膜光电极的掺杂浓度及其能带结构，各数值如表 3-1 所示。

表 3-1　Ta_3N_5 薄膜光电极的掺杂浓度及其能带结构

薄膜电极	N_D/cm^{-3}	E_f/V^*	E_g/eV	E_C/V^*	E_V/V^*
Ta_3N_5	3.11×10^{22}	−0.18	2.08	−0.29	1.79

注：* 相对于可逆氢电极（vs. RHE）。其中，本部分的扫描电极电位与可逆氢电极电位间的转换公式：$V_{RHE}=V_{SCE}+0.0591\times pH+0.1976$。

3.3.6　态密度和禁带宽度的计算

3.3.6.1　结构优化

结构优化（Structure Optimization）的目的是为了优化晶胞中离子的位置、晶胞大小和晶胞形状，而后两者实际都与离子的位置相关。

图 3-9 为结构优化所得到的 Ta_3N_5 的晶格结构，从中可以看出，Ta 原子的配位数为 5，即它与相邻的 5 个 N 原子配位。而 N 原子的配位数为 3，其和周围的 3 个 Ta 原子配位。结构优化所得 Ta_3N_5 的晶格参数分别为 $a=3.85$ Å，$b=10.25$ Å，$c=10.27$ Å，$\alpha=\beta=\gamma=90°$，该计算结果与实验测定的结果非常一致。

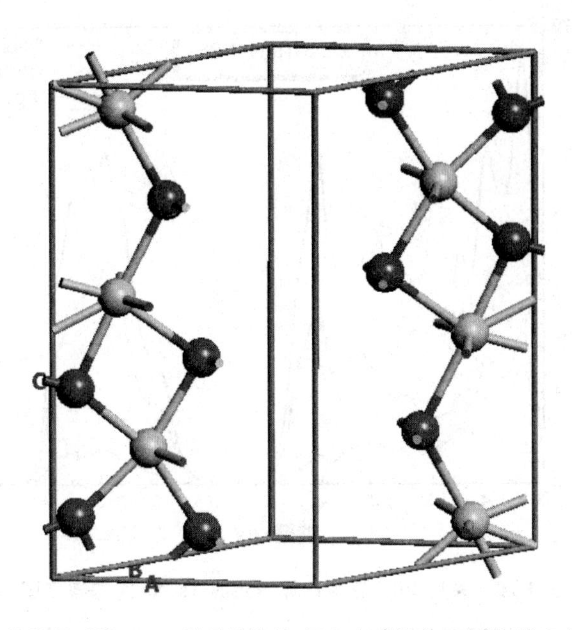

图 3-9　结构优化得到的 Ta_3N_5 的晶格结构，深色小球代表 N 元素，浅色小球为 Ta 元素

表 3-2　结构优化所得 Ta_3N_5 的晶格参数与实验结果相比较

晶格参数	a/Å	b/Å	c/Å	α/(°)	β/(°)	γ/(°)
计算	3.85	10.25	10.27	90	90	90
实验	3.89	10.22	10.28	90	90	90

3.3.6.2　Ta_3N_5 的态密度和禁带宽度的计算

态密度是指能量介于 $E\sim E+\Delta E$ 之间的量子态数目 ΔZ 与能量差 ΔE 之比，即单位能量间隔之内的模数。Z-E 关系反映出固体中电子能态的结构。图 3-10 为采用 PBE(Perdew Burke Ernzerhof)泛函计算得到的 Ta_3N_5 的态密度(Density of State，DOS)图，其中包含了 N 的 2p 轨道和 Ta 的 5d 轨道的分波态密度曲线和总的态密度曲线。从图中可以看出，在价带区域，N 的 2p 轨道的态密度要远大于 Ta 的 5d 轨道的态密度，说明 Ta_3N_5 的价带主要由 N 的 2p 轨道构成；而在 Ta_3N_5 的导带区域，则是 Ta 的 5d 轨道的态密度远大于 N 的 2p 轨道的态密度，这说明 Ta_3N_5 半导体的导带则主要由 Ta 的 5d 轨道构成。此外还可以从图中看出，在价带和导带之间的禁带区域态密度为零，即没有轨道的存在。

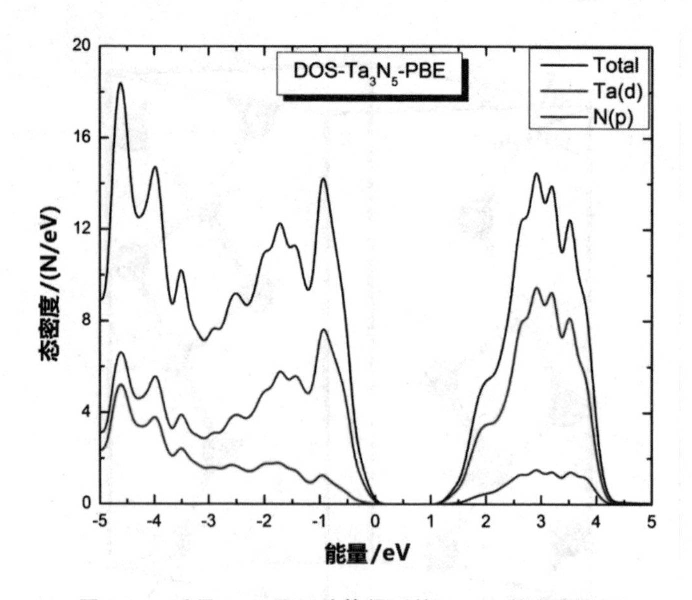

图 3-10　采用 PBE 泛函计算得到的 Ta_3N_5 的态密度图

图 3-11 为采用 PBE 泛函计算得到的 Ta_3N_5 的能带结构，图中横坐标

为倒格空间中的高对称 k 点，纵坐标为相应的能量值。从图 3-11 可以看出，计算得到的 Ta_3N_5 的导带的最低点位于 Y 点，而价带最高点位于 Γ 点。Ta_3N_5 的导带最低点和价带最高点并不位于同一 k 点，说明 Ta_3N_5 半导体为间接半导体。由导带最低点和价带最高点之间的能量差可以算出 Ta_3N_5 半导体的禁带宽度为 1.28 eV。这一理论计算值与第二章实验测得的 Ta_3N_5 半导体的禁带宽度 2.08 eV 并不吻合，即采用 PBE 泛函计算得到的禁带宽度要比实验测定值低得多。

已有研究表明，虽然 PBE 泛函采用广义梯度近似(Generalized Gradient Approximation，GGA)展开交换关联能 $E_{xc}[\rho]$，相对于局域密度近似(Local Density Approximation，LDA)将非局域的交换关联能 $E_{xc}[\rho]$进行局域密度近似的处理来说，可以更好地将真实体系电子密度的不均匀性考虑到其中。然而，对于一些特殊的材料体系，如过渡金属氧化物、稀土金属元素以及稀土化合物等材料，由于这些体系中含有 d 电子或 f 电子，属于强关联电子体系(电子间的交换相互作用不可忽略的体系)，因而 GGA 并不能给出这些体系的正确计算结果。在这种情况下，最简单的解决方法之一就是在原先的 GGA 能量泛函的基础上加入一个 Hubbard 参数 U 的对应项，这也就是所谓的 GGA＋U 方法。

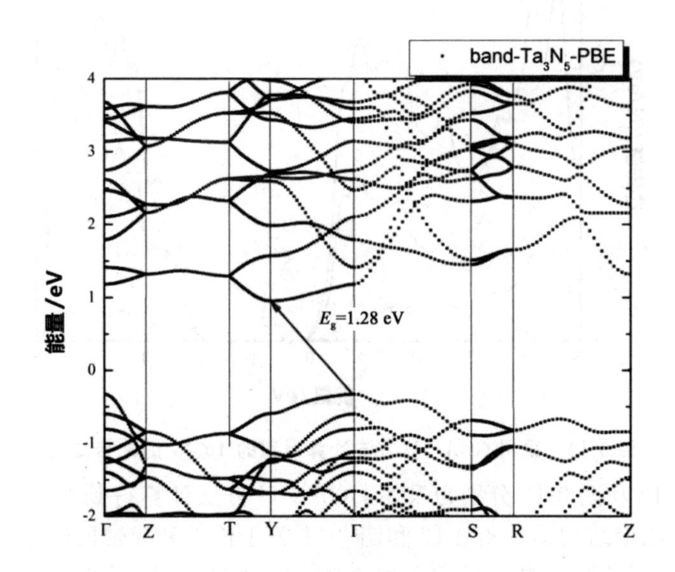

图 3-11　采用 PBE 泛函计算得到的 Ta_3N_5 的能带结构

因此，本书进一步采用 GGA＋U 的方法对 Ta_3N_5 的态密度和能带结构进行了计算，其中 Ta 的 U 值取为 5 eV。

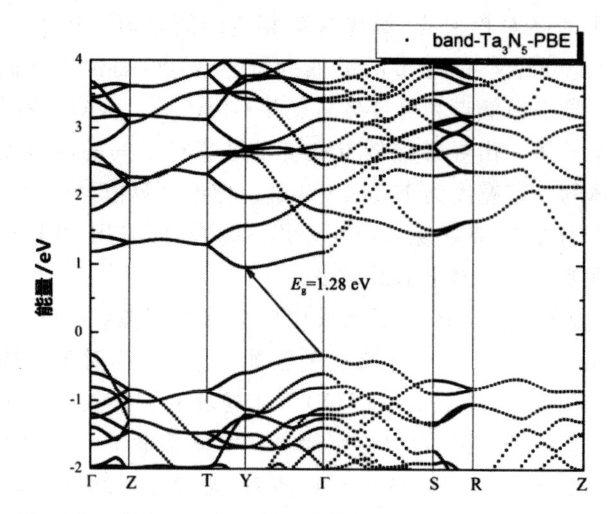

图 3-12　采用 GGA＋U 方法计算得到的 Ta_3N_5 的态密度图

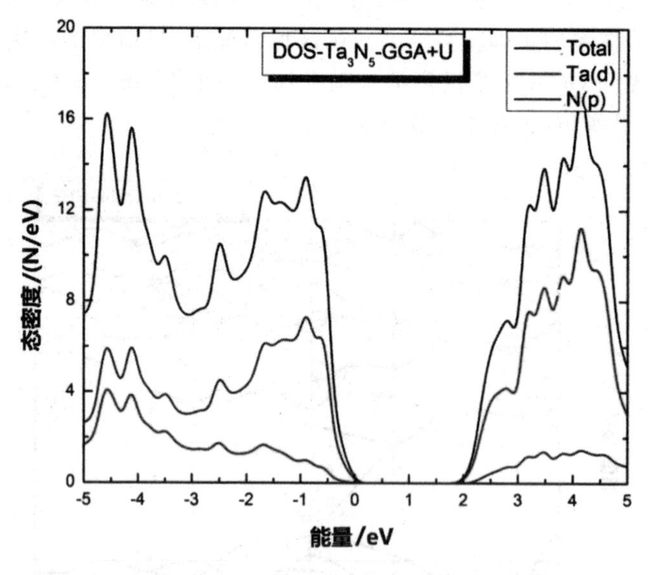

图 3-13　采用 GGA＋U 方法计算得到的 Ta_3N_5 的能带结构

图 3-12 和图 3-13 分别为采用 GGA＋U 方法计算得到的 Ta_3N_5 的态密度图和能带结构图。图 3-12 和图 3-11 关于价带和导带的轨道构成信息基本相同，即 Ta_3N_5 的价带主要由 N 的 2p 轨道构成，而其导带则主要由 Ta 的 5d 轨道构成。但图 3-12 和图 3-11 的不同之处在于，采用 GGA＋U 方法得到的态密度为零的禁带区间要比采用 PBE 泛函的宽，这也可以从图 3-13 的能带结构图中得到确认。从图 3-13 可以得出采用 GGA＋U 方法得到的 Ta_3N_5 的禁带宽度为 2.04 eV，大于采用 PBE 泛函得到的 1.28 eV，而

更接近于实验值 2.08 eV。这说明在考虑了 Ta 元素 5d 轨道电子的强关联作用之后经 Hubbard 参数 U 的修正，可以得到相应半导体准确的能带结构。

此外，从 Hartree-Fock 自洽场近似方法中可知，该方法能够给出体系精确的交换能，这一优点正好可以弥补 DFT 方法中的缺陷。所以，为了提高理论计算的精度，人们在计算中引进了杂化泛函的方法，也就是说用 Hertree-Fock 方法中的交换能与密度泛函方法中的交换能做线性组合得到计算体系的交换关联泛函。采用这种方式获得的交换关联泛函通常要比 DFT 方法得到的交换关联泛函更加精确，而且可以通过线性组合系数的调节来控制 Hertree-Fock 交换泛函与 DFT 交换泛函的比例，使得计算结果更为精确，更加接近实验的真实结果。

因此，我们又采用 HSE06 杂化泛函计算了 Ta_3N_5 的态密度和能带结构。其中杂化交换关联泛函中，HF 的交换项所占的比例设定为 0.25，相应的杂化泛函交换项中 DFT GGA 所占成分为 0.75；而杂化泛函关联项中 DFT GGA 所占成分为 1，即关联项中没有 HF 成分。计算得到的态密度和能带结构结果分别如图 3-14 和图 3-15 所示。与 PBE 泛函得到的态密度（图 3-10）和 GGA＋U 方法得到的态密度（图 3-12）相比较，虽然价带和导带仍然主要分别由 N 的 2p 轨道和 Ta 的 5d 轨道构成，但不同的是 HSE06 杂化泛函计算结果中导带中 Ta 的 d 轨道占据了更大的比例。从图 3-15 可以看出，HSE06 杂化泛函得到的禁带宽度为 2.12 eV，这和实验测定的 2.08 eV 的禁带宽度已非常接近，说明采用 HSE06 杂化泛函更加接近于实验结果。

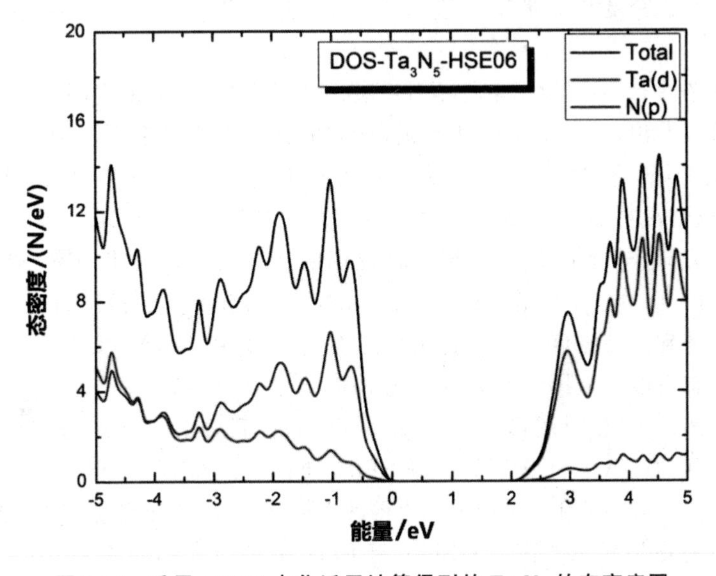

图 3-14 采用 HSE06 杂化泛函计算得到的 Ta_3N_5 的态密度图

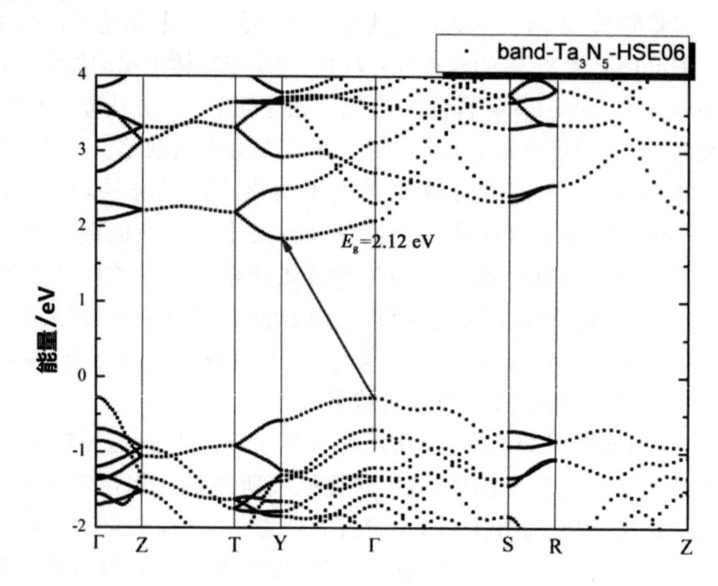

图 3-15 采用 HSE06 杂化泛函计算得到的 Ta_3N_5 的能带结构

3.3.6.3 TaON 的态密度和禁带宽度的计算

Ta_3N_5 的制备是由 Ta_2O_5 在氨气中高温氮化得到的，在未氮化完全时，会形成中间物 TaON，为了对 Ta_3N_5 的氮化过程有更进一步的了解，我们也分别采用 PBE 泛函、GGA＋U 方法以及 HSE06 泛函的 DFT 方法对 TaON 的态密度和能带结构进行了计算，并与 Ta_3N_5 的计算结果进行了比较。

从图 3-16 不同泛函条件下计算得到的 TaON 的态密度图中的分波态密度可以看出，不论采用何种泛函，它们的计算结果都表明，TaON 的价带由 O 的 2p 轨道，N 的 2p 轨道和 Ta 的 5d 轨道构成，其中 O 的 2p 轨道、N 的 2p 轨道占主要地位，而在这两个元素的 p 轨道中，O 的 2p 轨道的分波态密度更大；但对价带而言，采用三种泛函的计算结构都表明，TaON 的导带则主要由 Ta 的 5d 轨道构成，这和 Ta_3N_5 的情况一样。但同时，用三种泛函方法得到的态密度之间也有明显的不同，即采用 GGA＋U 和 HSE06 泛函的零态密度区域即禁带宽度要比 PBE 方法得到的宽。

图 3-17 为不同泛函条件下计算得到的 TaON 的能带结构图，采用 PBE 泛函、GGA＋U 方法以及 HSE06 杂化泛函得到的禁带宽度分别为 1.92 eV、2.49 eV 和 2.98 eV。由前述 Ta_3N_5 的计算和实验对比结果以及文献相关报道可知，采用 HSE06 泛函计算得到的结果 2.98 eV 应该与 TaON 的实际禁带宽度较为一致。和 Ta_3N_5 的禁带宽度 2.08 eV 相比较，Ta-

ON 的禁带宽度要更大，这主要是因为氧的电负性比 N 的电负性大造成的。

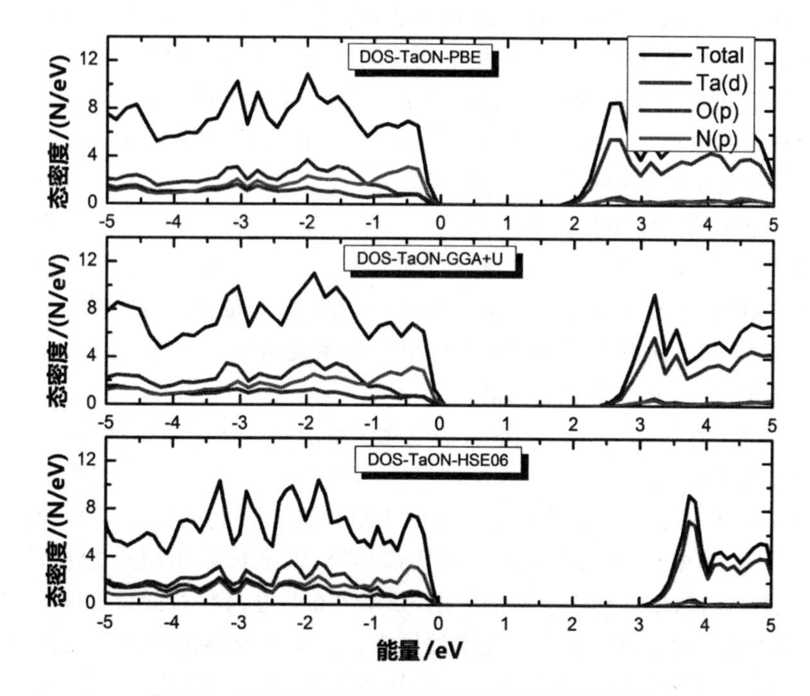

图 3-16　不同泛函条件下计算得到的 TaON 的态密度

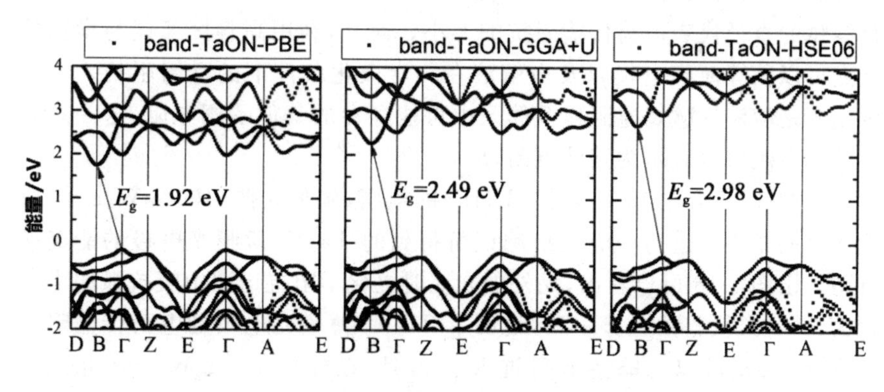

图 3-17　不同泛函条件下计算得到的 TaON 的能带结构

3.3.7　Ta_3N_5 薄膜光电极的电化学性能研究

电化学交流阻抗法主要采用电流来控制电化学系统，在控制电流小幅度随时间变化的条件下，同时测量电势随着时间的变化，从而得知阻抗性能，并进一步研究和分析电化学系统的微观变化机理。电化学阻抗谱是交流阻抗技术的一种，同时是一种相对较新的电化学测试技术，研究在某一极化状态下不同频率的电化学阻抗性能，广泛应用于电池以及材料的腐蚀与防护等电化学领域。由于电化学交流阻抗谱是一种“准稳态”测试法，电极的阳极和阴极过程轮流替换，且二者产生的效果相对立，因而不会引发极化现象和电极表面状态的积累性改变，因此通过该测试可以分析电化学系统的阻抗性能、电荷电子的传输性能等。

本书利用交流阻抗技术研究了 Ta_3N_5 薄膜光电极的阻抗性能，测量了不同频率下交流电势与电流信号的比值(扰动信号 X 和响应信号 Y 的比值系统的阻抗)随着正弦波频率 ω 的变化，或阻抗的相位角随着正弦波频率 ω 的变化，获知不同频率下薄膜光电极电化学系统阻抗的实部、虚部、模值以及相位角，绘制成电化学阻抗谱。

测试含有 Ta_3N_5 薄膜光电极的电化学系统的电化学阻抗性能，以其中一种电化学阻抗谱——能奎斯特图(Nyquist Plot)为研究依据，进而获得有效的电化学信息来研究薄膜光电极的阻抗性能。得到的能奎斯特图如图 3-18 所示，其中横坐标表示阻抗的实部(Z')，纵坐标表示阻抗的虚部($-Z''$)。不同的数据点标志不同的频率，频率分布是左高频右低频。理想状态下，固体电极的阻抗弧为一段完整的圆弧。然而在具体的电化学阻抗谱测试中，谱中的阻抗弧会发生变化。其中，高频时阻抗完全受异相动力学控制，此区圆弧反映薄膜光电极与法拉第反应有关的电荷传输阻抗(R_{ct})，并且圆弧的直径代表电荷传输阻抗的大小。此外，利用高频区弧线与横轴的交点可以估算薄膜电极以及电解液在一定极化条件下的欧姆阻抗。低频区主要是溶液的欧姆电阻以及体系中可能存在的其他欧姆电阻，这一系列的欧姆电阻可以表示为溶液电阻(R_s)。

如图 3-18 为在 1.60 V(vs. RHE)的偏压，施加光照(100 mW/cm^2)或无光照的条件下进行交流阻抗测试所得到的 Ta_3N_5 薄膜光电极的能奎斯特图。由图 3-18 可以看出，无外加光照时电化学阻抗谱图中阻抗弧的半径较大，并且弧线整体趋势一致，说明了 Ta_3N_5 薄膜光电极的电荷传输阻抗 R_{ct} 较大，甚至可以忽略溶液阻抗 R_s。但是，在外加 100 mW/cm^2 光照后 Ta_3N_5 薄膜光电极的阻抗弧半径明显减小，表明光电极的电荷传输阻抗降低。通过两者的比较，进一步证明光激发 Ta_3N_5 薄膜光电极产生电子-空穴，同时在外加电压的作用下光生电子-空穴对能够有效的分离。利用 Zview 软件对 Ta_3N_5 薄膜光电极的电化学阻抗数据进行研究和分析，得到了能奎斯特图中电化学体系的等效电路图以及各电化学元件的数值，分别见图 3-19 和表 3-3。在等效电路图中，电化学元件 R_{ct} 为电极-电解液界面电荷传输的电阻，R_s 为检测系统的溶液电阻，CPE 为薄膜电极的恒相位电容。从表 3-3 可以看出，加入光照后电荷转移的阻抗值（R_{ct}）由光照前的 5 671 Ω 减小至 284.2 Ω，从而证明了所制备的 Ta_3N_5 薄膜光电极具有较好的光生电荷分离和传输性能。

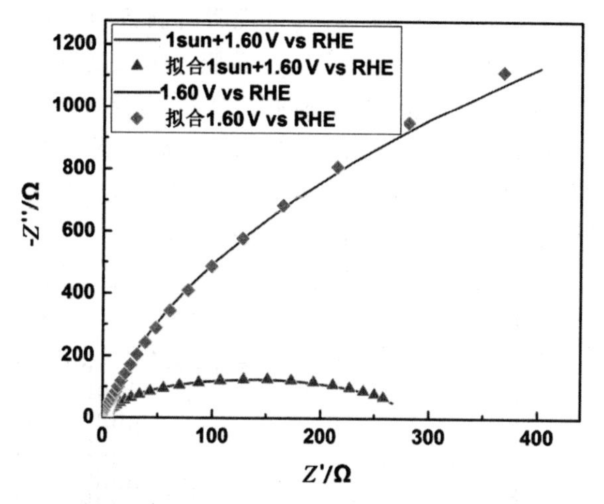

图 3-18　Ta_3N_5 薄膜光电极的能奎斯特图

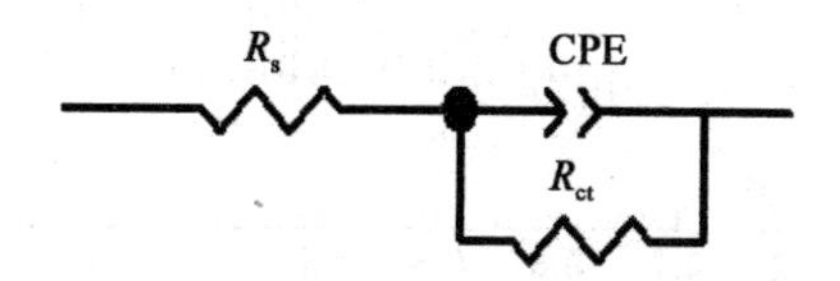

图 3-19　拟合电化学阻抗谱的等效电路图

表 3-3　Ta_3N_5 薄膜光电极电化学阻抗的拟合值

条件	R_s/Ω	R_{ct}/Ω
光照	1.088	284.2
无光照	1.069	5 671

3.3.8　Ta_3N_5 薄膜光电极的光电性能研究

光电催化还原技术中光电极材料的光电转化效率对整体设备的转化效率起着至关重要的作用，同时光电极材料的稳定性也是该技术中需要重点考虑的性能指标。因此，在一系列结构表征以及分析基础上，本书进一步研究了所制备的 Ta_3N_5 薄膜光电极的光电转化性能及其催化稳定性。

Ta_3N_5 薄膜光电极的光电流密度随外加电势变化的线性伏安曲线图，

如图 3-20 所示。由图中可以看到，Ta_3N_5 薄膜光电极的光电流密度随着外加电势的增加迅速增大。在施加相对于标准氢电极 1.23 V 的电极电位时，光电流密度达到了 640 μA/cm^2，这一数值远大于文献报道的 TiO_2 薄膜的光电流密度(约 300 μA/cm^2)[27]，这说明所制备的 Ta_3N_5 薄膜光电极具有良好的光电转化性能。同时，Ta_3N_5 薄膜光电极的光电流密度随时间变化的曲线图，如图 3-21 所示，随着时间的推移，薄膜光电极的电流密度变化不是很明显，从而可以说明所制备的 Ta_3N_5 薄膜光电极有较好的稳定性。因此光电转化性能和稳定性测试表明，Ta_3N_5 薄膜光电极是一种潜在的具有良好光电转化性能和稳定性的光阳极材料。

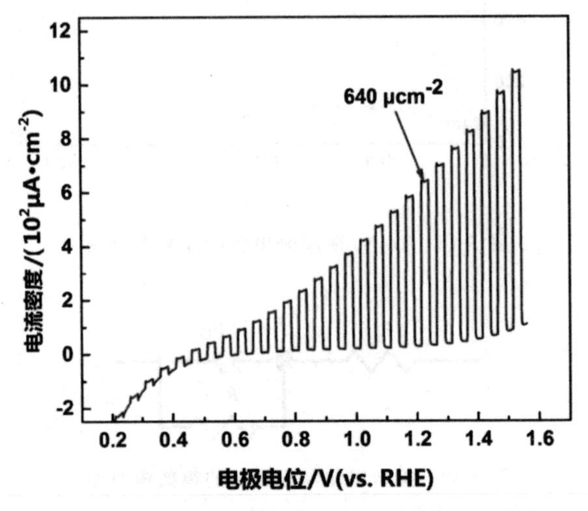

图 3-20　Ta_3N_5 薄膜光电极的光电流密度变化的线性伏安曲线

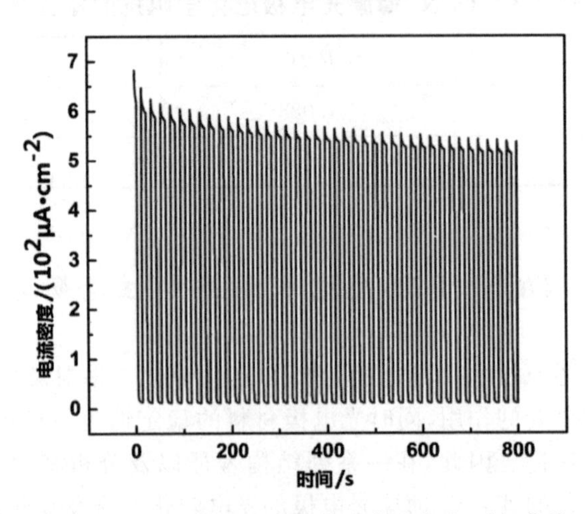

图 3-21　Ta_3N_5 薄膜光电极的光电流密度-时间曲线

综合上述的研究，由 Ta_3N_5 薄膜光电极的能带结构表征和 FESEM 形貌表征以及分析可知，所制备的 Ta_3N_5 薄膜光电极具有良好的光电转化性能可能主要有两个原因：一方面，因为 Ta_3N_5 薄膜具有较为合适的禁带宽度，使其对可见光的吸收能力明显增强，进而生成更多的光生电子和空穴对，同时促进光生电子-空穴的更有效分离；另一方面，Ta_3N_5 薄膜层的多孔层状结构使得薄膜与电解液的接触面积增大，这将非常有利于固-液界面间光生载流子的传输及光电转化性能的改善。

3.3.9　Ta_3N_5 薄膜为光阳极的 CO_2 转化性能评价

通过气相色谱对光电催化还原 CO_2 的还原产物进行了分析，CO_2 转化的主要产物是 CO 和 H_2。我们主要考察了不同外加电压对光电催化还原 CO_2 过程中不同还原产物的产量和法拉第电流效率的影响。

图 3-22 是施加不同外加电压(1.0 V、1.2 V、1.4 V、1.6 V、1.8 V、2.0 V、2.2 V、2.4 V)时光电催化还原 CO_2 过程中还原产物 CO 和 H_2 的产量变化曲线图。从图中我们可以看出，CO 和 H_2 的产量都随着外加电压的增大而增加。

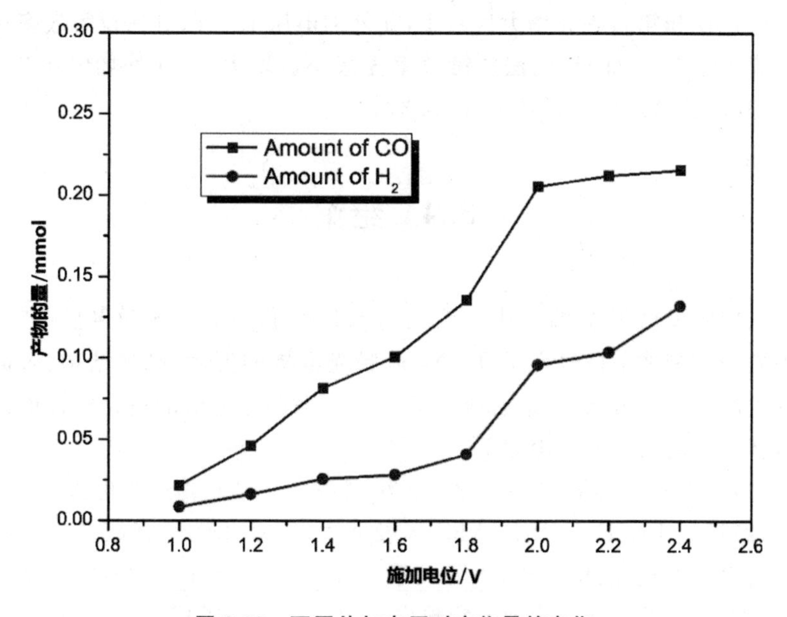

图 3-22　不同外加电压时产物量的变化

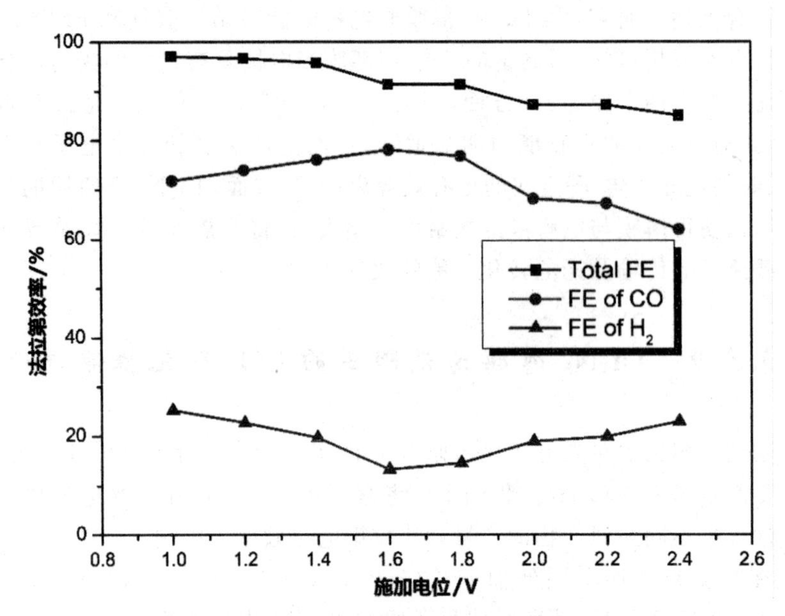

图 3-23　不同外加电压时产物法拉第效率的变化

图 3-23 是不同外加电压时光电催化 CO_2 还原中不同还原产物的法拉第效率和总的法拉第效率变化。从图中可以观察到，随着外加电压的增大，CO 的法拉第效率先增大后减小，在外加电压 1.6 V，其法拉第效率达到最大值 78.1%。而 H_2 的法拉第效率先减小后增大，而在外加电压为 1.7 V 时，其法拉第效率达到最小值 13.3%。

3.4　结论

利用阳极氧化-高温氮化工艺成功地制备了 Ta_3N_5 薄膜电极，并通过相关的表征测试手段研究了 Ta_3N_5 薄膜光电极的形貌、晶体结构、表面元素的组成以及能带结构，最后研究了 Ta_3N_5 薄膜光电极的电化学性能以及光电转化性能。主要结论如下：

(1)利用阳极氧化-高温氮化两步法制备了 Ta_3N_5 薄膜光电极。

(2)通过 FESEM、XRD、XPS 等表征手段，对 Ta_3N_5 薄膜光电极的薄膜层的表面形貌、晶体结构、表面元素及化学态进行分析和研究。确定所制备的光电极的薄膜层为纳米颗粒堆积起来的多孔类层状结构，晶体类型为单斜晶系结构。进一步采用 XPS 结果证实了高温氮化成功地利用氨气将阳极氧化制得的 Ta_2O_5 氮化为了 Ta_3N_5。

(3)通过紫外-可见光吸收光谱、莫特-肖特基电化学法测试以及暗光下的线性伏安扫描手段分别对 Ta_3N_5 薄膜光电极的禁带宽度、平带电位以及价带和导带能级进行了测定,结果表明所制备的 Ta_3N_5 薄膜光电极的禁带宽度为 2.08 eV,平带电位、价带顶和导带底分别位于-0.18 V、1.79 V 和-0.29 V(vs. RHE)处;采用电化学交流阻抗法测定 Ta_3N_5 薄膜光电极在光功率密度为 100 mW/cm^2 和偏压为 1.6 V(vs. RHE)的条件下的电荷传输阻抗值为 284.2 Ω。

(4)由态密度计算结果表明 Ta_3N_5 的价带主要由 N 的 2p 轨道构成,而其导带则主要由 Ta 的 5d 轨道构成;能带结构计算结果表明 Ta_3N_5 的导带最低点和价带的最高点并不位于同一 k 点,说明 Ta_3N_5 为间接半导体;在所采用的三种泛函方法,即 PBE、GGA+U 和 HSE06 中,杂化泛函 HSE06 计算得到的 Ta_3N_5 的禁带宽度为 2.12 eV,最接近于实验测定值 2.10 eV。

(5)光电流密度随外加电位变化的伏安曲线测定结果表明 Ta_3N_5 薄膜电极表现出了优异的光电转化性能,在相对于标准氢电极 1.23 V 时其光电流密度可以达到 640 $\mu A/cm^2$,说明所制备的 Ta_3N_5 薄膜电极在光电化学反应体系中可以作为良好的光阳极材料。

(6)以所制备的 Ta_3N_5 薄膜为光阳极时,在外加电压为 1.6 V,CO 的法拉第效率可达到最大值 78.1%。

综合以上所有的表征和分析,可知所制备的 Ta_3N_5 薄膜光电极具有良好的光电转化性能,可归结为:①所制备的 Ta_3N_5 薄膜具有较为合适的禁带宽度,使其对可见光的吸收能力显著增大,可以在太阳光激发下产生更多的光生电子和空穴对;② Ta_3N_5 薄膜层的多孔类层状结构增大了薄膜与电解液的接触面积,这将非常有利于光生载流子在固-液界面的传输和其光电转化性能的提高。

参考文献

[1] S G Han,S Y Chae,S Y Lee,et al. Charge separation properties of Ta_3N_5 photoanodes synthesized via a simple metal-organic-precursor decomposition process[J]. *Physical Chemistry Chemical Physics* :*PCCP*,2018,20(4),2865-2871.

[2] Z Li,W Luo,M Zhang,et al. Photoelectrochemical cells for solar hydrogen production:current state of promising photoelectrodes,methods to improve their properties,and outlook[J]. *Energy & Environmental*

Science,2013,6(2),347-370.

[3] H Park, H Kim, G Moon, et al. Photoinduced charge transfer processes in solar photocatalysis based on modified TiO_2[J]. *Energy & Environmental Science*,2016,9(2),411-433.

[4] W Jiao,W Shen,Z U Rahman,et al. Recent progress in red semiconductor photocatalysts for solar energy conversion and utilization[J]. *Nanotechnology Reviews*,2016,5(1),135-145.

[5] J Wang,A Ma,Z Li,et al. Theoretical study on the surface stabilities,electronic structures and water adsorption behavior of the Ta_3N_5 (110) surface[J]. *Physical Chemistry Chemical Physics*,2016,18(11), 7938-7945.

[6] C Zhen,R Z Chen,L Z Wang,et al. Tantalum (oxy)nitride based photoanodes for solar-driven water oxidation[J]. *Journal of Materials Chemistry A*,2016,4(8),2783-2800.

[7] Y Li,T Takata,D Cha,et al. Vertically aligned Ta_3N_5 nanorod arrays for solar-driven photoelectrochemical water splitting[J]. *Advanced Materials*,2013,25(1),125-131.

[8] 付丽.石墨烯-二氧化钛纳米管催化剂的合成及光催化性能研究[D].哈尔滨:哈尔滨工业大学,2013.

[9] P Zhang,T Wang,J Zhang,et al. Bridging the transport pathway of charge carriers in a Ta_3N_5 nanotube array photoanode for solar water splitting[J]. *Nanoscale*,2015,7(31),13153-13158.

[10] J Wang,J Feng,L Zhang,et al. Role of oxygen impurity on the mechanical stability and atomic cohesion of Ta_3N_5 semiconductor photocatalyst[J]. *Physical Chemistry Chemical Physics*, 2014, 16(29), 15375-15380.

[11] J Wang,T Fang,L Zhang,et al. Effects of oxygen doping on optical band gap and band edge positions of Ta_3N_5 photocatalyst: A GGA plus U calculation[J]. *Journal of Catalysis*,2014,309,291-299.

[12] J Wang,A Ma,Z Li,et al. Effects of oxygen impurities and nitrogen vacancies on the surface properties of the Ta_3N_5 photocatalyst: a DFT study[J]. *Physical Chemistry Chemical Physics*, 2015, 17(35), 23265-23272.

[13] G Kresse. Ab initio molecular dynamics for liquid metals[J]. *Physical Review B Condensed Matter*,1993,47(1),558-561.

[14] G Kresse, J Hafner. Ab initio molecular-dynamics simulation of the liquid-metal-amorphous-semiconductor transition in germanium[J]. *Physical Review B Condensed Matter*, 1994, 49(20), 14251-14269.

[15] G Kresse, J Furthmüller. Efficiency of ab-initio total energy calculations for metals and semiconductors using a plane-wave basis set[J]. *Comp. Mater. Sci*, 1996, 6(1), 15-50.

[16] G Kresse, J Furthmüller. Efficient iterative schemes for ab initio total-energy calculations using a plane-wave basis set[J]. *Phys Rev B Condens Matter*, 1996, 54(16), 11169-11186.

[17] J P Perdew, K Burke, M Ernzerhof. Generalized gradient approximation made simple [J]. *Physical Review Letters*, 1996, 77 (18), 3865-3868.

[18] X Xu, C Randorn, P Efstathiou, et al. A red metallic oxide photocatalyst[J]. *Nature Materials*, 2012, 11(7), 595-598.

[19] S Khan, M J M Zapata, M B Pereira, et al. Structural, optical and photoelectrochemical characterizations of monoclinic Ta_3N_5 thin films[J]. *Physical Chemistry Chemical Physics*, 2015, 17(37), 23952-23962.

[20] S Khan, S R Teixeira, M J Leite Santos. Controlled thermal nitridation resulting in improved structural and photoelectrochemical properties from Ta_3N_5 nanotubular photoanodes [J]. *Rsc Advances*, 2015, 5 (125), 103284-103291.

[21] R V Goncalves, R Wojcieszak, P M Uberman, et al. Insights into the active surface species formed on Ta_2O_5 nanotubes in the catalytic oxidation of CO[J]. *Physical Chemistry Chemical Physics*, 2014, 16(12), 5755-5762.

[22] W A Smith, I D Sharp, N Strandwitz, et al. Interfacial band-edge energetics for solar fuels production[J]. *Energy & Environmental Science*, 2015, 8(10), 2851-2862.

[23] 莫里森. 半导体与金属氧化膜的电化学[M]. 北京:科学出版社,1988.

[24] 庄朋强,肖占文,朱向东,等. 钽阳极氧化膜的半导体性研究[J]. 电子元件与材料,2011,30 (8),35-39.

[25] C A Koval, J N Howard. Electron transfer at semiconductor electrode-liquid electrolyte interfaces [J]. *Cheminform*, 1992, 23 (31), no-no.

[26] A J Nozik, R Memming. Physical chemistry of semiconductor-liquid Interfaces [J]. *Journal of Physical Chemistry*, 1996, 100 (31), 13061-13078.

[27] X Chen, L Liu, F Huang. Black titanium dioxide (TiO_2) nanomaterials[J]. *Chemical Society Reviews*, 2015, 44(7), 1861-1885.

第4章　三维Ag/ZnO中空微球的制备及在光催化降解橙黄G中的应用

4.1 引　言

为了克服半导体催化剂中光致电子和空穴的快速湮灭，可以将金属纳米粒子沉积在半导体光催化剂的表面形成金属-半导体异质结构的纳米复合材料，这样贵金属就起到电子池的作用阻止了光致电子和空穴的复合湮灭，进而可以极大地提高半导体催化剂的光催化性能。已有文献研究表明Ag纳米粒子在半导体表面的复合除了增强光致电子和空穴的分离外，其对光催化的正面作用还有其他的原因。一些研究表明半导体催化剂表面的金属沉积可以提高有机污染物在催化剂表面的吸附从而提高了催化性能[1]；还有一些研究表明，半导体表面的贵金属纳米粒子可能作为助催化剂改变了光催化降解的反应机理[2-3]或者贵金属纳米粒子本身就可作为催化剂降解污染物[4]。近来，有两个研究小组，尽管他们各自对光催化中缺陷所起作用上的认识刚好相反，但他们的研究都表明，半导体光催化剂表面的贵金属改性可以改变半导体内部缺陷的浓度，从而提高光催化的效果[5-6]。同时，由于光催化反应主要发生在催化剂的表面，因此催化剂的表面性质，如表面积[7-11]、疏亲水性[12-13]等同样对光催化效率有极大影响。更重要的是，许多研究已经表明，对光催化氧化过程，催化剂表面的羟基在催化过程中起到至关重要的作用——表面羟基的存在不但可以捕获空穴产生强氧化活性的·OH自由基[14-17]，而且可以提高催化剂表面对O_2的吸附而同样产生活性·OH自由基[18-20]。然而，关于表面贵金属复合对催化剂表面性质特别是表面羟基含量的影响还没有报道。

在溶液中使用纳米材料都面临的问题就是纳米材料的团聚问题。解决这个问题的一个有效办法就是将纳米材料进行组装形成分层超结构。[21]

本章采用水热合成的方法在生物高分子海藻酸钠的辅助下制备了Ag含量不同的三维(3D)Ag/ZnO中空微球，对其结构进行了包括XRD、FESEM、HRTEM和XPS的表征，重点利用XPS研究了不同的表面Ag含量对ZnO表面羟基含量的影响，进而研究了Ag/ZnO中空微球表面Ag含量和其光催化性能之间的关系。

4.2 实验部分

4.2.1 3D Ag/ZnO 中空微球的制备

海藻酸钠(Sodium Alginate)购买自 Acros，其他所有试剂均购自北京化学试剂有限公司。3D Ag/ZnO 中空微球的制备过程如下：首先配制 30 mL 以二次水和乙醇为溶剂(20 mL 水+10 mL 乙醇)含有 1.5 mmol 乙酸锌和适量硝酸银的溶液，接着在磁力搅拌下向上述溶液中加入 0.55 mL 25.4 mmol/L 的海藻酸钠水溶液，然后再逐滴加入 1.0 mL 28 wt.%的氨水，搅拌 10 min 左右后转移到 50 mL 聚四氟乙烯内衬的高压反应釜中，旋紧釜盖，置于烘箱中 393 K 下恒温反应 8 h。反应结束后，取出反应釜，自然冷却至室温，所得产物经离心分离，并用去离子水和乙醇洗涤数次，最后自然晾干，得到粉末状的 Ag/ZnO 样品。

4.2.2 样品的表征

物相的 X 射线衍射(XRD)分析在 Bruker D8A 型 X 射线衍射分析仪上进行(Cu Kα 射线源，λ=0.154 056 nm，2θ 扫描范围：25°～80°)。样品形貌的 FESEM 观察在 Hitachi S-4800 场发射扫描电子显微镜上进行。样品的 TEM 和 HRTEM 表征分别在 Hitachi H-800 低分辨透射电镜及 JEOL 2100 高分辨透射电镜上进行。样品的表面性质及氧化态通过 X 射线光电子能谱(XPS)在 PHI Quantum 2000 型 XPS 探针仪上进行表征。以各个样品中的烃基污染物中 C 1s 作为内标矫正样品中其他各元素的绝对电子结合能。样品表面的实际 Ag 含量通过灵敏度因子法进行计算。XPS 曲线的拟合在 Origin 7.0 软件上进行。样品的光致发光光谱在 JASCO FP-6200 荧光光谱仪上获得，激发波长 λ=325 nm。

4.2.3 光催化实验

光催化反应在一带有恒温循环水套的 100 mL 柱状反应器中进行，紫外光由置于反应器上方 10 cm 的 250 W 高压汞灯(北京电光源研究所，主发射波长 365 nm)提供，降解产物为一广泛使用的阴离子偶氮类燃料橙黄

G(分子式:$C_{16}H_{10}N_2O_7S_2Na_2$,分子量:452)。首先,将 100 mL 100 ppm 的橙黄 G 溶液加入反应器中,然后在搅拌下加入 0.1 g 不同 Ag 含量的 Ag/ZnO 光催化剂,黑暗中搅拌 30 min 以达到染料在催化剂表面的吸附平衡;开启反应器上方的高压汞灯降解反应开始,并开始计时,随后每隔 10 min 用移液管取出 5 mL 反应液,随即离心,过滤以完全除去催化剂颗粒;所得清液用紫外-可见光检测,以监测降解反应的进度。

4.3　表征结果与讨论

4.3.1　Ag/ZnO 中空球的晶体微观结构

不同 Ag 含量的 Ag/ZnO 纳米复合材料的 XRD 图谱如图 4-1 所示,从中可以看出,所有的衍射峰可以分为两大类:标有“*”号的衍射峰(100)(022)(101)(102)(110)(103)(200)(112)(201)对应于标准的六方纤锌矿结构 ZnO 的 Bragg 衍射峰($P6_3mc$,a=3.25 Å,c=5.21 Å,JCPDF #36-1451),标示“#”号的衍射峰(111)(200)(220)对应于面心立方结构(fcc)金属 Ag 的衍射峰(JCPDF #04-0783)。和纯 ZnO 相比,不同 Ag 含量的 Ag/ZnO 样品中 ZnO 衍射峰的位置和晶格常数几乎没有变化,这表明纳米 Ag 并没有掺入 ZnO 的晶格而是位于其表面。

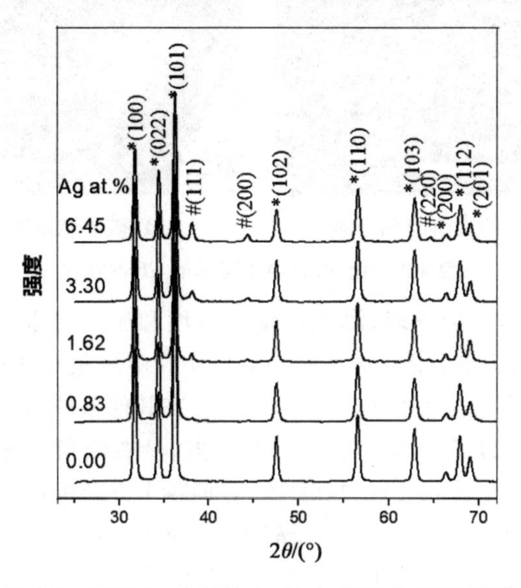

图 4-1　不同 Ag 含量的 Ag/ZnO 样品的 XRD 图谱

所制备的 Ag/ZnO 样品的 FESEM 图如图 4-2 所示。从图 4-2(a) 所示的低倍 SEM 电镜照片可以看出,样品整体上呈 3～5 μm 的球形。图 4-2(b) 所示为单独一个微球的电镜照片,其表面上方框所选区域的高倍照片如图 4-2(c)所示,从中可以看出,微球表面并非光滑的。图 4-2(d) 显示了一个破碎微球的一部分,从图中可以清楚地看出,其球壁是由直径约 100 nm 长度约 1 μm 左右的纳米棒定向排列组成,这说明所制得的微球是中空的,同时也说明图 4-2(c) 中看到的为定向排列的纳米棒的顶端。

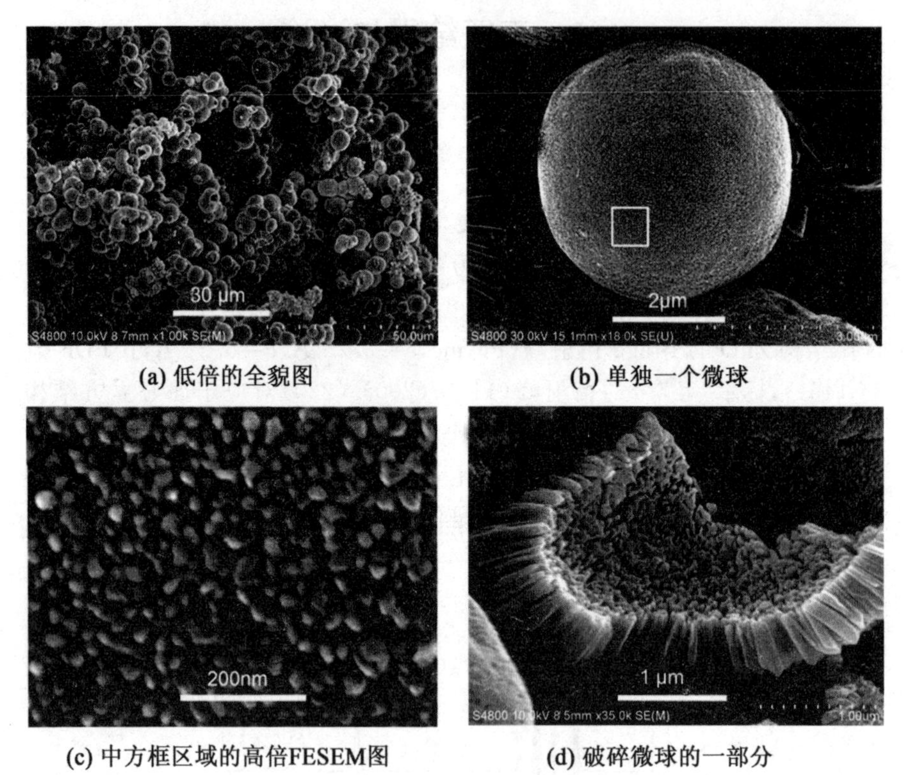

(a) 低倍的全貌图　(b) 单独一个微球

(c) 中方框区域的高倍FESEM图　(d) 破碎微球的一部分

图 4-2　Ag/ZnO 中空微球的 FESEM 图

实验过程中,我们发现,海藻酸钠的浓度和所加氨水的体积对最终样品的形貌有很大影响。图 4-3 所示为对照实验中海藻酸钠量不同时所得样品的 SEM 电镜照片。从图 4-3(a)可以看出,在其他条件不变的情况下,如果不加海藻酸钠,则样品的形貌为 5 μm 的花状;从右侧相对高倍的 SEM 图可以看出,其花瓣也呈棒状,但是却由中心点向各个方向生长,因此没有形成中空球。当加入 6 倍于所需量的海藻酸钠时,所得样品的形貌如图 4-3(b)所示,虽然其中还有少量中空球的存在,但其形状开始变得不规则,并且大小不一。

(a) 不加海藻酸钠

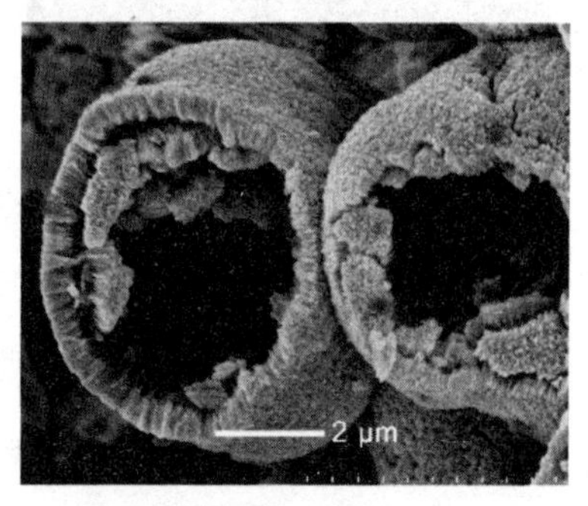

(b) 3.3 mL 25.4 mmol/L的海藻酸钠

图 4-3　不同量海藻酸钠下制备的 Ag/ZnO 样品的低倍(左)和高倍(右)FESEM 图

图 4-4 所示为对照实验中加入氨水体积不同时所得样品的 SEM 电镜照片。从图 4-4(a) 中可以看出,当加入氨水的体积小于 1 mL(0.8 mL pH=9.4)时,样品的形貌为 2 μm 左右的花状。而当加入氨水的体积大于 1 mL 达到 1.2 mL(pH=10.4)和 1.7 mL (pH=10.7)时,样品的形貌开始偏离球形,并且大小同样开始变得不均匀。

图 4-5 所示为对 Ag/ZnO 样品所做的 TEM 和 HRTEM 分析。图 4-5(a) 所示的破碎微球某部分的 TEM 图确认了在 FESEM 观察中得到的结论——Ag/ZnO 中空微球的球壁是由定向排列的纳米棒组成的。TEM 图 4-5(b) 所示为单独的一根 Ag/ZnO 纳米棒,其高分辨的二维晶格透射像如图 4-5(c)和(d)所示,两图中清晰均匀的二维晶格条纹说明 ZnO 的高度结晶性。其〈0001〉方向的晶格间距约为 0.528 nm,近似等于六方晶系 ZnO (0001)晶面的面间距,这说明 ZnO 是沿着〈0001〉方向择优生长的。结合图 4-5(a)可以知道,所有组成微球的 ZnO 纳米棒都是沿着其生长方向垂直于微球表面而定向排列的。从图 4-5(d) 的 HRTEM 像还可以观察到多晶态 Ag 纳米粒子的不均匀晶格条纹,这也说明了所制备的样品是由金属 Ag 和半导体 ZnO 所组成的复合材料。

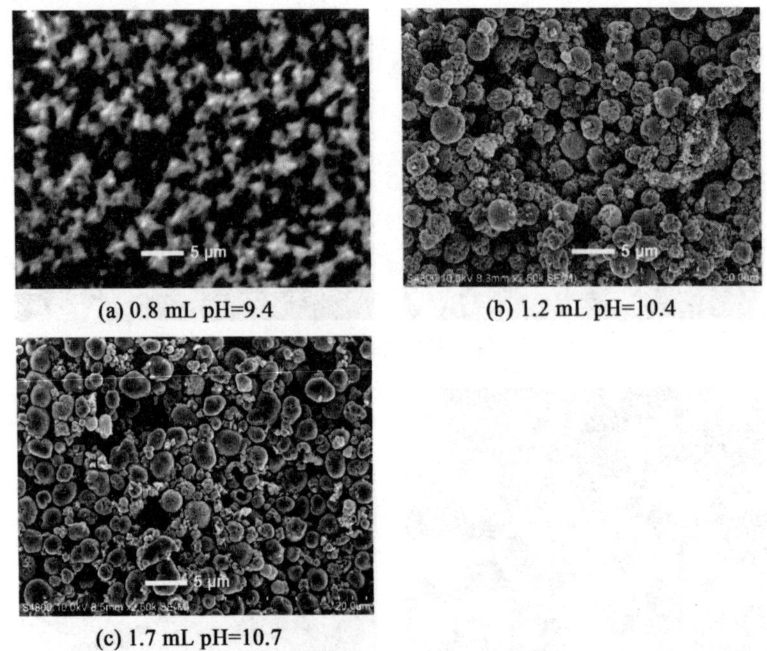

(a) 0.8 mL pH=9.4　　(b) 1.2 mL pH=10.4

(c) 1.7 mL pH=10.7

图 4-4　不同氨水体积下制备的 Ag/ZnO 样品的 FESEM 图

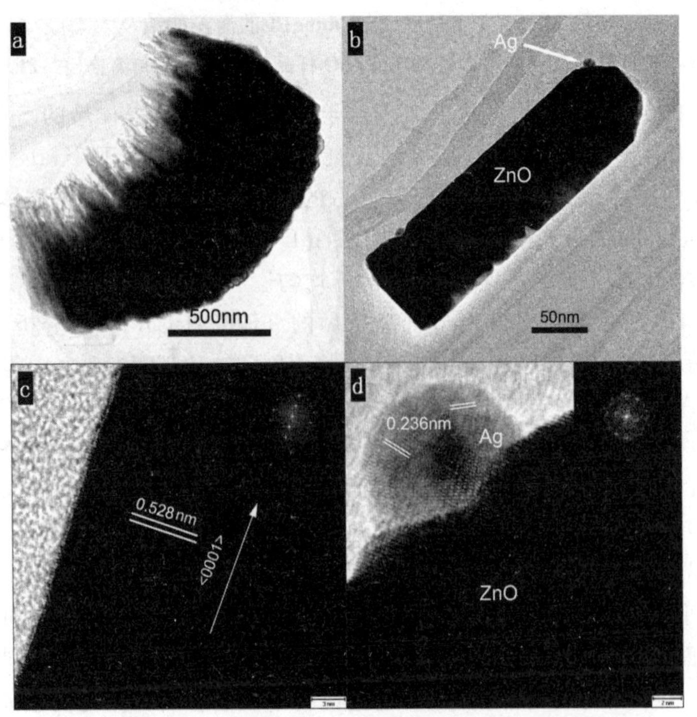

图 4-5　Ag/ZnO 样品的 TEM 和 HRTEM 图

4.3.2 Ag/ZnO 中空微球的表面结构

为了进一步考察所制备 Ag/ZnO 中空微球的表面性质，对样品进行了 XPS 分析。样品中元素的电子结合能都采用污染烃的 C 1s 峰（标准值 284.6 eV）进行了矫正。样品的 XPS 全谱及 Zn 2p、Ag 3d、O 1s 能级的 XPS 窄谱如图 4-6 所示。图 4-6(a) 显示了 ZnO 和 1.62 at.% Ag/ZnO 样品的 XPS 全谱，通过对比可以发现，Ag 的峰仅出现在 Ag/ZnO 样品中。从图 4-6(b) Zn 2p 的 XPS 曲线可以看出，纯 ZnO 和所有不同 Ag 含量的 Ag/ZnO 中 Zn $2p_{3/2}$ 峰的位置都处于约 1 021.4 eV 处，这表明所有样品的表面 Zn 元素都以 Zn^{2+} 存在。不同 Ag 含量的 Ag/ZnO 样品的 Ag 3d XPS 曲线如图 4-6 (c)所示，作为对比，所制得的纯 Ag 的 XPS 谱也同样列出。通过比较可以发现，Ag/ZnO 样品中 Ag 电子结合能向低位移动。这表明在 Ag/ZnO 体系中，金属 Ag 向半导体 ZnO 转移电子，导致了 Ag 的电子密度减小而使 Ag 纳米粒子带部分正电荷[22]。

不同 Ag 含量的 Ag/ZnO 样品的 O 1s XPS 曲线如图 4-6 (d)所示，从中可以看出，O 1s 的峰形都不对称，这表明样品的表面 O 元素至少以两种状态存在。利用 Origin 分峰拟合后所得的曲线同样在图 4-6(d) 显示，其中小圆圈代表原始数据，实线代表拟合得到的两种 O 元素对应的曲线：其中位于 530.2 eV 的峰“α”对应于 ZnO 中的晶格氧(O_L)，而位于 531.7 eV 的峰“β”则可归属为样品表面的羟基氧(O_H)[23-25]。由于光催化剂的表面羟基氧在捕获光致电子和空穴产生活性羟基自由基方面起着非常重要的作用，因此我们进一步对 O 1s 的 XPS 拟合数据做了定量的分析计算，结果列于表 4-1 中。从中可以看出，随着样品中 Ag 含量的增加，O_H 和 O_L 之间的比值先升高后降低，其最大值出现于样品中 Ag 含量为 1.62 at.%时。从以上分析可以看出，Ag 在 ZnO 表面的担载，改变了样品表面的羟基含量，从而必将引起样品光催化性能的变化。

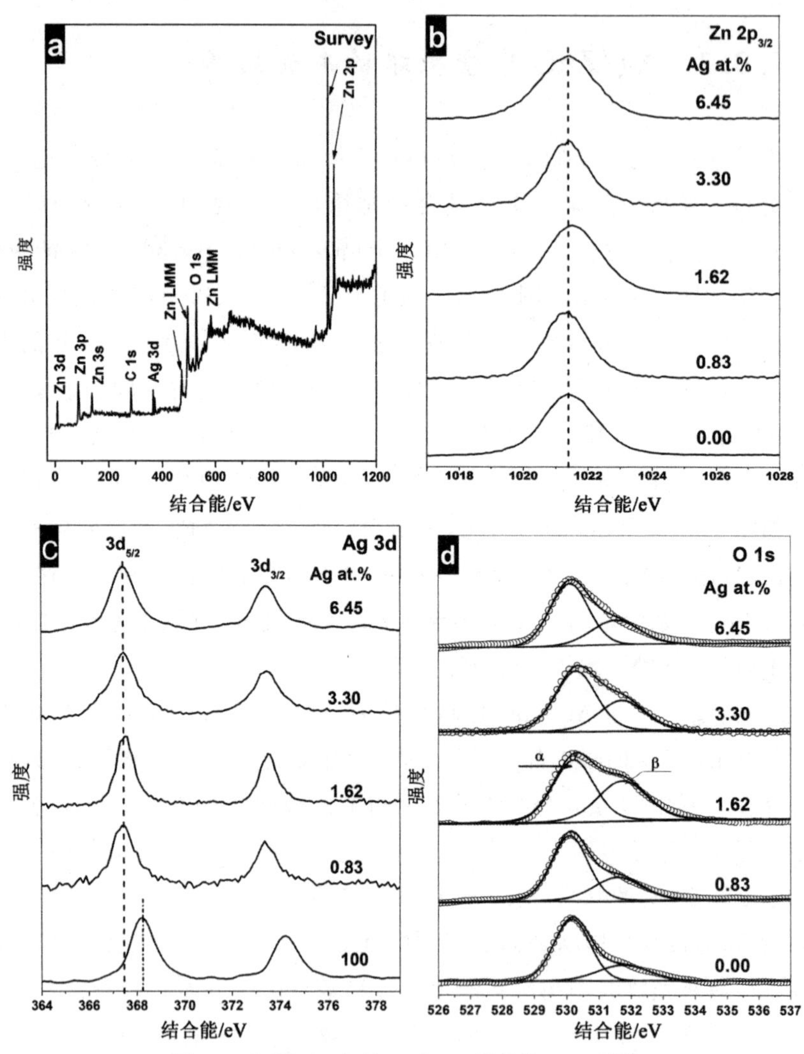

图 4-6　不同 Ag 含量 Ag/ZnO 样品的 XPS 图谱

(a) 全谱;(b) Zn $2p_{3/2}$;(c) O 1s;(d) Ag 3d

(为了比较,所制得的纯 Ag 的 Ag 3d XPS 谱同样列出)

表 4-1　不同 Ag 含量 Ag/ZnO 样品 O 1s XPS 谱的计算结果

样品		O_L	O_H
ZnO	E_b/eV	530.2	531.7
	FWHM [a]/eV	1.38	1.90
	R_i/% [b]	77.3	22.6

续表

样品		O_L	O_H
0.83 at.% Ag/ZnO	E_b/eV	530.2	531.6
	FWHM/eV	1.38	1.89
	R_i/%	69.1	30.9
1.62 at.% Ag/ZnO	E_b/eV	530.3	531.8
	FWHM/eV	1.43	1.82
	R_i/%	52.5	47.5
3.30 at.% Ag/ZnO	E_b/eV	530.4	531.8
	FWHM/eV	1.50	1.77
	R_i%	59.2	40.8
6.45 at.% Ag/ZnO	E_b/eV	530.1	531.5
	FWHM/eV	1.40	1.78
	R_i/%	67.4	32.6

注：[a] 半高宽(Full Width at Half Maximum，FWHM)；[b] R_i/%：根据峰面积计算的单一氧的百分比。

4.4　光催化性能的研究

在 1.62 at.% Ag/ZnO 光催化剂作用下，橙黄 G 溶液总碳量(TOC)的变化如图 4-7 所示。从中可以看出，在给定的条件下，橙黄 G 完全被矿化需要大约 60 min。图 4-8 显示了橙黄 G 溶液 TOC 和颜色残留百分比随时间的变化，如图所示，随着反应的进行，溶液的 TOC 和颜色的残留百分比都在降低，但同时也可以看出，光催化矿化和降解脱色速率并不相同，因此在给定的反应条件下完全脱色的时间为 50 min，而完全矿化则需要 60 min。

图 4-9 显示了不同 Ag 含量的 Ag/ZnO 中空微球作为光催化剂降解橙黄 G 的准一级反应动力学曲线。从图中可以看出，担载 Ag 纳米粒子对 ZnO 的催化性能有很大的提高。在 Ag/ZnO 金属-半导体复合材料为催化剂的光降解过程中，金属 Ag 起到电子池的作用，有效阻止了半导体 ZnO 中光激发所产生的电子和空穴的结合湮灭，从而提高了催化剂的性能。金属 Ag 的这种作用在本章中同样可以通过不同 Ag 含量的 Ag/ZnO 的 PL 光谱(图 4-10)来得到证明。结合图 4-9 和图 4-10 同样可以看出，虽然随着 Ag 含量的增加，Ag/ZnO 中空微球的发光强度降低，但其光催化性能却没有单调增强，而是在 Ag 含量为 1.62 at%时达到最大值。分析其中原因，从已

有的关于金属和二氧化钛复合体系的文献报道来看主要可能有两种原因。

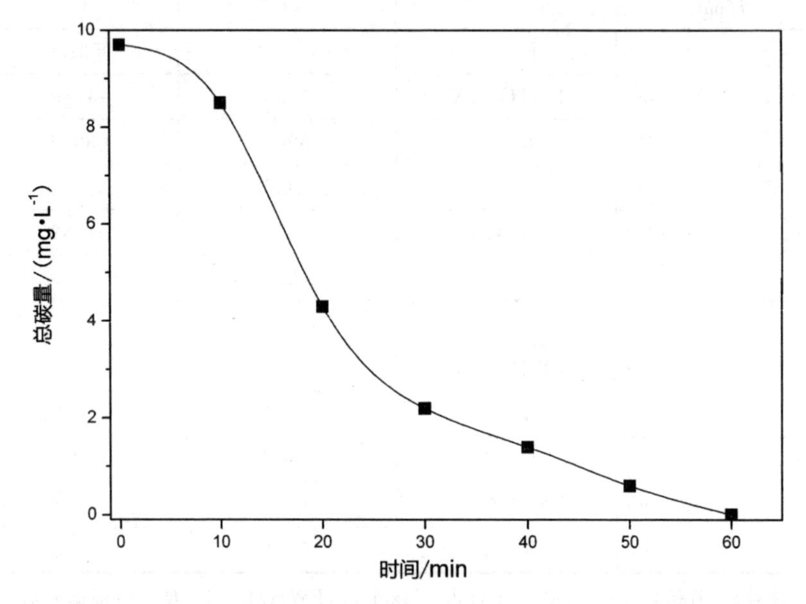

图 4-7 橙黄 G 溶液的 TOC 值随时间的变化($C_0=10\times10^{-6}$，$m_{Ag/ZnO}=100$ mg)

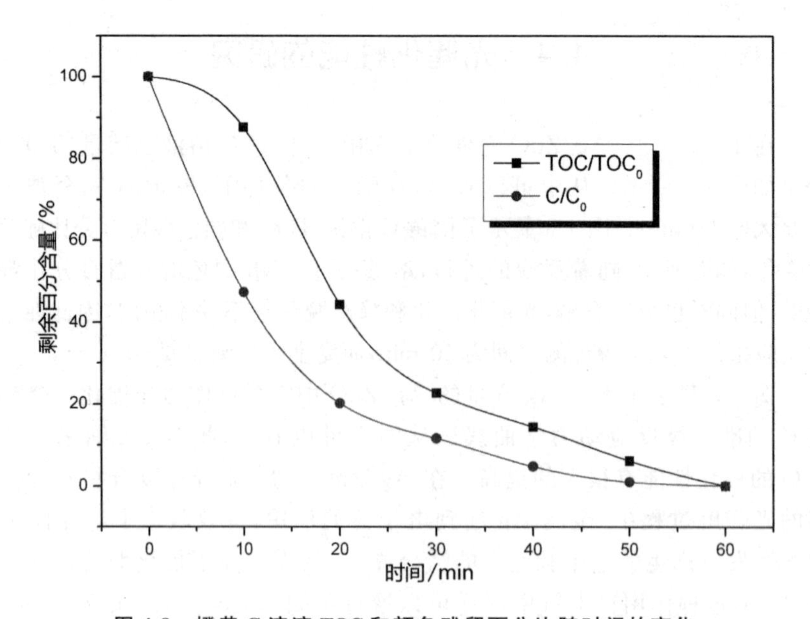

图 4-8 橙黄 G 溶液 TOC 和颜色残留百分比随时间的变化

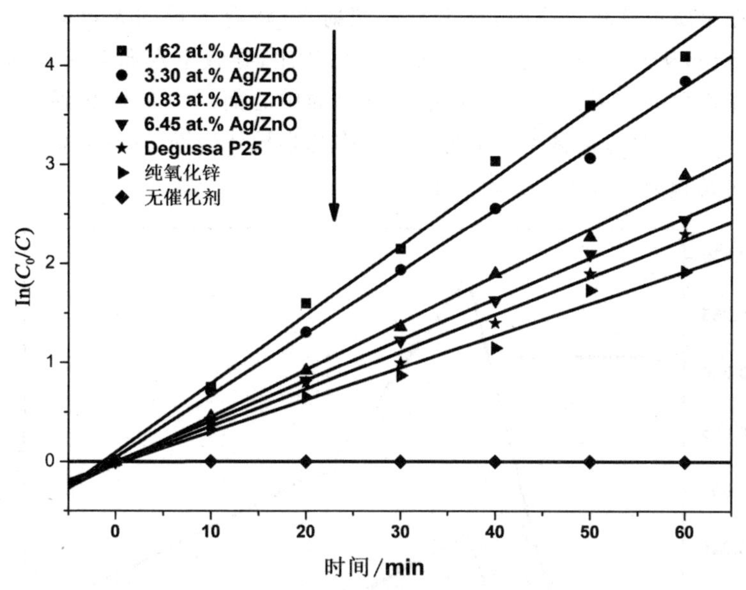

图 4-9　不同 Ag 含量的 Ag/ZnO 光催化降解橙黄 G 的 ln(C_0/C)随时间变化的准一级反应动力学曲线

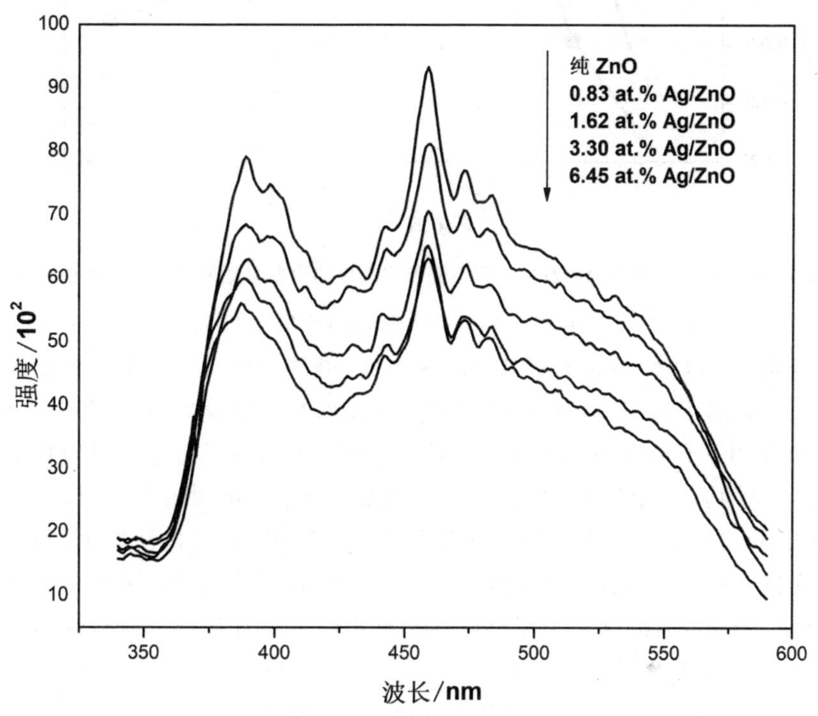

图 4-10　不同 Ag 含量 Ag/ZnO 中空微球的光致发光光谱

在金属担载量过高时，在 UV 光照射下，将有大量的光致电子在金属位上聚积，从而和空穴之间存在强的吸引作用，导致空穴向金属迁移，最终半导体表面的金属成为电子和空穴复合的中心而对光催化起到相反的作用[26-28]。过大的金属担载量将占据过多的半导体表面，从而降低了催化剂表面对光和染料分子的吸附[29]。

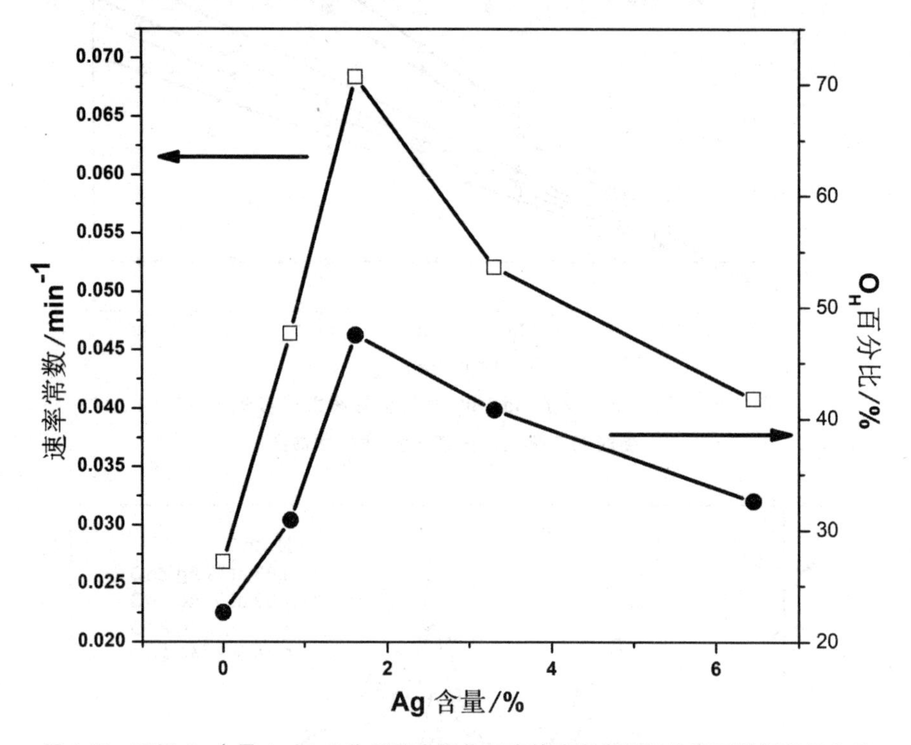

图 4-11　不同 Ag 含量 Ag/ZnO 作用下光催化反应的速率常数及其表面的羟基氧含量

在本实验中，我们发现，造成这种现象的原因可以归结为不同的 Ag 含量导致了 ZnO 样品表面羟基数量的变化，最终导致了其光催化性能的不同。根据图 4-6、表 4-1 及图 4-9 中的数据，图 4-11 中同时显示了不同 Ag/ZnO 作用下光催化反应的速率常数和不同样品表面的羟基含量对样品中 Ag 含量的影响曲线，从中可以看出，两曲线有很好的对应关系，即对不同 Ag 含量的 Ag/ZnO 来说其表面羟基的数量越多，其催化性能也就越好。大量的文献证明，光催化剂的表面羟基在光降解反应过程起着非常重要的作用。表面羟基的存在不但可以捕获空穴产生具有强烈反应活性的羟基自由基 ·OH[14-17]，而且有助于催化剂表面吸附更多的氧气来捕获光致电子产生 O_2，而 ·O_2 最终也转化为 ·OH 参与降解反应[18-20]。因此，可以得出这样的结论：催化剂表面的羟基越多，反应过程中产生的 ·OH 的数量也就越多，光降解性能也就越好。因此在本实验中，Ag 含量为 1.62 at.% 的 Ag/ZnO 的光催化性能最好。

综上所述，在 Ag/ZnO 体系中，在合适的 Ag 含量时，金属 Ag 不但可以有效地分离光致电子和空穴，并且有助于提高催化剂表面的羟基数量来捕获它们参与反应。

4.5 结　论

采用水热合成的方法制备了 Ag 含量不同的 3D Ag/ZnO 中空微球，对其结构进行了表征，对加入海藻酸钠和氨水的量对形成 3D 中空微球的影响做了研究，最后对其光催化降解橙黄 G 的性能进行了研究。得到的主要结果如下：

(1)制备过程中，海藻酸钠的浓度和所加氨水的体积对最终 Ag/ZnO 3D 中空微球的形成起到重要作用，其中海藻酸钠的最终浓度在 0.44 nM 左右较为合适，而加入 28 wt.%氨水的体积在 1.0 mL 左右比较合适。

(2)结构表征结果说明所制的样品为直径 3～5 μm 的中空微球，其球壁是由直径约 100 nm 长度约 1 μm 左右的 Ag/ZnO 纳米棒沿着其生长方向并垂直于微球表面的定向排列所组成。

(3)在 3D Ag/ZnO 中空微球作为光催化剂降解橙黄 G 的过程中，Ag 纳米粒子除了起到分离电子-空穴的作用外，还起到调节 ZnO 表面羟基含量的作用。当 Ag 的含量为 1.62 at.%时，样品表面的羟基含量达到最大值，因此，1.62 at.%的 Ag/ZnO 样品在本研究中表现出最好的光催化降解性能。

参考文献

[1] H Tada, K Teranishi, Y Inubushi, et al. Ag nanocluster loading effect an TiO_2 photocatalytic reduction of bis(2-dipyridyl)disulfide to 2-mercaptopyridine by H_2O[J]. *Langmuir*, 2000, 16 (7): 3304-3309.

[2] S Kim, W Choi. Dual photocatalytic pathways of trichloroacetate degradation on TiO_2: Effects of nanosized platinum deposits on kinetics and mechanism[J]. *J. Phys. Chem. B*, 2002, 106 (51): 13311-13317.

[3] J S Lee, W Y Choi. Effect of platinum deposits on TiO_2 on the an-

oxic photocatalytic degradation pathways of alkylamines in water: Dealkylation and N-alkylation [J]. *Environ. Sci. Technol*, 2004, 38 (14): 4026-4033.

[4] T Sano, N Negishi, K Uchino, et al. Photocatalytic degradation of gaseous acetaldehyde on TiO_2 with photodeposited metals and metal oxides [J]. *J. Photochem. Photobiol. A-Chem.*, 2003, 160 (1-2): 93-98.

[5] Y H Zheng, L R Zheng, Y Y Zhan, et al. Ag/ZnO heterostructure nanocrystals: Synthesis, characterization, and photocatalysis [J]. *Inorg. Chem.*, 2007, 46 (17): 6980-6986.

[6] Y Y Zhang, J Mu. One-pot synthesis, photoluminescence, and photocatalysis of Ag/ZnO composites[J]. *J. Colloid Interface Sci.*, 2007, 309 (2): 478-484.

[7] J Sun, L Gao, Q H Zhang. Synthesizing and comparing the photocatalytic properties of high surface area rutile and anatase titania nanoparticles[J]. *J. Am. Ceram. Soc.*, 2003, 86 (10): 1677-1682.

[8] A G Agrios, P Pichat. Recombination rate of photogenerated charges versus surface area: Opposing effects of TiO_2 sintering temperature on photocatalytic removal of phenol, anisole, and pyridine in water [J]. *J. Photochem. Photobiol. A-Chem.*, 2006, 180 (1-2): 130-135.

[9] A R Liu, S M Wang, Y R Zhao, et al. Low-temperature preparation of nanocrystalline TiO_2 photocatalyst with a very large specific surface area[J]. *Mater. Chem. Phys.*, 2006, 99 (1): 131-134.

[10] M Andersson, A Kiselev, L Osterlund, et al. Microemulsion-mediated room-temperature synthesis of high-surface-area rutile and its photocatalytic performance[J]. *J. Phys. Chem. C*, 2007, 111 (18): 6789-6797.

[11] D S Kim, S Y Kwak. The hydrothermal synthesis of mesoporous TiO_2 with high crystallinity, thermal stability, large surface area, and enhanced photocatalytic activity[J]. *Appl. Catal. A-Gen*, 2007, 323, 110-118.

[12] H Yamashita, S Nishio, I Katayama, et al. Photo-induced superhydrophilic property and photocatalysis on transparent Ti-containing mesoporous silica thin films[J]. *Catal. Today*, 2006, 111 (3-4): 254-258.

[13] H Yamashita, Y Nishida, S Yuan, et al. Design of TiO_2-SiC photocatalyst using TiC-SiC nano-particles for degradation of 2-propanol diluted in water[J]. *Catal. Today*, 2007, 120 (2): 163-167.

[14] C S Turchi, D F Ollis. Photocatalytic degradation of organic-wa-

ter contaminants - mechanisms involving hydroxyl radical attack[J]. *J. Catal*,1990,122 (1):178-192.

[15] M R Hoffmann,S T Martin,W Y Choi,et al. Environmental applications of semiconductor photocatalysis[J]. *Chemical Reviews*,1995,95 (1):69-96.

[16] A L Linsebigler,G Q Lu,J T Yates. Photocatalysis on TiO_2 surfaces - principles,mechanisms,and selected results[J]. *Chemical Reviews*, 1995,95 (3):735-758.

[17] C J Rhodes. Reactive radicals on reactive surfaces: Heterogeneous processes in catalysis and environmental pollution control[J]. *Prog. React. Kinet. Mech.* ,2005,30 (3):145-213.

[18] A Sclafani,L Palmisano,M Schiavello. Influence of the preparation methods of TiO_2 on the photocatalytic degradation of phenol in aqueous dispersion[J]. *J. Phys. Chem*,1990,94 (2):829-832.

[19] A Mills,C E Holland,R H Davies,et al. Photomineralization of salicylic-acid-a kinetic-study[J]. *J. Photochem. Photobiol. A-Chem.* ,1994, 83 (3):257-263.

[20] K Chhor,J F Bocquet,C Colbeau-Justin. Comparative studies of phenol and salicylic acid photocatalytic degradation: Influence of adsorbed oxygen[J]. *Mater. Chem. Phys.* ,2004,86 (1):123-131.

[21] F Lu,W P Cai,Y G Zhang. ZnO hierarchical micro/nanoarchitectures: Solvothermal synthesis and structurally enhanced photocatalytic performance[J]. *Adv. Funct. Mater.* ,2008,18 (7):1047-1056.

[22] X Wang,C J Summers,Z L Wang. Self-attraction among aligned Au/ZnO nanorods under electron beam[J]. *Appl. Phys. Lett.* , 2005, 86,013111.

[23] L Q Jing,Z L Xu,J Shang,et al. The preparation and characterization of ZnO ultrafine particles[J]. *Mater. Sci. Eng. A-Struct. Mater. Prop. Microstruct. Process*,2002,332 (1-2):356-361.

[24] Y Du,M S Zhang,J Hong,et al. Structural and optical properties of nanophase zinc oxide[J]. *Appl. Phys. A-Mater. Sci. Process*,2003, 76 (2):171-176.

[25] N S Ramgir,I S Mulla,V K Pillai. Micropencils and microhexagonal cones of ZnO[J]. *J. Phys. Chem. B*,2006,110 (9):3995-4001.

[26] A Sclafani,J M Herrmann. Influence of metallic silver and of

platinum-silver bimetallic deposits on the photocatalytic activity of titania (anatase and rutile) in organic and aqueous media[J]. *J. Photochem. Photobiol. A-Chem.*, 1998, 113 (2): 181-188.

[27] X F You, F Chen, J L Zhang, et al. A novel deposition precipitation method for preparation of Ag-loaded titanium dioxide[J]. *Catal. Lett.*, 2005, 102 (3-4): 247-250.

[28] H Tahiri, Y A Ichou, J M Herrmann. Photocatalytic degradation of chlorobenzoic isomers in aqueous suspensions of neat and modified titania[J]. *J. Photochem. Photobiol. A-Chem.*, 1998, 114 (3): 219-226.

[29] I M Arabatzis, T Stergiopoulos, D Andreeva, et al. Characterization and photocatalytic activity of Au/TiO_2 thin films for azo-dye degradation[J]. *J. Catal*, 2003, 220 (1): 127-135.

第5章　Ag/ZnO复合纳米棒在染料降解和抗菌中的应用

5.1 引　言

近年来，核壳结构和纳米复合等异质纳米材料成为研究的热点之一[1-2]。在这些纳米结构中，不同性质的物质共同存在一个纳米体系中，从而可以应用于多个不同的领域[3]。在某些条件下，由于构成异质结构的各物质之间的强相互作用，使得这种纳米材料表现出不同于单个功能组分的新的性质和应用[4-5]。作为一种重要的异质结构，金属-半导体纳米复合材料由于在诸如光电器件、催化等领域的巨大应用潜力已经被广泛地进行了研究[6-7]。这其中Ag/ZnO纳米复合材料受到了特别的关注。贵金属Ag由于其良好的催化性能[8]和其随大小和形状变化的光学性质[9]而使其在基于限域表面等立体共振（Localized Surface Plasma Resonance，LSPR）[10]、表面增强拉曼散射（Surface-Enhanced Raman Scattering，SERS）[11]和金属增强荧光（Metal Enhanced Fluorescence，MEF）[12]上的化学和生物传感等方面具有巨大的应用价值。而半导体ZnO更是因为在室温紫外激光[13]、气敏材料[14]、光电探测器[15]、场致发射[16]、光催化[17]和抗菌[18-22]等方面的应用得到极大关注和深入研究。在Ag和ZnO重要的潜在应用中，都有在诸如消除污染和抑菌等环境方面的应用。

一方面，ZnO虽作为一种极具潜在应用价值的半导体光催化剂已经得到了广泛的研究，但限制其光催化性能的主要因素为纳米半导体体系中光致电子-空穴对的快速复合湮灭[23-24]。为了克服这种制约，一种有效的方法是在半导体的表面沉积贵金属纳米粒子（如Au[25-29]、Pt[30-33]、Ag[34-37]、Pd[38]）形成金属-半导体异质Schottky结[24-25]，这样在半导体导带的光致电子可以向其表面的贵金属纳米粒子转移。因此使贵金属起到电子池的作用，有效地阻止了光致电子和空穴的复合湮灭，进而可以极大地提高半导体催化剂的光催化性能。

另一方面，很长时间以来，金属Ag^0以及Ag^+的抗菌性能已经被熟悉并被广泛研究和应用[39-48]。但在抗菌方面，单质Ag^0区别于Ag^+的地方在于，Ag^0 的抗菌活性受到其粒径的极大影响，即粒径越小，其抗菌活性越高[41,47-48]。然而，随着粒径的减小，Ag 纳米颗粒就容易团聚，而使其抗菌性能大大降低。并且为了更经济地使用贵金属 Ag，也需要寻找一种既不损害其功能又高效的方式来分散 Ag 纳米粒子。基于这种目的，Ag 纳米粒子已经被担载于 SiO_2[49]、分子筛[50]以及碳纤维[51]等载体上来使用。然而这些载体却没有抗菌活性。而 ZnO 作为另一种无机抗菌剂且制备成本较低，因此 ZnO 可以作为 Ag 纳米颗粒的良好载体而应用于抗菌方面。

因此，本章通过水热的方法制备了不同 Ag 含量的 Ag/ZnO 纳米复合材料，并对所制备的材料应用 XRD、SEM、TEM 和 XPS 等手段进行了结构表征，最后对其光催化降解橙黄 G 和抗菌性能进行了研究。

5.2 实验部分

5.2.1 ZnO 和 Ag/ZnO 纳米复合材料的制备

六水合硝酸锌[$Zn(NO_3)_2 \cdot 6H_2O$]，28 wt.%氨水，硝酸银($AgNO_3$)和酪氨酸购买自北京化学试剂有限公司。具体合成步骤如下：将 20 mL 含 1.5 mmol $Zn(NO_3)_2 \cdot 6H_2O$ 和 0.02 mmol $AgNO_3$ 的水溶液和 10 mL 0.05 mol/L 的酪氨酸水溶液在 50 mL 的烧杯中搅拌混合均匀；然后向上述混合溶液中加入 1.3 mL 28 wt.%的氨水，当加入 0.7 mL 氨水时，有白色沉淀产生，但当剩余 0.6 mL 加入后，白色沉淀溶解；将所得澄清溶液转移到 50 mL 有聚四氟乙烯内衬的高压反应釜中，旋紧釜盖，置于烘箱中 373 K 下恒温反应 8 h。反应结束后，取出反应釜，自然冷却至室温，所得产物经离心分离，并用去离子水和乙醇洗涤数次，最后自然晾干，得到粉末状的 Ag/ZnO 样品。

5.2.2 试样的表征

物相的 X 射线衍射(XRD)分析在 Bruker D8A 型 X 射线衍射分析仪上进行(Cu Kα 射线源，λ=0.154 056 nm，2θ 扫描范围：25°～80°)。

取所制备样品少许溶于水中，用滴管取所得到的悬浊液 1 滴滴置于干净玻璃片上，自然晾干后在 Hitachi S－4800 场发射扫描电子(FESEM)显微镜上进行样品的形貌观察。

取所制备样品少许溶于无水乙醇中，用滴管取所得到的悬浊液2～3滴滴置于铜网支持碳膜上，自然晾干后分别在Hitachi H－800低分辨透射电镜及JEOL 2100高分辨透射电镜上进行表征。

样品的表面性质通过X射线光电子能谱(XPS)在PHI Quantum 2000型XPS探针仪上进行表征。以各个样品中的烃基污染物中C 1s作为内标矫正样品中其他各元素的绝对电子结合能。样品表面的实际Ag含量通过灵敏度因子法进行计算。XPS曲线的拟合在Origin 7.0软件上进行。

样品的光致发光光谱在JASCO FP-6200荧光光谱仪上获得，激发波长$\lambda=325$ nm。

5.2.3 光催化性能测试

5.2.3.1 实验步骤

光催化反应在一带有恒温循环水套的100 mL柱状反应器中进行，紫外光由置于反应器上方10 cm的250 W高压汞灯(北京电光源研究所，主发射波长365 nm)提供，降解产物为一广泛使用的阴离子偶氮类染料橙黄G(分子式：$C_{16}H_{10}N_2O_7S_2Na_2$，分子量：452)。首先，将100 mL 100 ppm的橙黄G溶液加入反应器中，然后在搅拌下加入0.1 g不同Ag含量的Ag/ZnO光催化剂，黑暗中搅拌30 min以达到染料在催化剂表面的吸附平衡；开启反应器上方的高压汞灯使降解反应开始，随后每隔10 min用移液管取出5 mL反应液，随即离心，过滤以完全除去催化剂颗粒；所得清液用于紫外-可见光及GC/MS分析，以检测降解反应的进度。

5.2.3.2 UV/vis，TOC和GC/MS分析

许多研究表明，光催化降解染料的过程中，会形成许多有毒中间产物，所以染料的光降解脱色和光催化矿化过程并不同步。本实验中光降解脱色过程通过记录UV/vis光谱进行检测，而其矿化过程通过总碳量的变化进行检测，部分中间产物通过GC-MS进行确定。

(1)紫外-可见光吸收光谱的测定。UV/Vis光谱在TU-1810紫外-可见光光谱仪(北京普析仪器制造有限公司)上记录，扫描波长范围为200～600 nm。橙黄G水溶液的紫外-可见光吸收光谱表明，其在可见和紫外光区各有两个吸收峰：可见区位于472 nm和420 nm左右，紫外区位于331 nm和248 nm左右。其中331 nm的吸收峰由橙黄G中苯环引起，

248 nm 的吸收峰由其中的萘环产生。位于可见光区的两个吸收峰则由水溶液中橙黄 G 的两种互变异构体中偶氮类发色团的吸收引起。

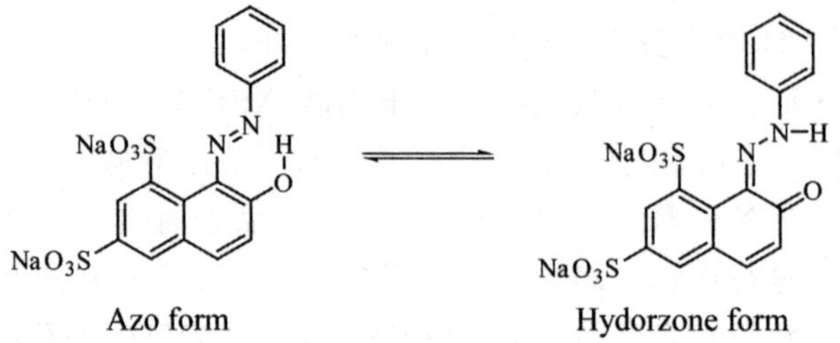
NaO3S
N=N
H
O
NaO3S
Azo form
NaO3S
N-N-H
O
NaO3S
Hydorzone form

图 5-1　橙黄 G 水溶液中两种互变异构体

橙黄 G 由于萘环上的 O 原子和偶氮基上的 β-H 原子间的氢键相互作用,在水溶液中存在两种互变异构体:腙型和偶氮型。紫外-可见光吸收光谱中 472 nm 的吸收峰对应腙式橙黄 G 的吸收,420 nm 处的吸收峰对应偶氮式橙黄 G 的吸收。由于腙型在水溶液中更加稳定,而偶氮式在有机溶剂中相对稳定,所以催化过程中未降解橙黄 G 的浓度主要通过 472 nm 处吸收峰的强度通过 Beer-Lambert 定律计算。

(2)有机总碳量 TOC 的测定。光催化矿化橙黄 G 的过程通过有机总碳量(Total Organic Carbon,TOC)的消除进行确定。TOC 在装备有非色散近红外(On-Dispersive Infra-Red,NDIR)探测器的 Apollo 9000 TOC (Tekmar-Dohrmann)型分析仪上进行。

(3)光降解中间产物的 GC-MS 分析。一些降解中间产物通过气-质连用色谱仪(6890/5793N GC-MS,Agillent Corporation,USA)进行分析。毛细管柱型号和规格:HP-5(Hewlett Packard,USA),30 m×0.25 mm×0.25 μm。柱温:室温保持 6 min 程序升温至 80 ℃,然后以 20 ℃/min 程升至 200 ℃,再以 10 ℃/min 程升至 280 ℃;载气:氦气,流速:1.8 mL/min;$T_{注射}$=250 ℃;$T_{检测}$=280 ℃;$V_{注射}$=2 μL;电离能:70 eV,扫面范围:30~380 amu。GC/MS 图谱通过内置数据库进行分析。

GC-MS 分析样品的准备过程如下:在反应开始后 10 min,从反应液中取出 50 mL 样品,4 000 r/min 离心分离 15 min,然后将上清液用 0.45 μm 微孔滤膜过滤以完全除去催化剂颗粒;所得滤液酸化至 pH<2 并用 10×20 mL 二氯甲烷萃取,萃取液中加入无水硫酸钠干燥过夜;干燥后的滤液经浓硫酸和无水乙醇酯化处理后减压蒸馏浓缩至 1 mL,密封储藏。

5.2.4 抗菌实验

5.2.4.1 实验准备

(1)LB培养基的配制。液体LB培养基配制:10 g蛋白胨,3 g牛肉膏和5 g NaCl溶于1 000 mL蒸馏水中,调节pH为7.0~7.2,121 ℃煮20 min,备用。

固体LB培养基配制:10 g蛋白胨,3 g牛肉膏,5 g NaCl和20 g琼脂溶于1 000 mL蒸馏水中,调节pH为7.0~7.2,121 ℃煮20 min,备用。

(2)菌种的培养。用接种环分别挑取冷藏于试管中的大肠杆菌(*Escherichia coli*)和金黄色葡萄球菌(*Staphylococcus aureus*)菌种接种到装有50 mL LB培养液的试管中于35 ℃培养过夜。菌种经离心洗涤后,重新分散于灭菌蒸馏水中至10^8 cfu/mL(Colony Forming Units/mL),恒温保存于冰箱中备用。

5.2.4.2 抗菌性能测试

通过两种方法测定样品的抗菌性能:纸片扩散法(改性的Kirby-Bauer技术)和最小抑菌浓度法(Minimal Inhibitory Concentration Method,MIC)

(1)定性的纸片扩散法。将蘸有ZnO或Ag/ZnO样品直径大约5 mm的圆形纸片置于事先接种的琼脂平板中,于37 ℃培养24 h后取出观察抑菌圈的大小。

(2)定量MIC分析。称取不同量的Ag/ZnO样品倒入盛有20 mL LB培养液的三角烧瓶中,盖上透气棉塞放入灭菌锅中处理后,冷却。然后于上述三角瓶中分别接种200 μL浓度为10^8 cfu/mL的菌液,在振动摇床上恒温35 ℃振荡16 h。最后,取等量的溶液经梯度稀释后,分别涂于固体LB培养基上,采用平板计数法计算活菌数(取三个平板的平均值)。能够抑制细菌生长的最小样品浓度定义为此样品的最小抑菌浓度值(MIC值)。每个样品做三次平行实验,其MIC值取其平均值。

5.3 结果与讨论

5.3.1 材料制备的化学反应

通常情况下,制备金属-半导体复合纳米材料采用两步法[7,36]。首先,制备半导体材料的溶胶溶液，然后加入金属盐，通过紫外光还原或者加入还原剂的方法将金属离子还原到零价态的纳米金属颗粒。但两步法比较复杂，特别是在第二步中，还原的金属纳米粒子除形成金属-半导体复合材料以外，还往往形成相应的游离金属纳米颗粒。为了克服这些缺点，本书采用一锅水热合成法有效地制备了 Ag/ZnO 纳米复合材料。

如前文中提到，在反应的初始阶段，当氨水慢慢加入时，$Zn(OH)_2$ 和 AgOH 白色沉淀慢慢形成，然而当更多的氨水加入时，Zn^{2+} 和 Ag^+ 离子的络合物（$Zn(NH_3)_4^{2+}$，$Zn(OH)_4^{2-}$，$Ag(NH_3)_2^+$ 和 $Ag(OH)_2^-$）逐渐形成，因此初始形成的白色沉淀慢慢溶解，所涉及的方程式如下：

$$NH_3 + H_2O \longrightarrow NH_4^+ + OH^- \tag{1}$$

$$Zn^{2+} + 2OH^- \longrightarrow Zn(OH)_2 \downarrow \tag{2}$$

$$Ag^{2+} + OH^- \longrightarrow AgOH \downarrow \tag{3}$$

$$Zn(OH)_2 + 2OH^- + 4NH_3 \longrightarrow Zn(OH)_4^{2-} + 4NH_3 \longrightarrow Zn(NH_3)_4^{2+} + 4OH^- \tag{4}$$

$$AgOH + OH^- + 2NH_3 \longrightarrow Ag(OH)_2^- + 2NH_3 \longrightarrow Ag(NH_3)_2^+ + 2OH^- \tag{5}$$

当将上述溶液转移到高压反应釜中在 373 K 反应时，$Zn(OH)_4^{2-}$ 和 $Ag(OH)_2^-$ 之间发生分子间的脱水反应形成 Zn-O-Ag 键[52]，从而形成 Ag_2O/ZnO 晶核，进而生长为晶体。与此同时，Ag_2O 将被酪氨酸还原[53]而在金属 Ag 和半导体 ZnO 之间形成 Zn—O…Ag 键，最终生成 Ag/ZnO 金属-半导体纳米复合材料[52]，如下列反应所示：

$$Zn(OH)_4^{2-} + 2Ag(OH)_2^- \xrightarrow{\text{共脱水}} Ag_2O/ZnO \tag{6}$$

$$Ag_2O/ZnO + Tyrosine \longrightarrow Ag/ZnO \tag{7}$$

OH
NH2
COOOH
OH⁻
O⁻
NH2
COOOH

O⁻
NH2
COOOH
+ Ag2O/ZnO
OH⁻
O
NH2
COOOH
+ Ag/ZnO

需要指出的是，在整个反应过程中，由于络合物 $Ag(NH_3)_2^+$ 和 $Ag(OH)_2^-$ 的形成，降低了溶液中 Ag^+/Ag 的标准还原电势。因此 Ag_2O/ZnO 中的 Ag^+ 和溶液中的 $Ag(NH_3)_2^+$ 和 $Ag(OH)_2^-$ 相比将优先被酪氨酸还原[54]，从而促进了 Ag 纳米颗粒在 ZnO 表面的形成，而阻止了游离态的 Ag 纳米颗粒在溶液中的形成。

5.3.2　结构和形貌表征

5.3.2.1　XRD 表征

不同 Ag 含量的 Ag/ZnO 纳米复合材料的 XRD 图谱如图 5-2 所示，从中可以看出，所有的衍射峰可以分为两大类：标有“*”号的衍射峰(100)(022)(101)(102)(110)(103)(200)(112)(201)对应于标准的六方纤锌矿结构 ZnO 的 Bragg 衍射峰($P6_3mc$，a=3.25 Å，c=5.21 Å，JCPDF #36-1451)，标示“#”号的衍射峰(111)(200)(220)对应于面心立方结构(fcc)金属 Ag 的衍射峰(JCPDF #04-0783)。和纯 ZnO 相比，不同 Ag 含量的 Ag/ZnO 样品中 ZnO 衍射峰的位置和晶格常数几乎没有变化，这表明纳米 Ag 并没有掺入 ZnO 的晶格而是位于其表面。

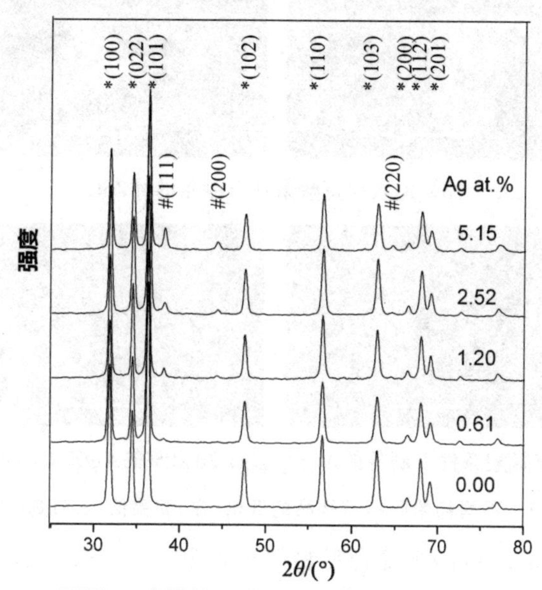

图 5-2　不同 Ag 含量的 Ag/ZnO 纳米复合材料的 XRD 图谱

5.3.2.2　FESEM 和 TEM/HRTEM 分析

在不同条件下所制备样品的 FESEM 图如图 5-3 所示。从图 5-3(a)和(b)

的对比可以看出制备纯 ZnO 时，当不加酪氨酸时，样品的形貌为 1.5 μm 左右的花状；当加入酪氨酸时，样品的形貌为长度 2 μm 左右，直径 80 nm 左右且有 5～7 个侧面的棒状。从图 5-3(c)可以进一步看出，在酪氨酸存在的条件下，所制备的 Ag 含量为 1.20 at.%的 Ag/ZnO 纳米复合材料的形貌同样为有侧面的棒状。因此可以看出，酪氨酸的加入对样品的形貌有很大的影响。一种可能的原因是，在晶体的生长过程中，酪氨酸分子中的 $-NH_2$ 和 $-COOH$ 基团与 ZnO 的晶面之间存在强的相互作用，改变了 ZnO 的各个晶面的晶面能大小，控制了 ZnO 的各个晶面生长的快慢，最终导致 ZnO 纳米棒的形成[55-57]。

(a) 不加酪氨酸条件下制备的纯ZnO

(b) 加入酪氨酸条件下制备的纯ZnO

(c) 加入酪氨酸条件下制备的Ag含量为1.20 at.%的Ag/ZnO纳米复合材料

图 5-3 不同初始原料下样品的低倍(左)和高倍(右)FESEM 图

在制备 Ag/ZnO 纳米复合材料的过程中，在一定的反应参数范围内，都可以得到这种有侧面的纳米棒：酪氨酸的浓度可以在 0.04～0.06 mol/L 之间，氨水的体积也可在 1.3～1.7 mL 之间进行调控。从图 5-4 可以看出，当酪氨酸的浓度较低时，所制得的样品形貌整体上呈大小为 1 μm 左右的花状，并且由有侧面的纳米棒组成[图 5-4(a)]；当加入酪氨酸的浓度处于较高的 0.08 mol/L 时，样品的整体形貌同样为花状（图 5-4(d)），但其花瓣和图 5-4(a)所显示的有很大的不同。

(a) 0.02 mol/L

(b) 0.04 mol/L

(c) 0.06 mol/L

(d) 0.08 mol/L

图 5-4　不同酪氨酸浓度下制备的 1.20 at.% Ag/ZnO 样品的低倍（左）和高倍（右）FESEM 图

从图 5-3 和图 5-5 可以看出，当氨水的体积在 1.3～1.7 mL 之间时，所制得样品的形貌都为纳米棒。如前文所述，氨水在制备过程中主要起到两个方面的作用：为制备反应提供了一个合适的碱性条件，这一方面使得脱水反应在 $Zn(OH)_4^{2-}$ 和 $Ag(OH)_2^-$ 之间发生，另一方面，由于酪氨酸只有在碱性条件下才可以表现出还原性，加入氨水也使得酪氨酸还原 Ag^+ 的反应顺利进行。

加入氨水后，溶液中络合物 $Ag(OH)_2^-$ 和 $Ag(NH_3)_2^+$ 的形成有效地

降低了 Ag^{+}/Ag 的电极电势，从而阻止了溶液中游离的 Ag 纳米粒子的形成。

因此，合适量氨水的加入对制备棒状 Ag/ZnO 非常关键。当加入的氨水量小于 1.3 mL，刚开始形成的白色沉淀并不能完全溶解，因此，最终所得样品的形貌并非棒状[如图 5-5(a)所示]。

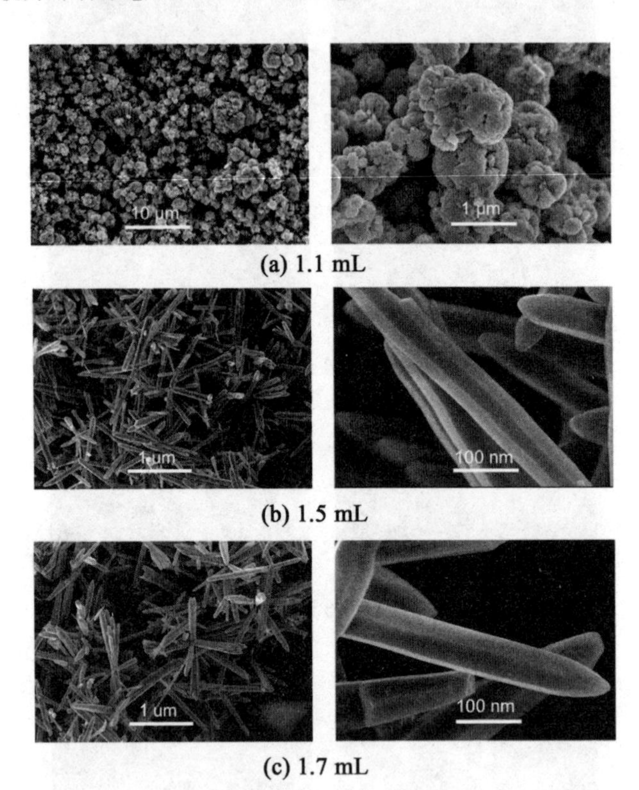

图 5-5　不同氨水体积下制备的 1.20 at.% Ag/ZnO 样品的低倍(左)和高倍(右)FESEM 图

图 5-6 的 TEM 图证实了在 FESEM 中观察到的样品的形貌。图 5-6(b)中单根 Ag/ZnO 纳米棒的 TEM 像显示 Ag 纳米粒子是镶嵌在 ZnO 纳米棒的表面。图 5-6(c)的 HRTEM 像中，ZnO 的二维晶格条纹清晰可见并非常均匀，证明 ZnO 纳米棒为单晶结构。两条晶格条纹间距大约 0.267 nm，非常接近六方纤锌矿结构 ZnO(0002)晶面的面间距，这表明〈0001〉方向是 ZnO 纳米棒的择优生长方向。从图 5-6(c)的 HRTEM 像还可以观察到 Ag 纳米粒子不均匀的晶格条纹，显示其为多晶态结构。

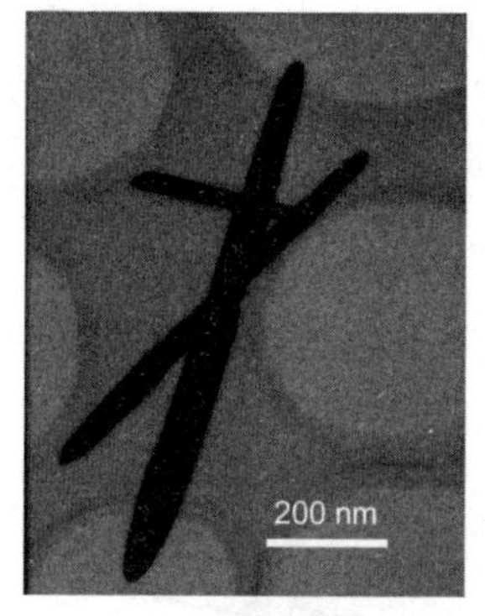

(a) 低倍像

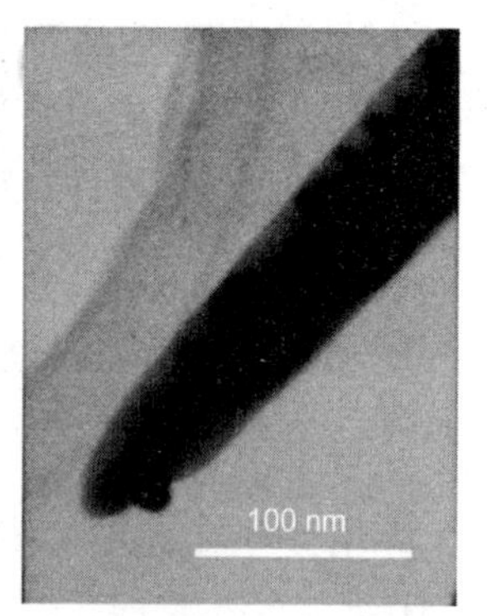

(b) 单根纳米棒

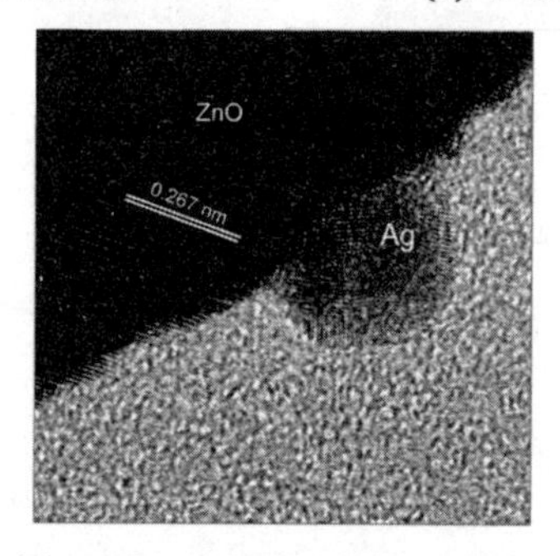

(c) 图(b)所示单根纳米棒的高分辨像

图 5-6　所制得样品的 TEM 图

5.3.2.3　XPS 分析

根据 XRD 和 TEM 表征可以确定 Ag 纳米粒子镶嵌在 ZnO 纳米棒的表面，为了进一步考察所制备 Ag/ZnO 纳米棒的表面状态和定量计算 Ag 元素在 ZnO 表面的含量，对样品进行了 XPS 分析。为了校正样品荷电的影响，对每个样品的电子结合能都采用污染烃的 C 1s 峰(标准值 284.6 eV)进行了矫正。

为了考察 Ag/ZnO 纳米棒复合材料和未复合的 Ag 以及 ZnO 纳米材料的表面元素状态的变化，样品的 XPS 全谱及 Zn 2p、O 1s、Ag 3d 能级的 XPS 窄谱如图 5-7 所示。图 5-7(a)显示了 ZnO 和 1.2 at.% Ag/ZnO 样品的 XPS 全谱，从中可以看出，所有的谱峰都可归属为 Ag、Zn、O 和 C 元素而没有其他元素峰的出现。通过对比可以发现，Ag 的信号峰仅出现在 Ag/ZnO 样品中。

样品中元素 Zn、O、Ag 的 XPS 窄谱分别如图 5-7(b)～(d)所示。从图 5-7(b)可以看出，ZnO 和 Ag/ZnO 中 Zn $2p_{3/2}$ 峰的位置都处于 1 021.4 eV，这表明这两个样品的表面 Zn 元素都以 Zn^{2+} 存在。从图 5-7(c)可以看出，ZnO 和

Ag/ZnO的O 1s峰形都不对称，这表明样品的表面O元素呈现至少两种状态。分峰结果如图中所示：位于530.0 eV的峰α对应于ZnO中的晶格氧(O_L)，而位于531.5 eV的峰β则可归属为样品表面的羟基氧(O_H)[58]。

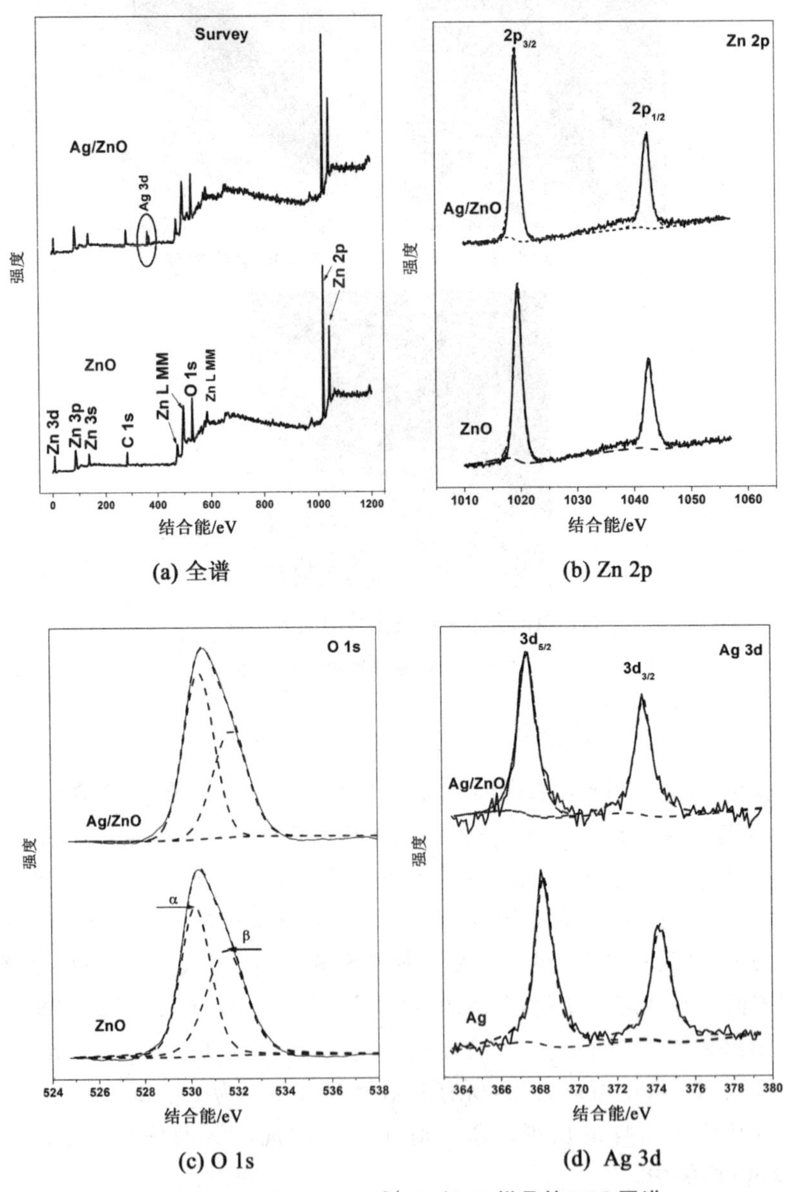

图5-7　ZnO和1.20 at.% Ag/ZnO样品的XPS图谱

1.2 at.% Ag/ZnO样品的Ag 3d XPS曲线如图5-7(d)所示，作为对比，所制得的纯Ag的XPS谱也同样列出。从中可以看出，对Ag/ZnO样品来说，Ag $3d_{5/2}$的电子结合能(BE)为 367.6 eV；而纯 Ag 纳米粒子的 Ag $3d_{5/2}$的电子结合能(BE)为 368.21 eV(块状 Ag 的 Ag $3d_{5/2}$的电子结合能为 368.2 eV[59])。通过比较可以发现，Ag 纳米粒子和 ZnO 棒形成金属-半导体复合材料后，其电子结合能向低位移动。这表明在 Ag/ZnO 体系中，金属 Ag 向半导体 ZnO 转移电子，导致了 Ag 的电子密度减小[60]。如图 5-8 所示，ZnO 的功函数为 5.2 eV 而其第一电子亲和势为 4.3 eV，Ag 的功函数为 4.26 eV。由于 ZnO 的功函数比较大，因此其费米能级(E_{fs})低于 Ag 的费米能级(E_{fm})。这就导致在 Ag/ZnO 金属-半导体的形成过程中，电子由金属 Ag 向 ZnO 导带转移，直至 Ag 和 ZnO 之间达到平衡而建立一个新的费米能级(E_f)[61]。需要指出的是，通常零价态金属的电子结合能比其离子态的要低，但 Ag 是例外，其零价态 Ag^0 和离子态 Ag^+ 的 Ag $3d_{5/2}$轨道的电子结合能分别为 368.2 eV 和 367.8 eV[59]。在我们的研究中，Ag/ZnO 中 Ag $3d_{5/2}$的电子结合能甚至比离子态 Ag^+ 还略低，这说明由于纳米 Ag 和 ZnO 棒之间的强相互作用，Ag 纳米粒子呈强正电子态。

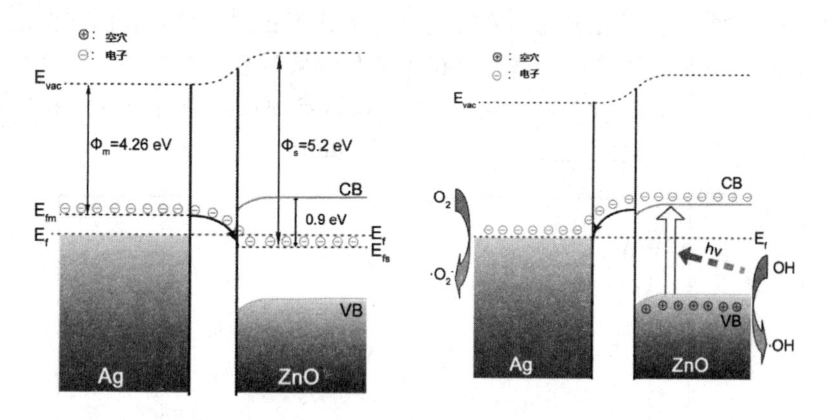

图 5-8　(a)Ag/ZnO 金属-半导体结的能级结构图和费米能级平衡图，(b)紫外光照射下 Ag/ZnO 光催化体系的电荷分离过程和光催化反应机理

使用元素灵敏度因子(Atomic Sensitivity Factors)的方法，利用下面的关系式，对每个 Ag/ZnO 样品的表面 Ag 含量进行了计算：

$$\text{Ag at.}\% = (I_{Ag}/\sigma_{Ag})/(I_{Ag}/\sigma_{Ag} + I_{Zn}/\sigma_{Zn} + I_O/\sigma_O)$$

其中，I_{Ag}、I_{Zn}和 I_O 分别代表 Ag 3d、Zn $2p_{3/2}$和 O 1s XPS 解析峰下的面积；σ_{Ag}、σ_{Zn}和 σ_O 分别表示 Ag 3d (5.198)、Zn $2p_{3/2}$(3.354) 和 O 1s (0.711)的元素灵敏度因子。

由图 5-7 所计算的样品表面 Ag 含量为 1.20 at.%，和由初始反应物计算的理论值接近。这再次证明，初始加入溶液的 Ag^+ 完全在 ZnO 表面被还原为 Ag^0，而溶液中游离态 Ag^0 的形成被有效阻止。

5.3.3 光催化性能的研究

橙黄 G 溶液的紫外-可见光吸收随时间的变化曲线如图 5-9 所示，位于 248 nm、331 nm 和 472 nm 处吸收峰的降低表示染料分子被降解为小分子量的中间产物。需要指出的是紫外-可见光吸收光谱只能检测到那些在紫外和可见光区有吸收的物质，因此，吸收峰的降低只能说明橙黄 G 分子被降解(Degradation)了或者说被脱色(Decolourisation)了，但并不能说明染料分子是否被完全矿化(Mineralization)。并且已经有文献报道某些过渡的中间产物的危害性和毒性甚至比原染料分子还要大，因此要检测橙黄 G 是否被完全矿化需要测定样品总碳量(TOC)的变化，其结果如图 5-10 所示。从中可以看出，在给定的条件下，橙黄 G 完全被降解需要大约 60 min。在图 5-11 中显示了橙黄 G 溶液 TOC 和颜色残留百分比随时间的变化，如图所示，随着反应的进行，溶液的 TOC 和颜色的残留百分比都在降低，同时也可以看出，光催化矿化和降解脱色速率并不相同并且两者的降解曲线都在 20 min 后趋于平缓。这说明在光催化降解过程中产生的中间产物和原料橙黄 G 分子之间产生了竞争，因此在给定的反应条件下完全矿化需 60 min 左右，而完全脱色的时间大约为 50 min。

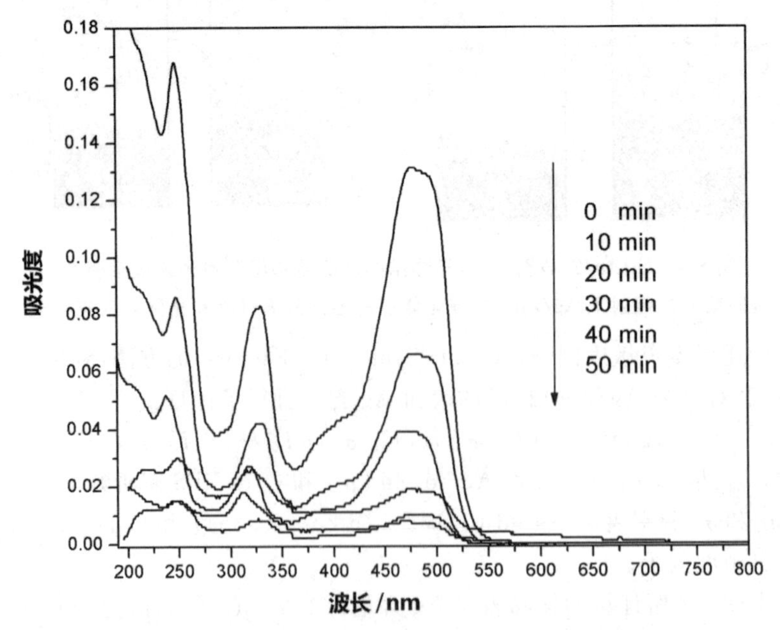

图 5-9　1.2 at.% Ag/ZnO 光催化剂作用下，橙黄 G 溶液的紫外-可见光吸收光谱随时间的变化

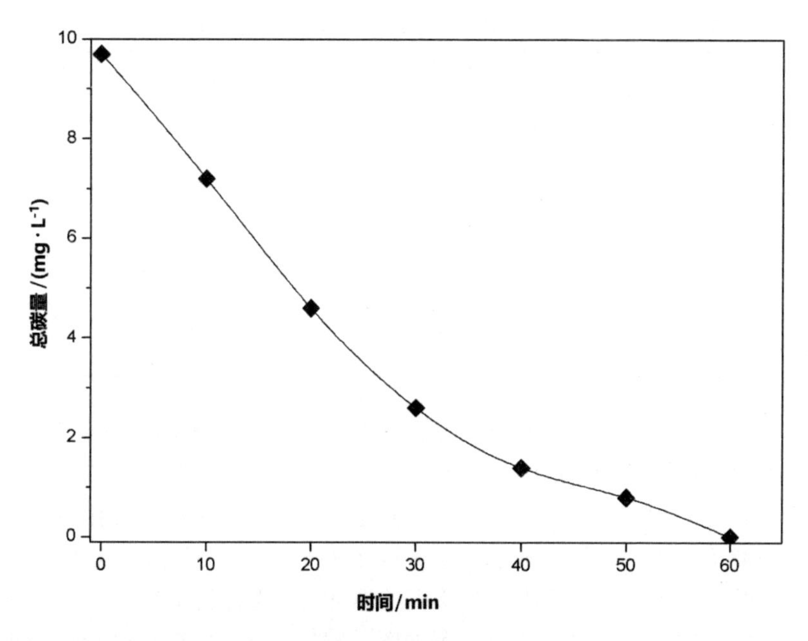

图 5-10　橙黄 G 溶液的 TOC 值随时间的变化($C_0=10$ ppm，$m_{Ag/ZnO}=100$ mg)

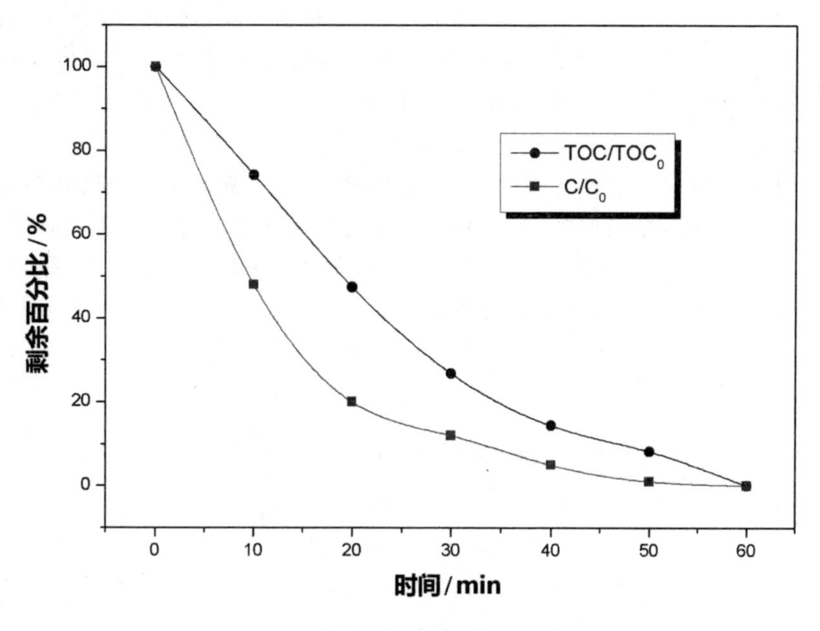

图 5-11　橙黄 G 溶液 TOC 和颜色残留百分比随时间的变化

经过 GC/MS 分析，得到的某些重要中间产物列于表 5-1 中。

表 5-1　通过 GC/MS 分析确认的某些重要的反应产物

1,4-naphthoquinone	cinnamaldehyde	2-formyl-benzoic acid	phenol
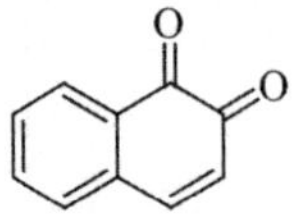 O O	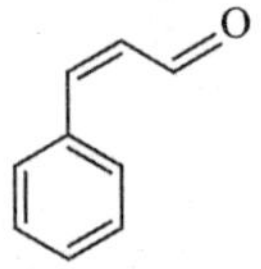 O	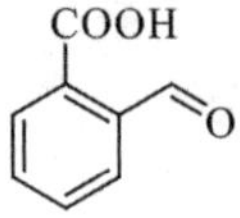 COOH O	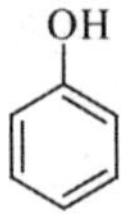 OH
malonic acid	2-butenoic acid		
 HOOC COOH	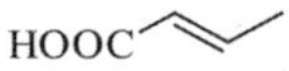 HOOC		

我们进一步考察了不同 Ag 含量的 Ag/ZnO 纳米棒的光催化性能，在各个催化剂作用下，橙黄 G 的降解百分比随时间的变化如图 5-12 所示。从图中首先可以看出，担载 Ag 纳米粒子对 ZnO 的催化性能有很大的提高。一般认为，在金属-半导体复合材料作为光催化剂时，在半导体表面的贵金属纳米粒子可以作为电子池聚积光致电子，这有利于半导体催化剂中电子和空穴的有效分离。这个过程如图 5-8(b)所示，由于 ZnO 导带的最低能级高于新形成的平衡费米能级[见图 5-8(a)]，紫外光激发到导带的电子将由半导体 ZnO 转移到 Ag 纳米粒子。文献报道显示，这种电子的定向转移是由于在金属和半导体之间形成 Schottky 势垒的结果[24-25]。因此，在 Ag/ZnO 光催化剂中，ZnO 表面的金属 Ag 起到电子池的作用，有效阻止了光激发所产生的电子和空穴的结合湮灭，延长了电子和空穴的寿命；接着，电子可以被催化剂表面吸附的 O_2 分子捕获，而空穴则被 ZnO 表面的羟基捕获共同生成羟基自由基(·OH)[62-64]；最后，羟基自由基由于其超强的氧化性，可以进攻并最终降解染料分子(·OH 的还原电势为 2.8 eV)。整个过程所涉及的光催化反应机理的方程式如下：

$$ZnO + h\upsilon(UV) \longrightarrow ZnO(e_{cb}^{-} + h_{vb}^{+}) \tag{8}$$

$$Ag \longrightarrow Ag^{+} + e^{-} \tag{9}$$

$$e^{-}\ O_2(ads) \longrightarrow \cdot O_2^{-} \xrightarrow{H^{+}} \cdot O_2H \xrightarrow{\cdot O_2H} O_2 + H_2O_2$$

$$\xrightarrow{e^{-}} O_2 + \cdot OH + OH^{-} \tag{10}$$

$$Ag^{+} + e^{-} \longrightarrow Ag \tag{11}$$

$$h_{vb}^{+} + OH^{-} \longrightarrow \cdot OH \tag{12}$$

$$\cdot OH + 橙黄\ G \longrightarrow 降解产物 \tag{13}$$

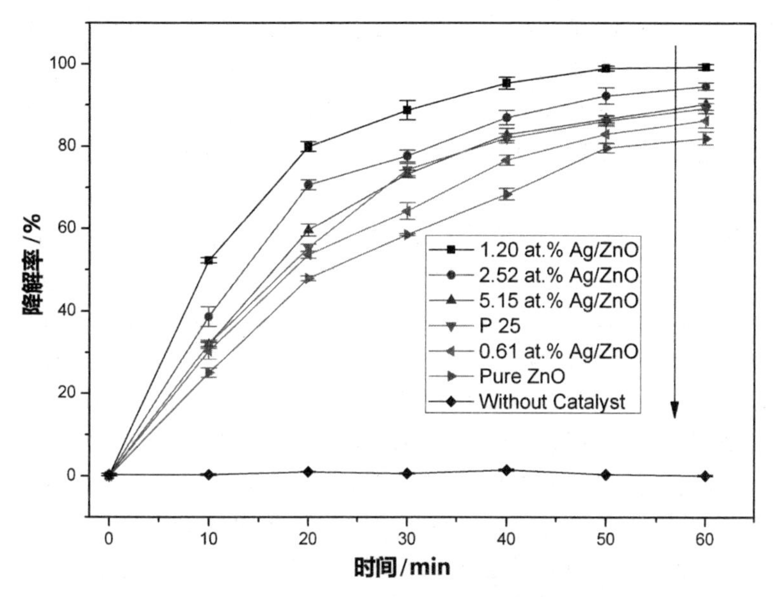

图 5-12　不同 Ag 含量的 Ag/ZnO 催化剂作用下溶液中橙黄 G 的降解百分比随时间的变化
每个数据点代表 3 次平均值± 1 标准偏差

光致发光(Photolumiscence)光谱是一种用来研究半导体电子结构及其光和光化学性质的有效方法,从中可以获得大量关于载流子的捕获、迁移和湮灭的信息[65-67]。通常情况下,在半导体中产生光致电子-空穴对后,有两种极端弛豫结果是我们所希望的:

(1)获得最大的发光效率:所有的光致电子和空穴都再次辐射复合。也就是说体系的能量都以发光的形式输出,在半导体的表面没有任何氧化还原反应的发生和热量的输出[65]。

(2)获得最大的化学能:所有的光致电子和空穴都能分离而分别经捕获后参与表面的氧化还原反应,整个过程中没有电子和空穴复合所产生的光和热[23]。

因此,PL 光谱和光催化之间有非常重要的内在联系,在许多文献中已经进行了研究[25,28,52,68-69]。但由于 PL 光谱和光催化的机理和过程非常复杂,它们之间的关系还远远没有研究清楚。

在本书中,我们利用 PL 光谱(图 5-13)对 Ag 纳米粒子在分离电子和空穴中的作用进行了研究。从图 5-13 可以看出,无论是纯 ZnO 还是不同 Ag 含量的 Ag/ZnO 复合材料的 PL 曲线都包括三个发射谱带:380～400 nm 的近紫外发射峰,450～470 nm 的蓝光区和相对较弱的位于 550 nm 附近绿光区的宽发射峰。但各个样品 PL 光谱的强度并不相同——所有 Ag/ZnO 复合材料的发光强度都比纯 ZnO 的要低。这说明 ZnO 表面担载

Ag 纳米粒子后，Ag 纳米粒子起到电子池的作用，有效地阻止了光致电子和空穴的复合，从而降低了 PL 光谱的强度。从图 5-13 还可以发现，Ag/ZnO PL 光谱的强度随着样品中 Ag 含量的增加而降低，这是因为随着 Ag 纳米粒子在 ZnO 表面的增多，就有更多的金属作为电子池而聚积电子，因此分离电子和空穴的作用也相应的提高。仅从这一点来说，Ag/ZnO 的光催化性能应该随着样品中 Ag 含量的增多而增强，然而从所示的不同 Ag 含量的 Ag/ZnO 的光催化降解橙黄 G 曲线来看，结果却并非如此。从图 5-12 来看，当 Ag 的含量较低时（＜1.20 at.%），Ag/ZnO 的光催化性能随着 Ag 含量的增加而增强（ZnO＜0.61 at.% Ag/ZnO＜1.20 at.% Ag/ZnO）；但当 Ag 的含量进一步提高时（＞1.20 at.%），Ag/ZnO 的光催化性能却随着 Ag 含量的增加而降低（1.20 at.% Ag/ZnO＞2.52 at.% Ag/ZnO＞5.15 at.% Ag/ZnO）。已有文献表明，在金属担载量过高时，在 UV 光照射下，将有大量的光致电子在金属位上聚积，从而和空穴之间存在强的吸引作用，导致空穴向金属迁移，最终半导体表面的金属成为电子和空穴复合的中心而对光催化起到相反的作用[34−35,70]。另一方面，过大的金属担载量将占据过多的半导体表面，从而降低了催化剂表面对光和染料分子的吸附[29]。因此，本实验中，Ag/ZnO 光催化剂中 Ag 的最优担载量为 1.20 at.%。

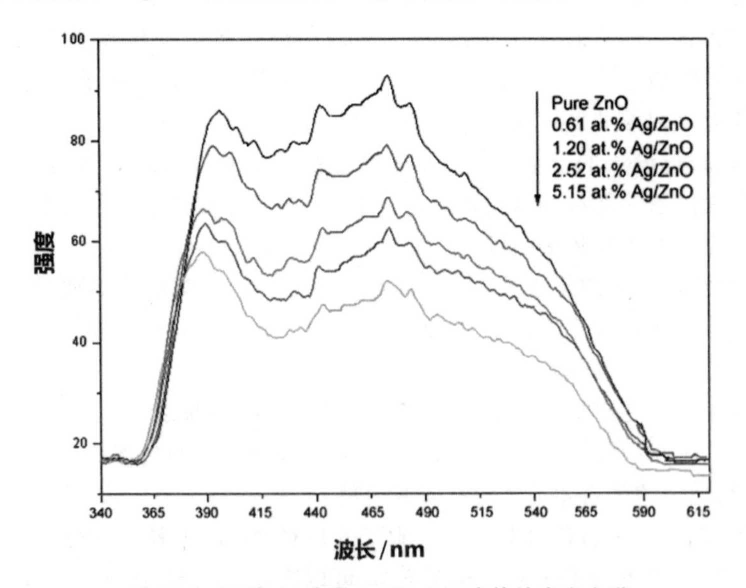

图 5-13　不同 Ag 含量 Ag/ZnO 纳米棒的发光光谱

5.3.4　抗菌性能的研究

许多的文献报道已经显示，Ag 纳米粒子具有强的抗菌作用[39−42]，然而由于纳米 Ag 易于团聚，这大大降低了其抗菌性能。为了解决这个问题，在我们的研究中，Ag 纳米粒子被担载于 ZnO 上。除此之外，由于纳米 Ag 和 ZnO 纳米棒之间存在强的相互作用，在形成 Ag/ZnO 复合材料后，它们可能协同地发挥抗菌作用。作为代表，我们考察了 1.20 at.% Ag/ZnO 对大肠杆菌(*Escherichia coli*，*E. coli*)和金黄色葡萄球菌(*Staphylococcus aureus*，*S. aureus*)的抗菌性能。作为对比，对纯 Ag 和 ZnO 的抗菌性能也进行了考察。样品对 *E. coli* 和 *S. aureus* 的抗菌作用，我们分别做了纸片扩散的定性分析和测定 MIC 值的定量分析。定性的纸片扩散法得到的样品抑菌圈的照片如图 5-14 所示，从中可以看出，对 *E. coli* 和 *S. aureus*，浸渍了 ZnO 和 Ag/ZnO 样品的纸片周围都有明显的抑菌圈产生。这表明 Ag/ZnO 不仅对格氏阴性(Gram-negative，G^-)细菌而且对格氏阳性(Gram-positive，G^+)细菌也具有抗菌活性。

为了更进一步考察样品的抗菌性能，我们对 Ag、ZnO 和 Ag/ZnO 的 MIC 值进行了测定，如图 5-15 所示，其结果列于表 5-2 中。实验结果表明，1.20 at.% Ag/ZnO 对 *E. coli* 和 *S. aureus* 的 MIC 值分别为 600 μg mL^{-1} 和 400 μg mL^{-1}。考虑到 1.20 at.% Ag/ZnO 中 Ag 的质量百分含量为仅为 1.6 wt.%，如以 Ag 来计算，则 1.20 at.% Ag/ZnO 对 *E. col* 抑菌值仅为 6.4 μg mL^{-1} 而对 *S. aureus* 则仅为 9.6 μg ml^{-1}。从表中还可以看出，Ag 纳米粒子的 MIC 值对 *E. coli* 和 *S. aureus* 分别为 15 μg mL^{-1} 和 25 μg mL^{-1}；纯 ZnO 的 MIC 值对 *E. coli* 和 *S. aureus* 分别为 3500 μg mL^{-1} 和 1000 μg mL^{-1}。因此，从实用性和经济性来说，1.20 at.% Ag/ZnO 的抗菌性能要远远高于纯 Ag 和 ZnO。

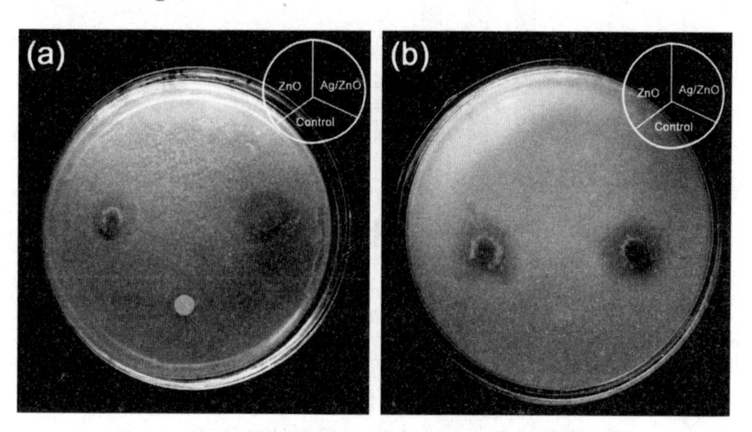

图 5-14　ZnO 和 Ag/ZnO 对(a) *E. coli*；(b) *S. aureus*. 抑菌作用的定性纸片扩散法实验照片

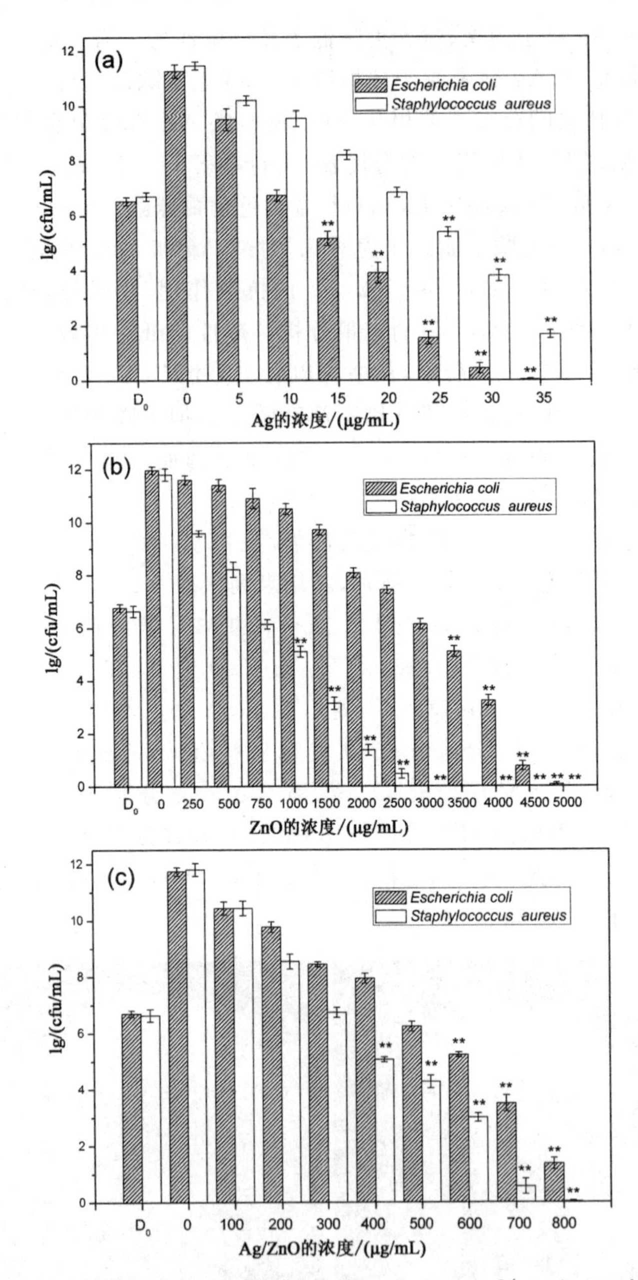

图 5-15 (a) Ag 纳米粒子;(b)ZnO 纳米棒;(c) 1.20 at.% Ag/ZnO 对 *E. coli* 和 *S. aureus* 的抗菌作用;每个数据点代表三次平均值±1 标准偏差;D_0:初始细菌浓度;* *:对 D_0 的显著性差异($P<0.01$)

表5-2 Ag,ZnO和Ag/ZnO样品的最小抑菌浓度(MIC)值

细菌	最小抑菌浓度（μg/mL）		
	Ag	ZnO	Ag/ZnO（1.6 wt.%）[a]
Escherichia coli（G^-）	15	3 500	600
Staphylococcus aureus（G^+）	25	1 000	400

注：[a] 1.20 at.% Ag/ZnO的重量百分率为1.6 wt.%；

从表5-2的数据可以看出，尽管Ag和ZnO都具有抗菌活性，但它们对G^-和G^+细菌的抗菌效果不同——Ag对G^-细菌的抗菌性能要好于对G^+的抗菌性能，而ZnO则对G^+的抗菌性能较好。这种现象分别在有关Ag[39-40]和ZnO[21-22]的抗菌文献中有过报道。因此，当Ag和ZnO结合形成Ag/ZnO复合材料时，Ag/ZnO同时对G^-和G^+细菌表现出了优异的抗菌性能；并且Ag/ZnO的抗菌效果并不是Ag和ZnO抗菌效果的简单相加而是相互协同加强的。

一方面，ZnO纳米棒作为载体减少了Ag纳米颗粒的团聚，从而使Ag纳米粒子有更多的机会接触细菌的细胞壁并和其中含有S和P的化合物反应。已有文献报道显示，Ag纳米粒子和细胞壁的这种相互作用将影响细胞壁的渗透性和呼吸性能等而最终导致细菌的死亡[41,46]。

另一方面，Ag纳米粒子和细菌之间的静电相互作用，在抗菌过程中也起到很大的作用[40-41,71]。在细菌存活的正常pH，由于细胞壁上大量含羧基和其他基团化合物的脱落溶解，细菌表面总体上呈电负性[72]。从“5.3.2.3 XPS分析”部分可知，由于体系中电子从金属Ag转移至ZnO，因此Ag/ZnO复合材料中的Ag纳米粒子和纯Ag纳米粒子相比具有很强的电正性。所以，正是由于Ag/ZnO中Ag和ZnO的这种相互作用导致了正电性的Ag和负电性的细菌之间静电作用的加强，从而提高了Ag/ZnO的抗菌性能。

5.4 结 论

采用水热合成的方法制备了不同Ag含量的Ag/ZnO复合纳米棒，对其结构进行了XRD、SEM、TEM和XPS等表征，并对其光催化降解橙黄G的性能和抗菌活性进行了研究，得到的主要结果如下：

(1)在制备Ag/ZnO的过程中，酪氨酸不仅作为Ag^+的还原剂，而且通

过其分子中的$-NH_2$和$-COOH$基团和ZnO的晶面之间的相互作用，控制了ZnO的各个晶面生长的快慢，而最终生成了Ag/ZnO纳米棒。

(2)在制备Ag/ZnO的过程中，氨水的加入首先为制备反应提供了一个合适的碱性条件，这使得$Zn(OH)_4^{2-}$和$Ag(OH)_2^-$之间的脱水反应和酪氨酸还原Ag^+的反应顺利进行。其次加入氨水后，溶液中络合物$Ag(OH)_2^-$和$Ag(NH_3)_2^+$的形成有效地降低了Ag^+/Ag的电极电势，从而阻止了溶液中游离的Ag纳米粒子的形成。

(3)结构表征显示所制备的Ag/ZnO为长度2 μm左右，直径80 nm左右且有5～7个侧面的纳米棒，并且Ag纳米粒子镶嵌在ZnO纳米棒的表面。这种结构的Ag/ZnO纳米棒在一定的反应参数范围内都可以得到：酪氨酸的浓度可以在0.04～0.06 M之间而氨水的体积也可在1.3～1.7 mL之间进行调控。

(4)在Ag/ZnO纳米棒光催化降解橙黄G的研究中，结合PL发光谱分析，由于金属Ag和半导体ZnO之间Schottky结的形成，在365 nm紫外光作用下，金属Ag纳米粒子作为电子池有效分离了光致电子和空穴，从而大大提高了ZnO的光催化性能。本章中Ag的含量为1.20 at.%时，其光催化降解橙黄G的效果最好。

(5)在抗菌研究中，一方面，金属Ag和半导体ZnO形成复合材料后，使得Ag纳米粒子带部分正电荷，并且ZnO纳米棒起到Ag纳米粒子载体的作用减少了Ag纳米粒子的团聚，而使得Ag纳米粒子的抗菌活性大大提高；另一方面，由于Ag对格氏阴性细菌的抑制作用较强而ZnO对格氏阳性细菌的抑制作用较强，而使Ag/ZnO复合材料表现出协同的高效抗菌性能。本章中对1.20 at.% Ag/ZnO来说，其对*E. coli*和*S. aureus*的MIC值分别为600 μg/mL和400 μg/mL。

参考文献

[1] T Mokari, E Rothenberg, I Popov, et al. Selective growth of metal tips onto semiconductor quantum rods and tetrapods[J]. *Science*, 2004, 304 (5678): 1787-1790.

[2] P D Cozzoli, T Pellegrino, L Manna. Synthesis, properties and perspectives of hybrid nanocrystal structures[J]. *Chem. Soc. Rev.*, 2006, 35 (11): 1195-1208.

[3] H Gu, R Zheng, X Zhang, et al. Facile one-pot synthesis of bifunctional heterodimers of nanoparticles: A conjugate of quantum dot and mag-

netic nanoparticles[J]. *J. Am. Chem. Soc*,2004,126 (18):5664-5665.

[4] D M Schaadt,B Feng,E T Yu. Enhanced semiconductor optical absorption via surface plasmon excitation in metal nanoparticles[J]. *Appl. Phys. Lett*,2005,86 (6):063106.

[5] J S Choi,Y W Jun,S I Yeon,et al. Biocompatible heterostructured nanoparticles for multimodal biological detection[J]. *J. Am. Chem. Soc.*,2006,128 (50):15982-15983.

[6] T Mokari,C G Sztrum,A Salant,et al. Formation of asymmetric one-sided metal-tipped semiconductor nanocrystal dots and rods[J]. *Nat. Mater*,2005,4 (11):855-863.

[7] A Dawson,P V Kamat. Semiconductor-metal nanocomposites. Photoinduced fusion and photocatalysis of gold-capped TiO_2 (TiO_2/Gold) nanoparticles[J]. *J. Phys. Chem. B*,2001,105 (5):960-966.

[8] A Roucoux,J Schulz,H Patin. Reduced transition metal colloids: A novel family of reusable catalysts [J] *Chem. Rev.*, 2002, 102 (10): 3757-3778.

[9] B J Wiley,Y C Chen,J M McLellan,et al. Synthesis and optical properties of silver nanobars and nanorice[J]. *Nano Lett.*,2007,7 (4): 1032-1036.

[10] A J Haes,R P Van Duyne. A nanoscale optical blosensor:Sensitivity and selectivity of an approach based on the localized surface plasmon resonance spectroscopy of triangular silver nanoparticles [J]. *J. Am. Chem. Soc.*,2002,124 (35):10596-10604.

[11] A Tao,F Kim,C Hess,et al. Langmuir-Blodgett silver nanowire monolayers for molecular sensing using surface-enhanced Raman spectroscopy[J]. *Nano Lett.*,2003,3 (9):1229-1233.

[12] C D Geddes,H Cao,I Gryczynski,et al. Metal-enhanced fluorescence (MEF) due to silver colloids on a planar surface:Potential applications of indocyanine green to in vivo imaging[J]. *J. Phys. Chem. A*,2003, 107 (18):3443-3449.

[13] M H Huang,S Mao,H Feick,et al. Room-temperature ultraviolet nanowire nanolasers[J]. *Science*,2001,292 (5523):1897-1899.

[14] Q Wan,Q H Li,Y J Chen,et al. Fabrication and ethanol sensing characteristics of ZnO nanowire gas sensors[J]. *Appl. Phys. Lett.*,2004, 84 (18):3654-3656.

[15] H Kind, H Q Yan, B Messer, et al. Nanowire ultraviolet photodetectors and optical switches[J]. *Adv. Mater*, 2002, 14 (2): 158-160.

[16] X Fang, Y Bando, U K Gautam, et al. Inorganic semiconductor nanostructures and their field-emission applications[J]. *J. Mater. Chem.*, 2008, 18 (5): 509-522.

[17] F Xu, P Zhang, A Navrotsky, et al. Hierarchically assembled porous ZnO nanoparticles: Synthesis, surface energy, and photocatalytic activity[J]. *Chem. Mater*, 2007, 19 (23): 5680-5686.

[18] X L Wang, F Yang, W Yang, et al. A study on the antibacterial activity of one-dimensional ZnO nanowire arrays: Effects of the orientation and plane surface[J]. *Chem. Commun*, 2007, 4419-4421.

[19] K M Reddy, F Kevin, B Jason, et al. Selective toxicity of zinc oxide nanoparticles to prokaryotic and eukaryotic systems[J]. *Appl. Phys. Lett.*, 2007, 90 (21): 213902.

[20] K Ghule, A V Ghule, B J Chen, et al. Preparation and characterization of ZnO nanoparticles coated paper and its antibacterial activity study[J]. *Green. Chem*, 2006, 8 (12): 1034-1041.

[21] O Yamamoto, K Nakakoshi, T Sasamoto, et al. Adsorption and growth inhibition of bacteria on carbon materials containing zinc oxide[J]. *Carbon*, 2001, 39 (11): 1643-1651.

[22] J Sawai. Quantitative evaluation of antibacterial activities of metallic oxide powders (ZnO, MgO and CaO) by conductimetric assay[J]. *J Microbiol. Meth.*, 2003, 54 (2): 177-182.

[23] M R Hoffmann, S T Martin, W Y Choi, et al. Environmental applications of semiconductor photocatalysis[J]. *Chem. Rev*, 1995, 95 (1): 69-96.

[24] A L Linsebigler, G Q Lu, J T Yates. Photocatalysis on TiO_2 surfaces - principles, mechanisms, and selected results[J]. *Chemical Reviews*, 1995, 95 (3): 735-758.

[25] X Z Li, F B Li. Study of Au/Au^{3+}-TiO_2 photocatalysts toward visible photooxidation for water and wastewater treatment[J]. *Environ. Sci. Technol*, 2001, 35 (11): 2381-2387.

[26] V Subramanian, E Wolf, P V Kamat. Semiconductor-metal composite nanostructures. To what extent do metal nanoparticles improve the photocatalytic activity of TiO_2 films[J] *J. Phys. Chem. B*, 2001, 105 (46):

11439-11446.

[27] C Y Wang,C Y Liu,X Zheng,et al. The surface chemistry of hybrid nanometer-sized particles - I. Photochemical deposition of gold on ultrafine TiO_2 particles[J]. *Colloid Surf. A-Physicochem. Eng. Asp*,1998,131 (1-3):271-280.

[28] F B Li,X Z Li. Photocatalytic properties of gold/gold ion-modified titanium dioxide for wastewater treatment[J]. *Appl. Catal. A:Gen.*,2002,228 (1-2):15-27.

[29] I M Arabatzis,T Stergiopoulos,D Andreeva,et al. Characterization and photocatalytic activity of Au/TiO_2 thin films for azo-dye degradation[J]. *J. Catal*,2003,220 (1):127-135.

[30] W Zhao,C Chen,X Li,et al. Photodegradation of sulforhodamine-B dye in platinized titania dispersions under visible light irradiation:Influence of platinum as a functional Co-catalyst[J]. *J. Phys. Chem. B*,2002,106 (19):5022-5028.

[31] S W Lam,K Chiang,T M Lim,et al. The effect of platinum and silver deposits in the photocatalytic oxidation of resorcinol[J]. *Appl. Catal. B-Environ*,2007,72 (3-4):363-372.

[32] S Jin,F Shiraishi. Photocatalytic activities enhanced for decompositions of organic compounds over metal-photodepositing titanium dioxide[J]. *Chem. Eng. J*,2004,97 (2-3):203-211.

[33] F B Li,X Z Li. The enhancement of photodegradation efficiency using Pt-TiO2 catalyst[J]. *Chemosphere*,2002,48 (10):1103-1111.

[34] A Sclafani,J M Herrmann. Influence of metallic silver and of platinum-silver bimetallic deposits on the photocatalytic activity of titania (anatase and rutile) in organic and aqueous media[J]. *J. Photochem. Photobiol. A-Chem.*,1998,113 (2):181-188.

[35] X F You,F Chen,J L Zhang,et al. A novel deposition precipitation method for preparation of Ag-loaded titanium dioxide[J]. *Catal. Lett.*,2005,102 (3-4):247-250.

[36] H Tada,K Teranishi,Y Inubushi,et al. Ag nanocluster loading effect an TiO_2 photocatalytic reduction of bis(2-dipyridyl)disulfide to 2-mercaptopyridine by H_2O[J]. *Langmuir*,2000,16 (7):3304-3309.

[37] V Vamathevan,R Amal,D Beydoun,et al. Photocatalytic oxidation of organics in water using pure and silver-modified titanium dioxide

particles[J]. *J. Photochem. Photobiol. A-Chem.* ,2002,148 (1-3):233-245.

[38] C M Wang,A Heller,H Gerischer. Palladium catalysis of O_2 reduction by electrons accumulated on TiO_2 particles during photoassisted oxidation of organic-compounds[J]. *J. Am. Chem. Soc.* ,1992,114 (13):5230-5234.

[39] F Zeng,C Hou,S Z Wu,et al. Silver nanoparticles directly formed on natural macroporous matrix and their anti-microbial activities [J]. *Nanotechnology*,2007,18 (5):055605.

[40] S Shrivastava,T Bera,A Roy,et al. Characterization of enhanced antibacterial effects of novel silver nanoparticles[J]. *Nanotechnology*, 2007,18 (22):225103.

[41] J R Morones,J L Elechiguerra,A Camacho,et al. The bactericidal effect of silver nanoparticles[J]. *Nanotechnology*,2005,16 (10):2346-2353.

[42] P Gong,H M Li,X X He,et al. Preparation and antibacterial activity of Fe_3O_4 @ Ag nanoparticles [J]. *Nanotechnology*, 2007, 18 (28):285604.

[43] C Aymonier,U Schlotterbeck,L Antonietti,et al. Hybrids of silver nanoparticles with amphiphilic hyperbranched macromolecules exhibiting antimicrobial properties[J]. *Chem. Commun*,2002,(24):3018-3019.

[44] R W Y Sun,R Chen,N P Y Chung,et al. Silver nanoparticles fabricated in Hepes buffer exhibit cytoprotective activities toward HIV-1 infected cells[J]. *Chem. Commun*,2005,(40):5059-5061.

[45] V A Oyanedel-Craver,J A Smith. Sustainable colloidal-silver-impregnated ceramic filter for point-of-use water treatment[J]. *Environ. Sci. Technol*,2008,42 (3):927-933.

[46] S K Gogoi,P Gopinath,A Paul,et al. A chattopadhyay,green fluorescent protein-expressing escherichia coli as a model system for investigating the antimicrobial activities of silver nanoparticles[J]. *Langmuir*, 2006,22 (22):9322-9328.

[47] J L Elechiguerra,J L Burt,J R Morones,et al Interaction of silver nanoparticles with HIV-1[J]. *J Nanobiotechnology* ,2005,3,6.

[48] C Baker,A Pradhan,L Pakstis,et al. Synthesis and antibacterial properties of silver nanoparticles[J]. *J. Nanosci. Nanotechnol*, 2005, 5 (2):244-249.

[49] Y J Xiong,A R Siekkinen,J G Wang,et al. Synthesis of silver

nanoplates at high yields by slowing down the polyol reduction of silver nitrate with polyacrylamide[J]. *Journal of Materials Chemistry*,2007,17 (25):2600-2602.

[50] B S Xu,W S Hou,S H Wang,et al. Study on the heat resistant property of Ag/4A antibacterial agent[J]. *J. Biomed. Mater. Res*,*Part B*, 2008,84B (2):394-399.

[51] K Y Yoon,J H Byeon,C W Park,et al. Antimicrobial effect of silver particles on bacterial contamination of activated carbon fibers[J]. *Environ. Sci. Technol*,2008,42 (4):1251-1255.

[52] Y H Zheng,L R Zheng,Y Y Zhan,et al. Ag/ZnO heterostructure nanocrystals: Synthesis, characterization, and photocatalysis[J]. *Inorg. Chem.*,2007,46 (17):6980-6986.

[53] M Sastry,A Swami,S Mandal,et al. New approaches to the synthesis of anisotropic, core-shell and hollow metal nanostructures[J]. *J. Mater. Chem*,2005,15 (31):3161-3174.

[54] A Panacek,L Kvitek,R Prucek,et al. Silver colloid nanoparticles: Synthesis, characterization, and their antibacterial activity[J]. *J. Phys. Chem. B*,2006,110 (33):16248-16253.

[55] A Dev,S K Panda,S Kar,et al. Surfactant-assisted route to synthesize well-aligned ZnO nanorod arrays on sol-gel-derived ZnO thin films [J]. *J. Phys. Chem. B*,2006,110 (29):14266-14272.

[56] X Zhou,Z X Xie,Z Y Jiang,et al. Formation of ZnO hexagonal micro-pyramids: A successful control of the exposed polar surfaces with the assistance of an ionic liquid[J]. *Chem. Commun*,2005,(44):5572-5574.

[57] E De la Rosa,S Sepulveda-Guzman,B Reeja-Jayan,et al. Controlling the growth and luminescence properties of well-faceted ZnO nanorods[J]. *J. Phys. Chem. C*, 2007,111 (24):8489-8495.

[58] N S Ramgir,I S Mulla,V K Pillai. Micropencils and microhexagonal cones of ZnO[J]. *J. Phys. Chem. B*, 2006,110 (9):3995-4001.

[59] J F Moulder,W F Stickle,P E Sobol,et al. Handbook of X Ray Photoelectron Spectroscopy: A Reference Book of Standard Spectra for Identification and Interpretation of Xps Data[M]. *Physical Electronics*; *Reissue edition*,1995.

[60] X Wang,C J Summers,Z L Wang. Self-attraction among aligned Au/ZnO nanorods under electron beam[J]. *Appl. Phys. Lett*, 2005,

86,013111.

[61] A Wood, M Giersig, P Mulvaney. Fermi level equilibration in quantum dot-metal nanojunctions[J]. *J. Phys. Chem. B*, 2001, 105 (37): 8810-8815.

[62] H Goto, Y Hanada, T Ohno, et al. Quantitative analysis of superoxide ion and hydrogen peroxide produced from molecular oxygen on photoirradiated TiO_2 particles[J]. *J. Catal*, 2004, 225 (1): 223-229.

[63] T M El-Morsi, W R Budakowski, A S Abd-El-Aziz, et al. Photocatalytic degradation of 1, 10-dichlorodecane in aqueous suspensions of TiO_2: A reaction of adsorbed chlorinated alkane with surface hydroxyl radicals[J]. *Environ. Sci. Technol*, 2000, 34 (6): 1018-1022.

[64] C S Turchi, D F Ollis. Photocatalytic degradation of organic-water contaminants - mechanisms involving hydroxyl radical attack[J]. *J. Catal*, 1990, 122 (1): 178-192.

[65] M H Huang, S Mao, H Feick, et al. Room-temperature ultraviolet nanowire nanolasers[J]. *Science*, 2001, 292 (5523): 1897-1899.

[66] M Yin, Y Gu, I L Kuskovsky, et al. Zinc oxide quantum rods[J]. *J. Am. Chem. Soc.*, 2004, 126 (20): 6206-6207.

[67] R Viswanatha, S Chakraborty, S Basu, et al. Blue-emitting copper-doped zinc oxide nanocrystals[J]. *J. Phys. Chem. B*, 2006, 110 (45): 22310-22312.

[68] Y Y Zhang, J Mu. One-pot synthesis, photoluminescence, and photocatalysis of Ag/ZnO composites[J]. *J. Colloid Interface Sci*, 2007, 309 (2): 478-484.

[69] Y Zheng, C Chen, Y Zhan, et al. Luminescence and photocatalytic activity of ZnO nanocrystals: correlation between structure and property [J]. *Inorg. Chem.*, 2007, 46 (16): 6675-6682.

[70] H Tahiri, Y A Ichou, J M Herrmann. Photocatalytic degradation of chlorobenzoic isomers in aqueous suspensions of neat and modified titania[J]. *J. Photochem. Photobiol. A-Chem*, 1998, 114 (3): 219-226.

[71] J Thiel, L Pakstis, S Buzby, et al. Antibacterial properties of silver-doped titania[J]. *Small*, 2007, 3 (5): 799-803.

[72] P K Stoimenov, R L Klinger, G L Marchin, et al. Metal oxide nanoparticles as bactericidal agents [J]. *Langmuir*, 2002, 18 (17): 6679-6686.

第6章　Ag纳米立方等离子体共振增强ZnO微球光催化降解离子液体

6.1 引　言

工业上常用的大多数有机化合物具有挥发性成为现代化工工业关心的重大问题。主要是因为有机溶剂对操作人员和环境有危害性,并且这些溶剂易燃和易挥发的性质使它们成为了潜在的爆炸危险品。最近,由于严峻的环境问题和溶剂的毒性作用,使它们的使用受限。因此许多研究人员开始关注绿色溶剂的发展,开始寻找有害化学品的替代物离子液体。

离子液体是低温熔融盐,由较大的有机阳离子和有机或无机阴离子组成。在过去的几年中,离子液体由于其独特的性质如宽的液态范围、高的热稳定性、宽的电化学窗口和可调的物理和化学性质,被称为能替代传统有机挥发性溶剂的潜在"绿色替代物",并广泛应用在分离、化学合成、能量储存和转移、涂料和生物科技等领域[1-2]。室温离子液体最吸引人的性质是它的可设计性,通过改变阴阳离子或其取代基来调节其结构。这些优点使离子液体成为许多化学过程的优先选择。此外,离子液体也因其可忽略的蒸汽压而毫无疑问地被称为绿色溶剂,是易于挥发有毒有机溶剂的良好替代品。离子液体可忽略的蒸汽压可以减少大气污染物的排放和易燃品的危险性。从这方面来看,相对于传统溶剂而言离子液体的安全性得到了提高。然而,随着研究的进行,人们逐渐意识到并不能因为离子液体有低的蒸汽压而将其归为环境友好型溶剂,在作出这种结论前还要考虑其他因素。一方面,近年来一些研究者通过体外毒性实验或水体中有机微生物实验对离子液体的毒性进行了评估[3-7],这些水生有机物包括细菌、水蚤、斑马鱼等。这些已经进行的不同的评估ILs在体外试验以及水生生物中的毒性的研究表明[3-7],一些ILs具有毒性,可能对环境和水生生物构成威胁。已报道具有Cl^-的IL的毒性比具有PF_6^-的IL更强[8],并且还观察到侧链中的碳数对咪唑基的IL的毒性有着显著的影响[9-10]。另一方面,离子液体的合成、纯化中不可避免地会使用大量有机挥发性溶剂,这些过程会对环境不利。而且它在工业生产上的大规模使用,再加上其结构、化学性质稳定性和良好的水溶性,使其不可避免地会随工业废水释放到环境中而成为永久污染物,对环境和水陆生态系统造成重大威胁。因此,清除或降解各种环境体系中的离子液体迫在眉睫。

目前,现有的降解离子液体的方法主要有:生物降解[11-12]和化学降解[13-16]等。生物降解是最初降解离子液体的方法。生物降解主要是通过改变分子中的化学结构,而使其失去某种特定性质。在阳离子侧链上引入酯或氨基官能团能够增强离子液体的生物降解性能。然而目前仅有的降解离子液体的研究表明这些物质很难通过微生物进行降解,尤其是最常见的咪唑基化合物。并且毒性大的离子液体会对微生物不利,从而不利于降解。

相对于生物降解而言,化学降解过程更为有效,它能够克服离子液体的化学和热稳定性。许多学者已经研究了水溶液中离子液体(ILs)的氧化降解并取得了进展。Stepnowski 和 Zaleska[116]用三种超氧化过程(UV,UV/H_2O_2和 UV/TiO_2)降解水溶液中的 ILs,结果表明 UV/H_2O_2 体系的降解效率最高。随后 Li 等人[13]在有超声辅助下的 H_2O_2/CH_3COOH 体系中氧化降解咪唑离子液体,反应 72 h 后 99% ILs 被降解。还有其他关于 Fenton 氧化降解的研究通过使用产生的高活性过氧化物来降解离子液体[14-16]。然而,IL 的化学氧化降解通常涉及复杂的化学过程,并且降解效率并不总是很高。

在过去的几十年中,光催化降解已被证明是一种简便有效的降解有机污染物的技术,包括对离子液体的降解[17-19]。该方法主要利用光能激发半导体催化剂以产生空穴和·OH 自由基等主要氧化物质。然后,自由基能够非选择性地攻击甚至矿化有机物质。然而,在降解过程中,光生电荷载体的高复合率限制了半导体光催化剂的性能。氧化锌在降解环境污染物方面也引起了人们的兴趣[136]。ZnO 表现出优于 TiO_2 的催化性能,它能够更有效地产生和分离电子和空穴。然而,ZnO 的禁带宽度较大(3.37 ev),这使得它在光催化应用中有不可避免的缺陷。这种光催化剂只能被紫外光激发,紫外光仅占太阳光的 5%,而可见光占 43%,红外光占 52%。而且它的另一个缺点是光激发产生的电子和空穴容易湮灭,这会影响光催化效率。因此,怎样将其光响应范围扩展到整个可见光区和抑制光生电子和空穴的复合是主要的难题。近年来,随着对贵金属(如 Au,Ag 和 Cu)的局域表面等离子体共振(LSPR)性质的深入研究,等离子体金属纳米粒子在等离子体激发诱导的金属向半导体[20-21]电荷和能量转移,金属-半导体界面[22]附近的电场增强电子空穴产生,以及等离子体激发引起的温度升高和分子反应物的直接激活中[23]发挥了重要作用。尽管这些研究证实了复合可见光区具有独特LSPR性质的Au或Ag可以显著提高半导体光催化剂的效率，然而等离子体的潜在作用仍然需要进一步的阐明和研究。

考虑到半导体表面修饰贵金属（金或银纳米结构）能将太阳能电池效率提高10%～15%，它们也能应用于光解水反应和降解有机分子。很少有研究报道将金属修饰的半导体用于降解ILs。在本章中可见光驱动的等离子体催化剂Ag/ZnO微球成功地用水热法和光还原银法制备出来，并用于光降解ILs。

在这项工作中，研究了Ag/ZnO光催化剂对八种常用的具有不同阳离子和阴离子的咪唑基ILs的光催化降解。首先制备了具有三维结构的ZnO微球作为半导体光催化剂；然后将具有强烈SPR效应的Ag纳米立方加载到ZnO微球表面上以增强光生电荷载体的产生和分离。通过扫描电子显微镜（SEM），X射线光电子能谱（XPS）和光致发光（PL）光谱对样品进行了表征。最后，探索了制备的Ag/ZnO样品的光催化性能，并分析了降解过程中的有机中间体，以了解咪唑基的ILs的降解机理。

6.2　实验部分

6.2.1　ZnO和Ag/ZnO光催化剂的制备

3 D ZnO微球制备过程：首先用二次蒸馏水配制浓度为25.4 mmol/L的海藻酸钠（SA）水溶液，接着配制30 mL含有1.5 mmol/L乙酸锌的水溶液，然后在磁力搅拌下向盛有乙酸锌溶液的烧瓶中加入0.55 mL上述配好的海藻酸钠水溶液，然后逐滴滴加28 wt%的氨水，调节其pH，加入氨水体积约1 mL。搅拌几分钟后转移到50 mL聚四氟乙烯内衬的高压反应釜中，然后置于烘箱中，在110 ℃下反应7 h。反应结束后冷却到室温。所得的产品用离心机离心，并用乙醇和蒸馏水清洗几次，然后在60 ℃烘干备用。

为了制备Ag纳米立方体/ZnO微球复合光催化剂（称为Ag/ZnO），首先将0.5 g的ZnO分散在10 mL含有Ag纳米立方体的溶液中。将溶液搅拌6 h以将Ag纳米立方体沉积在ZnO微球上。然后，将Ag/ZnO复合物离心并在60 ℃下真空干燥12 h。通过改变溶液中Ag纳米立方体的量，用类似的步骤制备一系列具有不同 Ag 含量的 Ag/ZnO。

6.2.2 银纳米立方体的制备

为了保证实验对照，一次做三个平行实验。将三个附带有接触调压器的油浴装置分别放置在三个磁力搅拌器上，每个油浴装置中分别用温度计测量温度。通过调节接触调压器将油浴温度调至需要的温度。温度对形貌影响显著，需要精确控制。

当油浴温度升至 150 ℃左右时，用量筒分别量取 12 mL 乙二醇(EG)，加入到三个预先放有磁子的 50 mL 的圆底烧瓶中，每个瓶口均斜放一个橡皮塞，以保证氧气能够进入，开启磁力搅拌器，调到接近中档速度进行搅拌，此时开始计时，将其加热 1 h，把乙二醇氧化成醛的同时除去其中的水分。在 EG 加热 15 min 后，立即配制 20 mL 3 mmol/L Na_2S 的 EG 溶液，配好后避光下放置。在 EG 加热 45 min 时，先称取聚乙烯吡咯烷酮(MW＝29 000)将其配制成 20 mg/mL 的 EG 溶液，避光保存备用。再称取硝酸银将其配置成 48 mg/mL 的 EG 溶液，避光保存。当 EG 加热 1 h 时，用 0.5 mL 移液管依次向三个烧瓶中加入 0.16 mL 上述配制的 Na_2S 的 EG 溶液，记录下加入时间。加入三个烧瓶中的时间之间可分别错开 2 min，以保证时间间隔一致。要保证将硫化钠加入的时间距离其配好为 45 min。加入硫化钠 8～9 min 后，开始用 5 mL 移液管加入 3 mL 已配好的 PVP 溶液，紧接着再用 1 mL 移液管慢慢加入 1 mL 已配好的硝酸银溶液。加入硝酸银后溶液立即由无色变为亮黄色，然后再变为红棕色，反应约 25 min 后从上边看溶液逐渐由红棕色渐变为灰绿色，溶液也由透明逐渐变浑浊，并且瓶壁上伴随有明显的银镜反应产生。继续反应 10 min 左右，就得到了不同尺寸的纳米银立方体，反应过程中用紫外分光光度计简单测量银立方的形成过程。之后停止反应，冷却至室温。用紫外分光光度计测得银立方乙醇溶液的紫外吸收光谱如图 6-1 所示，银立方有一个位于 442 nm 处的主峰和一个位于 356 nm 处的肩缝，其中的小肩缝是其特征峰。

用离心管将所得银立方溶液在 11 000 r/min 下离心 10 min，倒出上层清液，加入体积比 1∶2 的去离子水/丙酮溶液，超声分散后离心以除去表面上的稳定剂 PVP。这样反复离心清洗三次，即得到样品用来进行表征测定。

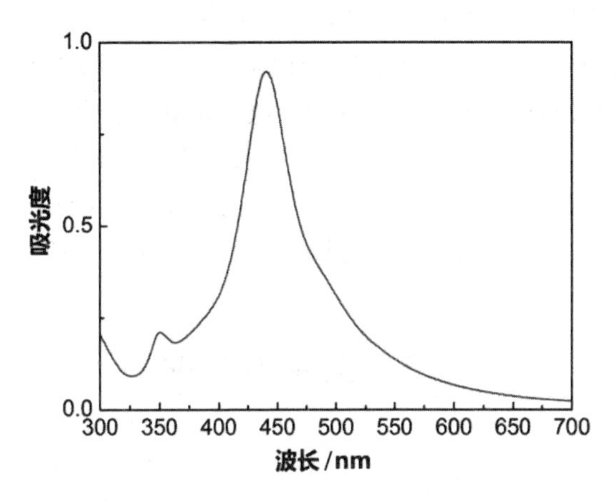

图 6-1　银立方的紫外可见吸收图谱

6.2.3　样品表征

通过 FE-SEM(Hitachi S-4800)表征样品的形态。使用 XPS(PHI Quantum 2000 扫描 XPS 微探针,Al K-α 辐射 1 486.6 eV)检测所有样品的表面性质。选择受 C1s 信号作为校准绝对结合能的内标元素。通过使用激发波长为 325 nm 的荧光光谱仪(JASCO FP-6200)测定 PL 光谱。

使用基于离散偶极近似(DDA)的程序代码 DDSCAT 7.3 计算 50 nm 的 Ag 纳米立方体的光散射和吸收以及近场分布[24-25],使用偶极子的数量是 32 768 个,环境介质是水并且其折射指数为 1.33。消光效率因子(Q_{ext})、散射因子(Q_{sca})和吸收因子(Q_{abs})取 27 个目标取向和两个入射偏振方向上的平均值计算。

6.2.4　光催化降解 ILs

光降解实验在具有石英盖和循环水夹套的圆柱形反应器中进行。照射光由 300 W 具有光密度调节功能 Xe 灯(Beijing Aulight Co. ,Ltd.)提供。在每个降解实验中,在纯水中制备浓度为 50 mmol/L 的每种 IL 的备用溶液。然后,加入 2mL 的 50 mmol/L IL 溶液使其最终浓度为 1 mmol/L。然后,将含有 1 mmol/L 的 IL 水溶液(100 mL)和 0.1 g 光催化剂在 25 ℃下于反应器中没有光照射的情况下搅拌 15 min 以使 IL 在光催化剂表面上达到吸附平衡。通过用 300 W Xe 弧光灯照射开始反应后,每 60 min 取出 2 mL 反应溶液。随后,为了通过紫外-可见光定量分析剩余的 IL,需使用离心机和过滤器完全除去催化剂颗粒。使用UV/Vis分光光度计(PERSEE TU-1900)在212 nm下进行基于比尔-朗伯定律的降解过程中剩余IL的定量测定。此外,标准曲线由三次独立测量建立。根据下式计算降解百分比($D\%$):$D\%=(C_0-C_t)/C_0\times100$,其中$C_0$是ILs的起始浓度,$C_t$是光降解时间$t$时的ILs浓度。通过配备有HP-5毛细管柱(Hewlett Packard,30 m×0.25 mm×0.25 μm)的GC-MS(Agilent 6890/5793N)分析有机中间体。

6.3 结果与讨论

6.3.1 银纳米立方体制备的影响因素

6.3.1.1 温度的影响

特定形貌的贵金属纳米晶体的形成一般要经历三个阶段,即成核阶段、晶核长成晶种阶段和晶种长成晶体阶段。而控制生成各种形貌纳米晶体的关键步骤是晶核长成晶种和晶种长成晶体步骤。金属原子成核后主要形成单晶、单孪晶和多孪晶三种晶种,且这三种晶种可能同时存在,由于单一的晶种才能获得良好形貌的晶体,因此控制晶种的内部结构尤为重要。

晶种生长主要受到热力学和动力学的控制,热力学控制主要使其向降低总表面能的方向生长,即尽可能使晶体表面积小,表面包裹(111)面、(100)面以降低其表面能。也可通过动力学控制晶种生长,如降低先驱体的分解或还原速率、使用弱还原剂以降低产生原子的速度,从而使多孪晶成为主要晶种;此外也可通过加入表面活性剂,利用其对特定晶面的选择性吸附,使吸附面表面能降低钝化其生长,导致各个面的生长速率不同,使生长速率快的面消失,生长速率慢的面最后包覆在表面。还可加入氧化腐蚀剂如氧气和氯离子、氧气和溴离子、三价铁离子和二价铁离子等,由于单孪晶和多孪晶存在缺陷而表面能大,比较活泼,故易被氧化腐蚀剂氧化,而单晶不易被氧化,故利用此方法可以选择性除去单多孪晶。

本实验中采用乙二醇法,用乙二醇作溶剂,加热下兼作还原剂,PVP作稳定剂,用硫化钠辅助在不同温度下合成了银立方,如图6-2中(a)、(c)和(e)所示分别是在140 ℃、155 ℃和165 ℃下合成的银立方的SEM图,(b)、(d)和(f)分别为其对应的紫外吸收图谱。

由各温度下的SEM图片和其对应的紫外吸收图谱可以看出,温度对银立方的制备影响较大。在加热反应时乙二醇既作溶剂又作还原剂，乙二醇在温度高于 120 ℃时能生成乙醇醛，生成的乙醇醛能原位还原 Ag^{+}，我们探究了温度的影响，发现最佳温度为 150～155 ℃，如图 6-2(c)中的 SEM 所示银立方大小为 40 nm 左右，而对应的紫外图谱(d)中峰宽较窄，粒度分布均匀。低于 150 ℃时会有大量不规则颗粒生成，如图 6-2(a)中所示，有大颗粒和小颗粒形成，温度再低时可能生成的银纳米颗粒更不规则，同时从对应(b)中的紫外吸收图谱中可以看出其主峰很宽，说明粒度很分散。当温度高于 155 ℃，如图 6-2(e)中所示会出现不同长度的银棒，对应的紫外图谱图 6-2(f)中在 389 nm 处多出了一个峰，峰形更宽。可见纳米立方体的合成对温度极其敏感，温度相差 5 ℃，产生的形貌就相差甚远。这可能是较低温度时乙二醇氧化生成乙醇醛的量少，不足以还原 Ag^{+}。当温度稍低于 150 ℃时，利于单孪晶生长，故会生成不规则大颗粒；当温度高于 155 ℃时，更有利于多孪晶生长，进而会出现棒状银结构。由此可见，温度影响其晶核和晶体的生成，故控制温度尤为重要。

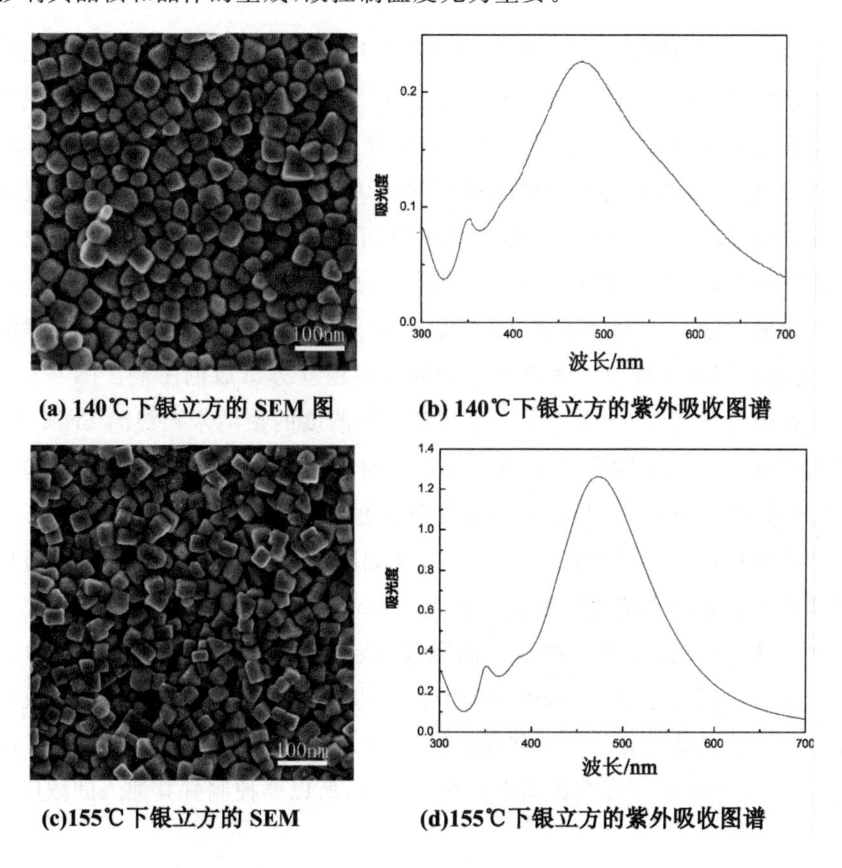

(a) 140℃下银立方的 SEM 图　　(b) 140℃下银立方的紫外吸收图谱

(c)155℃下银立方的 SEM　　(d)155℃下银立方的紫外吸收图谱

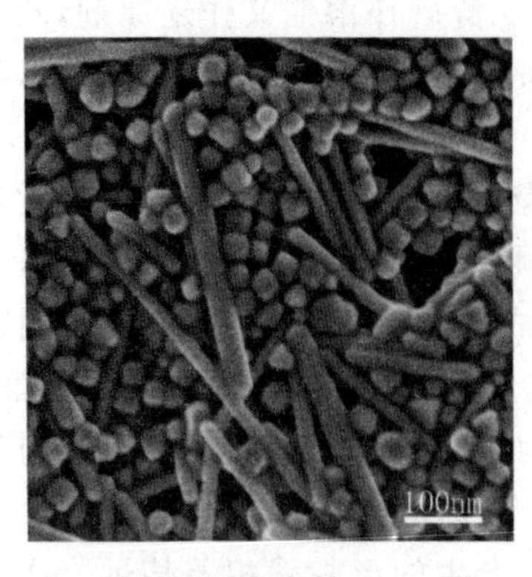

(e)165℃下银立方的 SEM 图

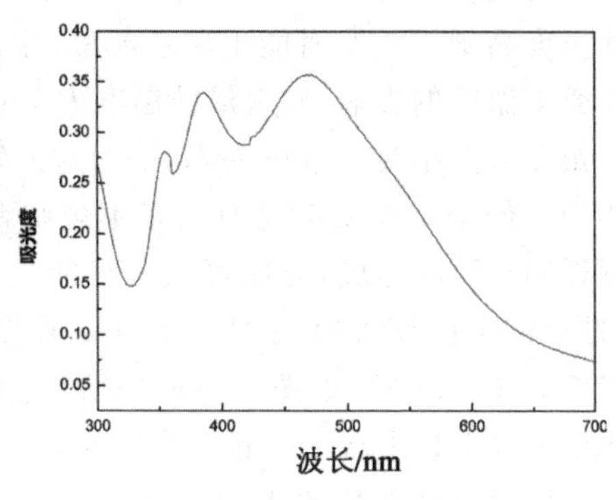

(f)165℃下银立方的紫外吸收图谱

图 6-2　不同温度下制备的银立方的 SEM 图

6.3.1.2　水合硫化钠的影响

硫离子能与银离子发生强烈的相互作用，当体系中含有微量的硫化物时，银就能与其结合产生 Ag_2S。并且 Ag_2S 能催化还原 Ag^+，催化机理类似于通过大幅降低银离子还原电位的自催化还原银原子簇。还原速率增大了，而银立方的形成是由单晶种子的动力学控制决定的。因此，通过使用硫化物使原子尽可能同时成核，我们既可以有效地限制孪晶晶种的生成又能减少单晶立方体的尺寸分布，使所有的银立方长成同一大小。为了探究硫化钠对银立方制备的影响，我们配置了不同浓度的硫化钠乙二醇溶液，在最佳温度下探讨了水合硫化钠浓度对银立方形成的影响。图 6-3 显示了在最佳温度 150～155 ℃下不同硫化钠浓度的银纳米颗粒的 SEM 图。我们发现硫化钠浓度为 28～30 μmol/L 时，能制得形貌好的银立方，如图 6-3 中(b)和(c)所示。当溶液中硫化钠浓度低于 28 μmol/L 时，由于还原速率不够快，产生不均匀的纳米颗粒，正如图 6-3(a)中显示的会出现圆形和孪晶颗粒。而当硫化钠浓度高于 30 μmol/L 时，还原速率的增加远超过了氧化速率，故会出现一些多孪晶颗粒、线状和块状结构，如图 6-3(d)所示。浓度再增大超过 30 μmol/L 时，大量的 Ag^+ 会优先与硫离子配合成稳定并且不溶的硫化银。硫化钠的加入会明显地提高制备银立方的反应时间，并且其浓度能够影响银纳米颗粒的形貌，所以要控制好其加入的浓度。

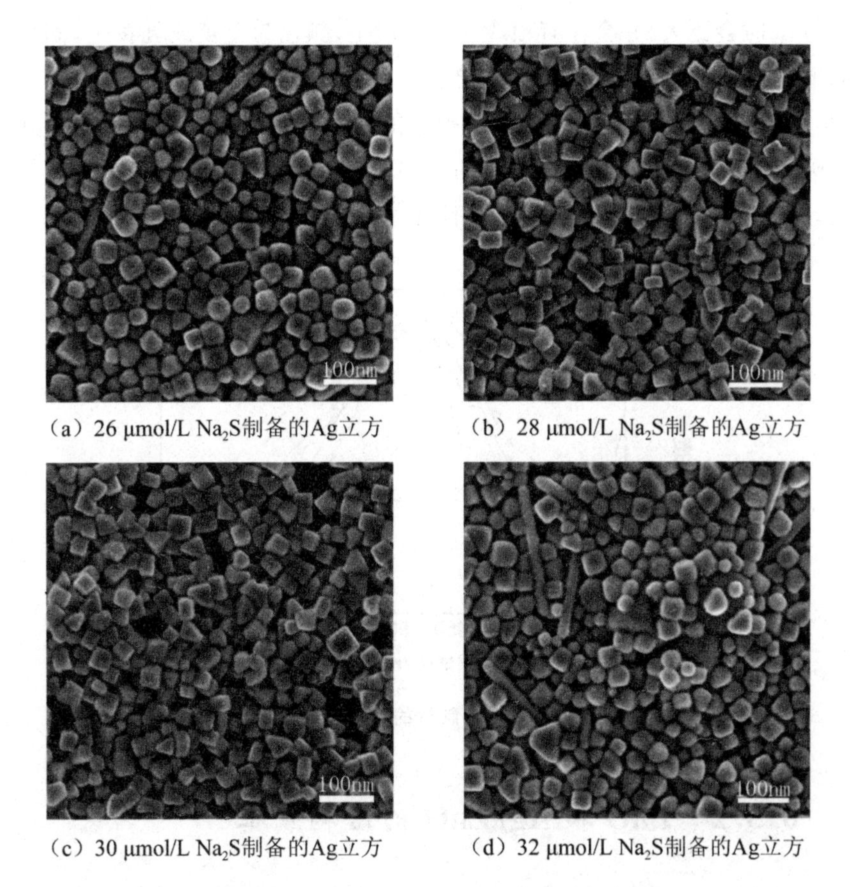

（a）26 μmol/L Na_2S制备的Ag立方　（b）28 μmol/L Na_2S制备的Ag立方

（c）30 μmol/L Na_2S制备的Ag立方　（d）32 μmol/L Na_2S制备的Ag立方

图 6-3　最佳温度 150～155 ℃和不同 Na_2S 量下制备的银立方 SEM 图

6.3.1.3　反应时间的影响

在探索好以上反应条件的基础上，又考察了反应时间对银立方形貌的影响，结果发现反应时间对银立方形貌有很大的影响。随着反应的进行溶液颜色会发生一系列明显的变化，可以根据颜色观察反应进行的情况。在反应初期溶液颜色为透明的无色液体，在加入硝酸银的瞬间溶液由无色变为亮黄色，在 1～2 min 内亮黄色逐渐加深变为棕黄色再变为红棕色，这表明银纳米球的形成，随着时间的延长，溶液颜色会保持一段红棕色，反应大约 0.5 h 后，瓶壁上开始有银镜发生，溶液的颜色也会由红棕色逐渐变为灰绿色，此时溶液也会变得不透明，此时代表银立方的生成，随着反应时间的延长，可以得到不同尺寸的银立方。反应时间 8 min 左右时为粒径小的银立方，颜色为灰绿色，反应 10 min 时为稍大的银立方，颜色为棕黄色，反应

15 min 时会更大，并会伴有银线或银棒产生，颜色为土黄或乳黄色，如果时间继续延长，可能会有更多的线产生。此外随着纳米银立方体尺寸的长大，从样品的紫外吸收图谱图 6-4 中也能看到，随着银立方尺寸变大，其紫外吸收图谱上的 435 nm 左右处的主强吸收峰会发生红移，即向长波长移动，而 350 nm 处的肩峰位置变化不大。

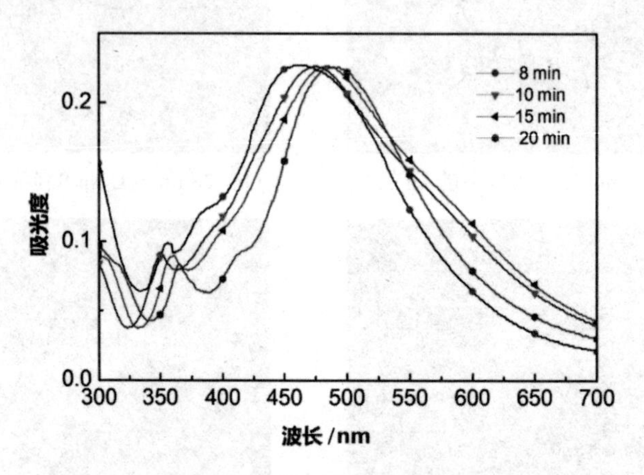

图 6-4　不同反应时间制备的银立方的紫外吸收图谱

6.3.2　ZnO 和 Ag/ZnO 的结构表征

通过 SEM 观察 ZnO 和 Ag / ZnO 样品的形状，如图 6-5 所示。低倍放大图像[图 6-5(a)]清楚地表明所获得的 ZnO 产物具有准球形态，直径 3～5 μm。图 6-5(c)的中等放大图像呈现了单个微球，可以看出 ZnO 微球的表面不光滑并且具有一些孔。对图 6-5(e)的进一步观察表明，微球的壳由许多多边形 ZnO 纳米棒形成。这可以通过破碎的部分[图 6-5(e)的插图]来确认，其显示 ZnO 纳米棒为 1～2 μm 并且在取向上排列。图 6-5 的右图[(b)，(d)和(f)]显示已担载 Ag 纳米立方体的 ZnO 微球的 FESEM 图像。左图和右图中相应图像之间的比较清楚地表明，边长为 40～50 nm 的 Ag 纳米立方体成功地负载在 ZnO 微球上，尽管也观察到少量 Ag 纳米立方体的聚集体。

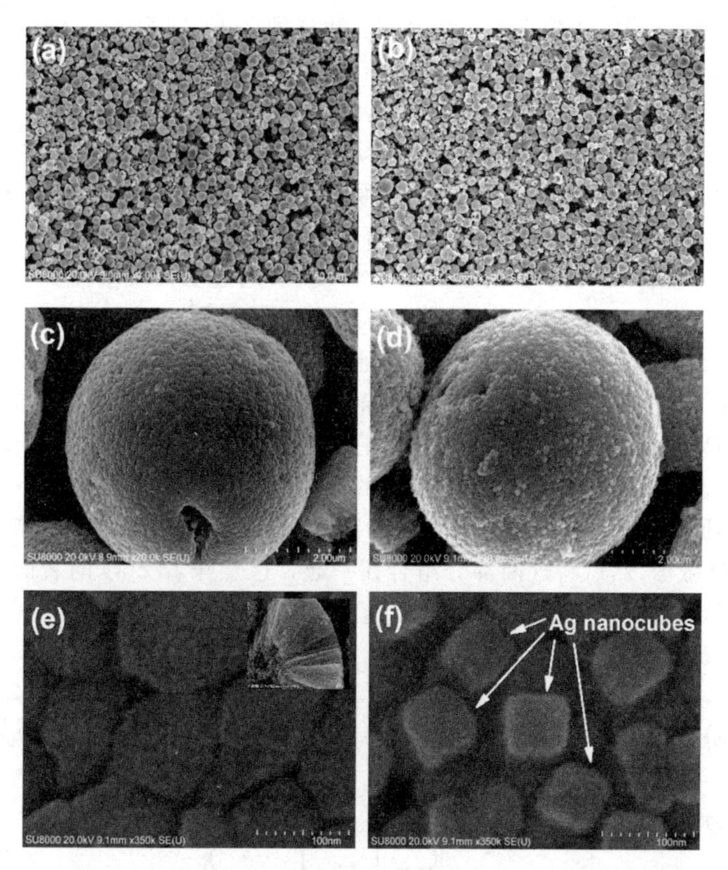

图 6-5　ZnO 和 Ag/ZnO 样品的 SEM 图像：左边的(a)，(c)和(e)是不同放大倍数的 ZnO 图像；右边的(b)，(d)和(f)是 Ag/ZnO 复合材料的图像，其放大倍数与左图相同

通过 XPS 分析了 ZnO 和 Ag/ZnO 复合材料中 ZnO 表面的 Ag 含量及其化学键合状态。利用各原子的灵敏度因子计算了 ZnO 表面的 Ag 含量。结果表明，Ag/ZnO 样品中 Ag 的摩尔含量分别为 0.58%，1.12%，2.01% 和 4.85%。为了进一步分析 Ag/ZnO 空心微球的表面状态，图 6-6 中显示了 1.12 at.%样品的 XPS 曲线。使用 C1s(284.8 eV)的值来校准结合能(BE)。图 6-6(a)的扫描测量光谱中的所有信号可以归属给 Ag，Zn，O 和 C 元素，并且没有出现任何其他元素的信号。C 峰的出现可以归因于 XPS 分析中通常存在的偶然烃污染物。Ag，Zn 和 O 的高分辨率光谱分别如图 6-6(b)，(c)和(d)所示。如图 6-6(b)所示，Ag/ZnO 复合材料中 Ag 的 3d5/2 和 3d3/2 峰分别为 367.1 eV 和 373.2 eV。与单质 Ag 的 3d5/2(368.2 eV)和 Ag 3d3/2(374.2 eV)的标准结合能相比[26]，Ag/ZnO 中 Ag 的 BE 值显著移动到较低值，这是由于 Ag 的电子密度的降低造成的。该结果与先前的研究一致，主要源于电子从 Ag 转移到 ZnO，因为 ZnO 的功函数高于 Ag[27-29]的功函数。在图 6-6(c)中，Ag/ZnO 中 Zn 2p3/2 和 Zn 2p1/2 峰的位置分别约为 1 021.4 eV 和 1 044.5 eV。这两个值与纯 ZnO 几乎相同，表明表面上 Zn 元素的化学状态是 Zn^{2+}。对于 O1s[图 6-6(d)]，可以识别两个峰(530.1 eV 和 531.4 eV)，从而反映 O 物种的两种不同化学状态。530.1 eV 处的峰值与 ZnO 的晶格氧有关，而 531.4 eV 处的峰值可归因于来自表面羟基(OH)的氧。由于活性·OH 主要通过表面羟基捕获空穴而产生。进一步对 O 1s XPS 数据的表面羟基的定量计算结果表明，无论加载多少百分比的 Ag，ZnO 表面的羟基含量都约为 30%。这些结果与我们先前的研究[30]结果不同，其中 ZnO 的表面羟基含量可以通过 Ag 沉积来改变。这种差异可能是由于在本研究和以前的研究中使用了不同的 Ag/ZnO 制备方法。与我们之前的工作中使用的形成 Ag 和 ZnO 复合物的一步合成方法不同，目前 Ag/ZnO 复合材料的制备应首先分别制备 Ag 纳米立方体和 ZnO 微球，然后将这两部分组合在一起。这意味着 ZnO 的表面羟基含量在 ZnO 形成期间已经固定，使得随后的 Ag 纳米立方体的沉积对表面羟基含量的影响较小。

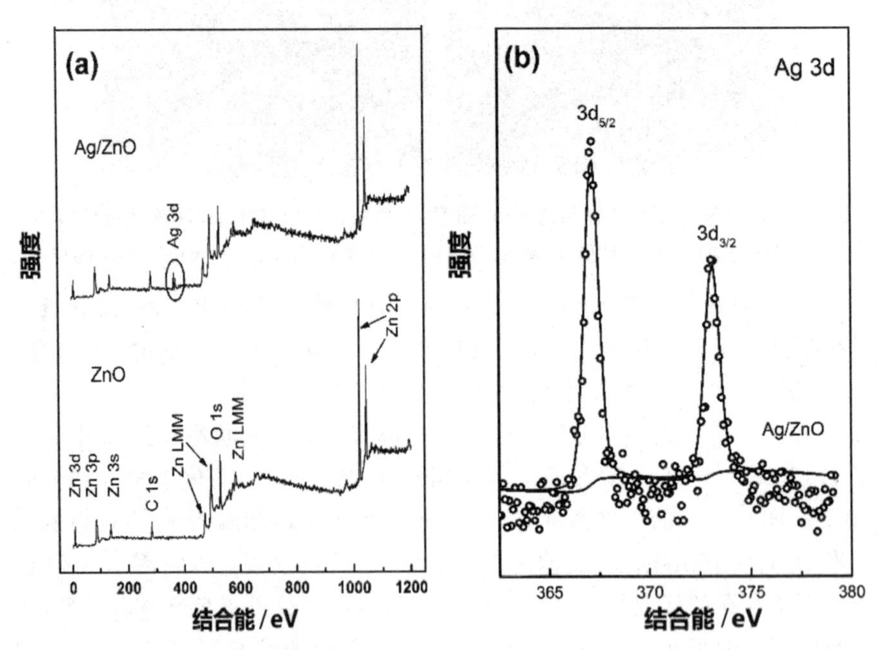

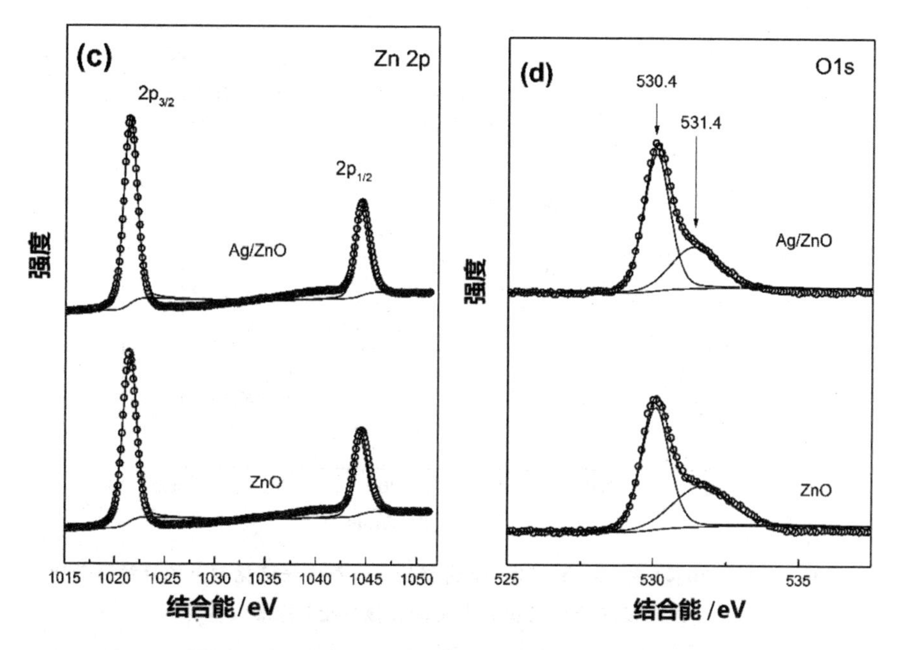

图 6-6　ZnO 和 1.12 at.%Ag/ZnO 样品的 XPS 光谱

(a)完整的全元素光谱;(b)Ag3d;(c)Zn2p 和(d)O1s

6.3.3　降解性能的研究

首先,本书代表性地选择常用的咪唑基离子液体[C_4mim]Cl,以评价不同 Ag 纳米立方体负载量的 Ag/ZnO 复合光催化剂的降解效率。根据图 6-7 的结果,Ag/ZnO 的光降解性能并不随 Ag 含量的增加而单调增加。相对较低的 Ag 含量(<1.12 at.%)时,Ag/ZnO 的光降解活性随着 Ag 含量而增加,其活性按以下顺序增加:ZnO<0.65 at.% Ag/ZnO<1.12 at.% Ag/ZnO。然而,当 Ag 负载量高于 1.12 at.%时,Ag/ZnO 的光降解性能随着 Ag 负载量的增加而降低:1.12 at.% Ag/ZnO>2.01 at.% Ag/ZnO>4.58 at.% Ag/ZnO。基于这些降解结果,最佳 Ag 含量约为 1.12 at.%。然而,无论担载何种百分比的 Ag 纳米立方体,Ag/ZnO 复合材料的降解效率都远高于纯 ZnO。具有不同 Ag 负载的 Ag/ZnO 的光降解效率的差异可能与 ZnO 微球上 Ag 纳米立方体的分布状态有关,这可通过相应的 SEM 来表征(图 6-8)。

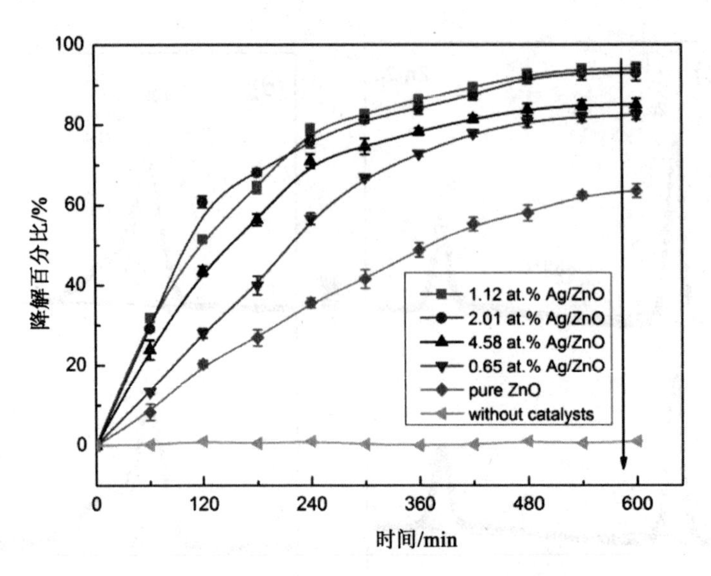

图 6-7 [C_4mim]Cl 在 ZnO 和不同 Ag 含量的 Ag/ZnO 光催化剂上的降解百分比

误差棒表示从三次独立实验计算的±1 标准误差

从图 6-8 可以看出，对于 0.65 at.% Ag/ZnO，Ag 纳米立方稀疏地担载在 ZnO 微球表面上，并且大部分 ZnO 未被 Ag 纳米立方体覆盖。Ag 和 ZnO 之间的这种不充分接触意味着只有激发的 ZnO 在光降解过程中发挥作用，并且在这样低的 Ag 含量下，Ag 纳米立方对 ZnO 半导体的等离子体增强效应不能充分利用。当 Ag 含量增加至 1.12 at.%时，Ag 纳米立方体均匀分布在 ZnO 微球上[图 6-8(b)]。这种合适的分布状态可以保证 Ag 纳米立方和 ZnO 微球都被光激发，等离子体 Ag 纳米立方体可以发挥其独特的作用，从而提高了 ZnO 半导体的降解效率。然而，当 Ag 含量进一步增加到 2.01 at.%和 4.58 at.%时，SEM 图像[图 6-8(c)、图 6-8(d)]显示 Ag 纳米立方体覆盖越来越多的 ZnO 表面甚至一些 Ag 纳米立方体的聚集体开始出现。因此，Ag 纳米立方体的负载量高于最佳值可能会阻挡大部分光到达 ZnO 表面然后激发 ZnO 产生电子-空穴对。这样的结果是，尽管等离子体 Ag 纳米立方体被光完全激发，但是随着 Ag 的过量负载，ZnO 的降解效率开始降低。因此，对于制备的 Ag/ZnO 微球复合光催化剂，最佳 Ag 含量为 1.12 at.%。

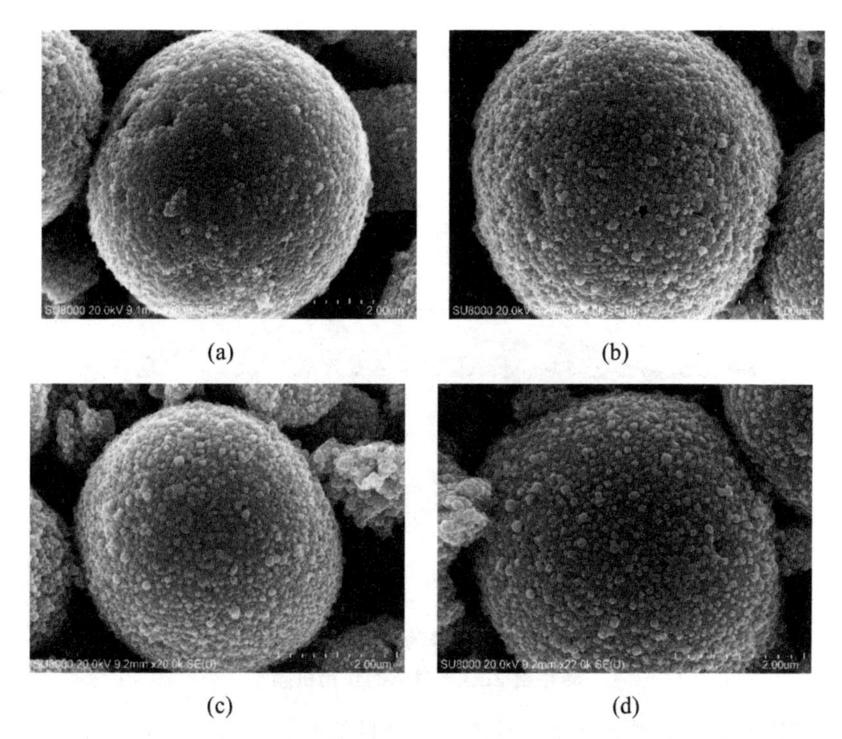

图 6-8　不同 Ag 含量的 Ag/ZnO 的 SEM 图像:(a) 0.65 at.%,(b) 1.12 at.%,(c) 2.01 at.%和(d) 4.58 at.%

Ag 纳米立方体的增强效应可以通过 Ag 纳米立方体的独特 SPR 特性来理解,这可以从所提出的在光照射下热电子从 Ag 转移到 ZnO 的机制中看出(图 6-9)。SPR 指的是入射光诱导的材料中电子的共振,在此过程中,等离子体产生的电子和空穴可以通过带间或带内激发产生[31]。

当 Ag 的 SPR 产生的等离子体电子的能量超过 Ag 和 ZnO 之间的肖特基势垒时,这些电子将注入 ZnO 的导带中,这被称为等离子体激发诱导的热电子注入[32]。随后,这些电子和在 ZnO 半导体中产生的那些电子会迁移到 ZnO 微球的表面,然后被吸附的氧分子捕获[33]。事实上,正如之前的研究报告所述[32],光催化降解过程中的瓶颈并非来自于有机污染物的氧化,因为空穴通常具有足够的氧化能力。相反,光催化性能的限制主要来自于氧的还原,部分原因是没有连续和足够的电子来完成 O 还原的多电子反应($O_2 + 2H^+ + 2e^- \longrightarrow H_2O_2(aq)$, +0.682 V vs SHE; $O_2 + 4H^+ + 4e^- \longrightarrow 2H_2O$, +1.23 V vs SHE)。因此,等离子体电子从 Ag 纳米立方体向 ZnO 的转移克服了光催化氧难于还原这一障碍。

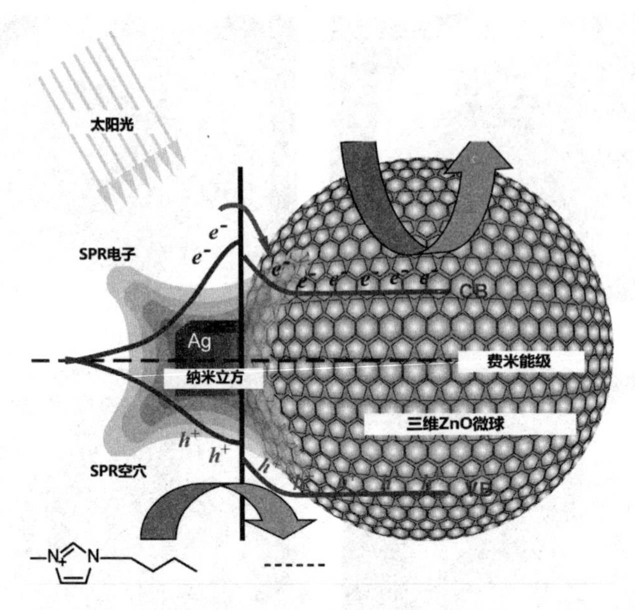

图 6-9　等离子体激元诱导的热电子从 Ag 纳米立方体转移到 ZnO 半导体的作用机制

PL 表征通常用于研究半导体复合材料的电子结构以及光学和光化学性质。此外,可以从 PL 光谱分析其他组分对载体电荷状态的影响,例如捕获、迁移和转移等。因此,PL 光谱的测定(图 6-10)可以验证电子从等离子体 Ag 纳米立方体转移到半导体 ZnO。从图 6-10 可以看出,Ag/ZnO 复合材料的 PL 强度均高于 ZnO。该结果表明在 Ag/ZnO 表面存在比纯 ZnO 更多的累积电子。这是因为在降解溶液中的固体 PL 分析中仅存在少量活性物质(即氧、水分子和有机物质),光生电子和空穴没有便捷的方式从半导体转移到相邻的周围环境以参与反应并彼此分离。结果,这些累积的电子将通过与空穴重新结合发生弛豫而产生 PL 信号,更多电子的存在产生更高的与空穴复合的可能性从而产生更高的 PL 强度。在此基础上,等离子体电子从 Ag 转移到 ZnO,导致 Ag/ZnO 的 PL 强度大于 ZnO 的强度。图 6-10 还显示 1.12 at.% 的 Ag/ZnO 给出最高的 PL 强度。随着 Ag 含量的降低(0.65 at.%),PL 强度仅高于纯 ZnO,但低于其他三种 Ag/ZnO 样品。这种现象可以很容易地理解,因为较低的 Ag 含量意味着较少的等离子体电子产生并转移到 ZnO,因此导致较低的 PL 强度。当 Ag 含量(2.01 at.%和 4.58 at.%)高于 1.12 at.%时,PL 强度开始降低,尽管两者的 PL 强度均高于 0.65 at.%Ag/ZnO 和纯 ZnO。参考图 6-8 中的 SEM 图像,较高 Ag 含量下 PL 强度的降低可归因于 Ag 纳米立方体的过载会阻挡光照射激发

ZnO,并导致ZnO中较少的空穴和电子形成。因此,通过空穴和电子的复合产生的PL信号在较高的Ag含量下降低。此外,发现PL强度的变化趋势(图6-10)与具有不同Ag负载的Ag/ZnO的降解性能(图6-7)非常一致,这证实了Ag纳米立方体的独特等离子体效应提高了ZnO的光降解效率。

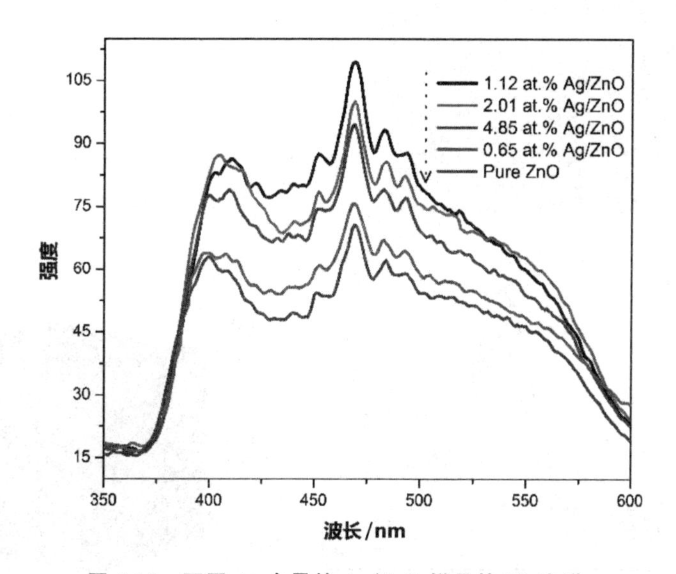

图6-10 不同Ag含量的Ag/ZnO样品的PL光谱

除了热电子注入效应之外,等离子体金属诱导的强烈增强的表面电场对加速半导体中载流子形成速率的影响也在实验上得到证实[34-36]。因此,进一步记录了Ag纳米立方体的LSPR光谱,并且还模拟了等离子体激元诱导的电场分布。

图6-11(a)给出了Ag纳米立方体的SEM图像。图6-11(b)中的曲线为它们在水溶液中的紫外-可见光消光光谱。此外,在不同波长下通过离散偶极近似方法计算的消光,散射和吸收的效率因子如图6-11(b)所示。图6-11(b)中记录的曲线与图6-11(c)中计算的曲线完全一致。更重要的是,根据图6-11(c)可以看出散射效率因子(Q_{sca})远高于吸收效率因子(Q_{abs})。这意味着当光与制备的50 nm Ag纳米立方体相互作用时,入射光子的散射是主要的。这种强烈的散射效应显著增强了Ag纳米立方体附近的电场,特别是在立方体的尖角附近[图6-11(d)]。通常,半导体的吸光度随着电场的强度单调增加[21]。因此,由紧密锚定在ZnO表面上的Ag纳米立方体引起的这种近场增强增加了半导体ZnO中载流子的光学激发并因此增加了电荷的形成速率。总之,Ag纳米立方体的等离子体激发诱导的

热电子注入和近场增强是 ZnO 的光降解效率增强的主要原因。

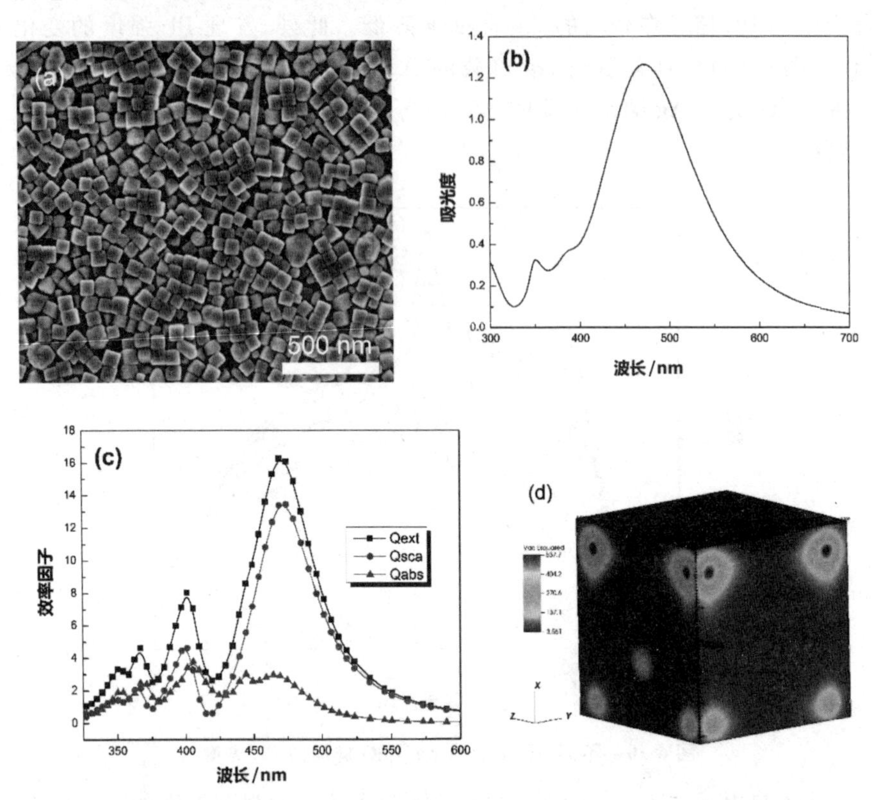

图 6-11　(a)Ag 纳米立方体的 SEM 图像;(b)Ag 纳米立方体的紫外-可见光谱;(c)计算的 50 nm Ag 纳米立方体的消光(Q_{ext}),散射(Q_{sca})和吸收(Q_{abs})效率因子;(d)使用 DDA 方法模拟的电场分布(近场计算是对于在$\pm x$,$\pm y$ 和$\pm z$ 方向上立方体目标延伸 0.1 倍边长长度的体积)

6.3.4　离子液体的降解机制

为了更好地理解 IL 的光降解机理,通过 GC-MS 进行了降解过程中间体和产物的鉴定。作为典型,我们获得了[C_4mim] Cl 的主要降解产物,并列于表 6-1。此外,在图 6-12 中提出了相应的降解机理。

表 6-1　使用 Ag/ZnO 催化剂降解[C_4mim]Cl 的过程中检测到的中间体

中间体	主要碎片 (m/z)	分子结构
b	1-Butylimidazole	82,97,55,41,124
c	Imidazole	68,41,40

续表

中间体	主要碎片（m/z）	分子结构
d	N-butylaldehyde	57,44,43,41,72,32
e	2,4-Imidazolinedione	100,44,72,32,57
f	2,4,5-Trioxoimidazolidine	43,44,114,86
g	Urea	60,42
h	Oxalic acid	61,45,43,31

首先，通过裂解侧甲基，主要将 1-丁基-3-甲基咪唑鎓（a）阳离子转化为 1-丁基咪唑（b）。然后通过破坏侧丁基链将 1-丁基咪唑降解成咪唑（c）和正丁醛（d）。在下一步骤中，咪唑环的 2,4 和 5 位的 H 原子被 OH 基团攻击，从而通过 C2 和 C4 位置的氧化产生 2,4-咪唑啉二酮（e）。随后氧化 C5 位产生 2,4,5-三氧代咪唑烷（f）。随后，当环中的 N3-C4 和 N1-C5 的键断裂时，不稳定的 2,4,5-三氧代咪唑烷（f）被进一步氧化形成脲（g）和草酸（h）。

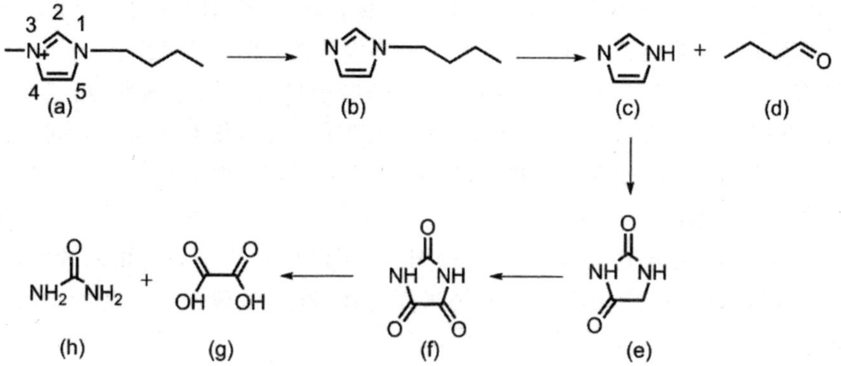

图 6-12　所提出的[C$_4$mim]Cl 在水中的降解机理

上述离子液体的降解途径与先前文献[13－14,37－38]中所阐述的降解机理有所不同。例如，在超声辐射辅助 H_2O_2/CH_3COOH 系统[13]中，超声辅助 Fe/C 高级氧化系统[14]，以及对硼掺杂金刚石[37]的电化学氧化研究中，1-丁基-3-甲基-2,4,5-三氧代咪唑烷是被检测到的主要的降解中间体之一。这意味着在这些降解方法中，首先将 1-烷基-3-甲基咪唑阳离子氧化形成 1-烷基-3-甲基-2,4,5-三氧代咪唑烷基化合物而不裂解其侧烷基，然后随着咪唑环的开环被进一步的降解。然而，[C$_8$mim] Cl 的生物降解[39]和电催化降解[40]表明，首先通过 β-氧化攻击辛基侧链形成 1-羧乙基-3-甲基咪唑盐。在我们的研究中，IL 首先倾向于断裂掉甲基和丁基侧链以产生咪唑。然后将咪唑环进一步氧化，之后打开环以进行进一步的降解。值得注意的是，先前的研究[41−42]已经报道了侧链烷基的碳原子和氮原子之间的C—N键的长度显著长于咪唑环中的C—C和C—N键的长度。这可能表明与骨架环中的C—C和C—N键相比，烷基C—N键的稳定性较低。因此，有利于发生侧链烷基C—N键的裂解，得到b，c和d的中间体化合物。另外，X射线光谱数据[43-45]显示，1-丁基-3-甲基咪唑阳离子中N3—C4和N1—C5的键长明显长于N1—C2和C2—N3。因此，N3—C4或/和N1—C5键将优先断裂形成脲(g)和草酸(h)。

6.3.5 Ag/ZnO对其他离子液体的降解性能评价

此外，除了[C_4mim] Cl之外，我们还选择了七种另外常用的IL的光降解来测试制备的Ag / ZnO光催化剂的降解性能。在这些额外的IL中，[C_4mim] Br、[C_4mim] BF_4和[C_4mim] TfO具有相同的阳离子但具有与[C_4mim] Cl不同的阴离子。另一方面，[C_2mim] Cl、[C_6mim] Cl、[HOC_2mim]和[H_2NC_3mim] Cl具有与[C_4mim] Cl相同的阴离子但不同的阳离子。并且这四种IL可以进一步分为两组：第一组包括[C_2mim] Cl和[C_6mim] Cl，它们在咪唑阳离子的烷基链中具有不同的碳数；第二组包括[HOC_2mim] Cl和[H_2NC_3mim] Cl，是常用的功能化IL。并且通过使用1.12 at.%的Ag/ZnO复合物，这些具有不同阴离子和阳离子的IL的实验光降解结果如图6-13所示。从图6-13中可以看出，无论这些基于咪唑的ILs具有何种阴离子和阳离子，这些IL的降解结果都显示出相似的特征。这些降解试验证实了制备的Ag纳米立方体/ZnO微球光催化剂的高降解效率。

从图6-13可以看出，无论这些研究的咪唑基离子液体具有何种阴离子和阳离子，这些咪唑基的离子液体的降解结果显示出类似的性质。对于具有相同阳离子[C_4mim]$^+$但具有不同阴离子的离子液体[图6-13(a)]，类似降解曲线的背后原因可能是离子液体的光降解主要是通过形成的活性羟基(·OH)攻击咪唑环阳离子开环的方式来完成(参见图6-12中提出的光降解途径)。因此，阴离子对光降解过程几乎没有影响。对于具有相同阴离子Cl^-但具有不同取代基的咪唑环阳离子的离子液体[图6-13(b)]，虽然降解性能不同，其中[HOC_2 mim] Cl和[H_2NC_3 mim] Cl在最初的3 h (180 min)的降解速率要稍微好于其他两种离子液体，但它们的光降解性能并没有明显差异。具有不同取代基的离子液体的这种类似的降解特征可以通过以下事实来解释：在该光降解方法中，咪唑环阳离子的N1位的侧链碳和 N3 位的甲基倾向于首先被攻击和裂解。因此，尽管 N3 位侧碳链的长度和官能团发生了变化，但它们对降解曲线没有明显的影响。

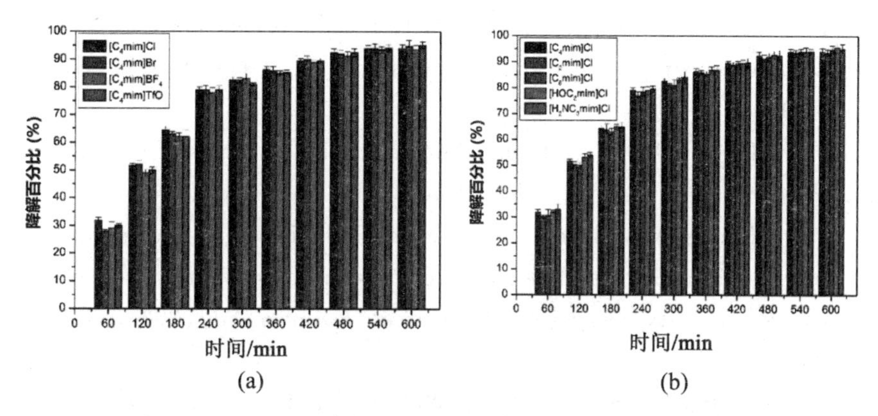

图 6-13　1.12 at.%的 Ag/ZnO 复合催化剂对具有不同阴离子(a)和阳离子(b)的离子液体的光降解结果

6.4　结　论

总之，我们提出了一种由 Ag 纳米立方体和 3D ZnO 空心微球组成的等离子体增强光催化剂降解水中 IL 的策略。基于结构和光谱表征以及光降解性能，Ag 纳米立方体的增强效果可主要归结为两个方面：(1)等离子体诱导电子从 Ag 纳米立方体向 ZnO 的转移促进了 CB 电子对氧的还原从而克服了整个降解过程的限制步骤；(2)Ag 纳米立方体的等离子体效应显著增强了 Ag 和 ZnO 界面区域的电场，从而加速了光生电荷载流子的生成速率，并提高了 ZnO 的光降解性能。此外，基于通过 GC-MS 技术检测的中间体，所提出的降解途径表明侧链烷基链最初被裂解，之后咪唑环被攻击并打开，最终导致咪唑基离子液体的降解。

参考文献

[1] J P Hallett，T Welton. Room-temperature ionic liquids：Solvents for synthesis and catalysis[J]. *Chem. Rev*，2011，111 (5)：3508-3576.

[2] H Weingaertner. Understanding ionic liquids at the molecular level：Facts，problems，and controversies[J]. *Angew. Chem. Int. Ed.*，2008，47

(4):654-670.

[3] D J Couling, R J Bernot, K M Docherty, et al. Assessing the factors responsible for ionic liquid toxicity to aquatic organisms via quantitative structure-property relationship modeling[J]. *Green Chem*, 2006, 8 (1):82-90.

[4] J Pernak, I Goc, I Mirska. Anti-microbial activities of protic ionic liquids with lactate anion[J]. *Green Chem*, 2004, 6 (7):323.

[5] J Ranke, K Mölter, F Stock, et al. Biological effects of imidazolium ionic liquids with varying chain lengths in acute Vibrio fischeri and WST-1 cell viability assays[J]. *Ecotoxicol. Environ. Saf*, 2004, 58 (3): 396-404.

[6] S Stolte, J Arning, U Bottin-Weber, et al. Effects of different head groups and functionalised side chains on the cytotoxicity of ionic liquids [J]. *Green Chem*, 2007, 9 (7):760.

[7] P Thi Phuong Thuy, C-W Cho, Y-S Yun. Environmental fate and toxicity of ionic liquids: A review[J]. *Water Res*, 2010, 44 (2):352-372.

[8] J Ranke, A Mueller, U Bottin-Weber, et al. Lipophilicity parameters for ionic liquid cations and their correlation to in vitro cytotoxicity [J]. *Ecotoxicol. Environ. Saf*, 2007, 67 (3):430-438.

[9] T P T Pham, C-W Cho, J Min, et al. Alkyl-chain length effects of imidazolium and pyridinium ionic liquids on photosynthetic response of Pseudokirchneriella subcapitata[J]. *Journal Biosci. Bioeng*, 2008, 105 (4):425-8.

[10] C-W Cho, T P T Pham, Y-C Jeon, et al. Toxicity of imidazolium salt with anion bromide to a phytoplankton Selenastrum capricornutum: Effect of alkyl-chain length[J]. *Chemosphere*, 2007, 69 (6):1003-1007.

[11] D Coleman, N Gathergood. Biodegradation studies of ionic liquids[J]. *Chem. Soc. Rev*, 2010, 39 (2):600-637.

[12] N Gathergood, M T Garcia, P J Scammells. Biodegradable ionic liquids: Part I. Concept, preliminary targets and evaluation[J]. *Green Chem*, 2004, 6 (3):166-175.

[13] X Li, J Zhao, Q Li, et al. Ultrasonic chemical oxidative degradations of 1,3-dialkylimidazolium ionic liquids and their mechanistic elucidations[J]. *Dalton Trans*, 2007, (19):1875-1880.

[14] H Zhou, Y Shen, P Lv, et al. Degradation of 1-butyl-3-methylim-

idazolium chloride ionic liquid by ultrasound and zero-valent iron/activated carbon[J]. *Sep. Purif. Technol*,2013,104,208-213.

[15] E M Siedlecka,P Stepnowski. The effect of alkyl chain length on the degradation of alkylimidazolium- and pyridinium-type ionic liquids in a Fenton-like system[J]. *Environ. Sci. Pollut. R.* 2009,16 (4):453-458.

[16] E M Siedlecka,W Mrozik,Z Kaczynski,et al. Degradation of 1-butyl-3-methylimidazolium chloride ionic liquid in a Fenton-like system [J]. *J. Hazard. Mater*,2008,154 (1-3):893-900.

[17] L Huang,Y Yu,C Fu,et al. Photocatalytic degradation of imidazolium ionic liquids using dye sensitized TiO_2/SiO_2 composites[J]. *Rsc Adv*,2017,7 (51):32120-32125.

[18] P Calza,G Noe,D Fabbri,et al. Photoinduced transformation of pyridinium-based ionic liquids, and implications for their photochemical behavior in surface waters[J]. *Water Res*,2017,122,194-206.

[19] A Boutiti,R Zouaghi,S E Bendjabeur,et al. Photodegradation of 1-hexyl-3-methylimidazolium by UV/H_2O_2 and UV/TiO_2:Influence of pH and chloride[J]. *J Photoch. Photobio. A*,2017,336,164-169.

[20] X Zhang,Y L Chen,R-S Liu,et al. Plasmonic photocatalysis[J]. *Rep. Prog. Phys*,2013,76 (4):046401.

[21] S K Cushing,J Li,F Meng,et al. Photocatalytic activity enhanced by plasmonic resonant energy transfer from metal to semiconductor[J]. *J. Am. Chem. Soc.*,2012,134 (36):15033-15041.

[22] M Xiao,R Jiang,F Wang,et al. Plasmon-enhanced chemical reactions[J]. *J. Mater. Chem. A*,2013,1 (19):5790-5805.

[23] S Sarina,E R Waclawik,H Zhu. Photocatalysis on supported gold and silver nanoparticles under ultraviolet and visible light irradiation [J]. *Green Chem*,2013,15 (7):1814-1833.

[24] B T Draine,P J Flatau. Discrete-dipole approximation for scattering calculations[J]. *J. Opt. Soc. Am. A*,1994,11 (4):1491-1499.

[25] P J Flatau,B T Draine. Fast near field calculations in the discrete dipole approximation for regular rectilinear grids[J]. *Opt. Express*,2012,20 (2):1247-1252.

[26] C Gu,C Cheng,H Huang,et al. Growth and photocatalytic activity of dendrite-like ZnO@Ag heterostructure nanocrystals[J]. *Cryst. Growth Des.*,2009,9 (7):3278-3285.

［27］ Y Zheng，L Zheng，Y Zhan，et al. Ag/ZnO heterostructure nanocrystals：Synthesis，characterization，and photocatalysis［J］. *Inorg. Chem.*，2007，46（17）：6980-6.

［28］ F Lu，W Cai，Y Zhang. ZnO hierarchical micro/nanoarchitectures：Solvothermal synthesis and structurally enhanced photocatalytic performance［J］. *Adv. Funct. Mater*，2008，18（7）：1047-1056.

［29］ R K Sahu，K Ganguly，T Mishra，et al. Stabilization of intrinsic defects at high temperatures in ZnO nanoparticles by Ag modification［J］. *J. Colloid Interface Sci.*，2012，366（1）：8-15.

［30］ W Lu，S Gao，J Wang. One-potsynthesis of Ag/ZnO self-assembled 3D hollow microspheres with enhanced photocatalytic performance［J］. *J. Phys. Chem. C*，2008，112（43）：16792-16800.

［31］ X Meng，L Liu，S Ouyang，et al. Nanometals for solar-to-chemical energy conversion：From semiconductor-based photocatalysis to plasmon-mediated photocatalysis and photo-thermocatalysis［J］. *Adv. Mater*，2016，28（32）：6781-6803.

［32］ X C Ma，Y Dai，L Yu，et al. Energy transfer in plasmonic photocatalytic composites［J］. *Light-Sci. Appl*，2016，5，e16017.

［33］ H Park，H-i Kim，G-h Moon，et al. Photoinduced charge transfer processes in solar photocatalysis based on modified TiO_2［J］. *Energy Environ. Sci.*，2016，9（2）：411-433.

［34］ Z Liu，W Hou，P Pavaskar，et al. Plasmon resonant enhancement of photocatalytic water splitting under visible illumination［J］. *Nano Lett.*，2011，11（3）：1111-1116.

［35］ I Thomann，B A Pinaud，Z Chen，et al. Plasmon enhanced solar-to-fuel energy conversion［J］. *Nano Lett.*，2011，11（8）：3440-3446.

［36］ L Mohapatra，K M Parida. Dramatic activities of vanadate intercalated bismuth doped LDH for solar light photocatalysis［J］. *Physical Chemistry Chemical Physics*，2014，16（32）：16985-16996.

［37］ A Fabianska，T Ossowski，P Stepnowski，et al. Electrochemical oxidation of imidazolium-based ionic liquids：The influence of anions［J］. *Chem. Eng. J*，2012，198，338-345.

［38］ J Gao，L Chen，Y Y He，et al. Degradation of imidazolium-based ionic liquids in aqueous solution using plasma electrolysis［J］. *J. Hazard. Mater*，2014，265，261-270.

[39] S Stolte, S Abdulkarim, J Arning, et al. Primary biodegradation of ionic liquid cations, identification of degradation products of 1-methyl-3-octylimidazolium chloride and electrochemical wastewater treatment of poorly biodegradable compounds[J]. *Green Chem.*, 2008, 10 (2): 214-224.

[40] E M Siedlecka, S Stolte, M Golebiowski, et al. Advanced oxidation process for the removal of ionic liquids from water: The influence of functionalized side chains on the electrochemical degradability of imidazolium cations[J]. *Sep. Purif. Technol*, 2012, 101, 26-33.

[41] J D Andrade, E S B? es, H Stassen. Computational study of room temperature molten salts composed by 1-Alkyl-3-methylimidazolium cations-Force-field proposal and validation[J]. *J. Mater. Chem. B*, 2002, 106 (51): 13344-13351.

[42] P B Hitchcock, R J Lewis, T Welton. Vanadyl complexes in ambient-temperature ionic liquids. The first x-ray crystal structure of a tetrachlorooxovanadate(IV) salt[J]. *Polyhedron*, 1993, 12, 2039-2044.

[43] J Dupont, P A Z Suarez, R F De Souza, et al. C-H-pi interactions in 1-n-butyl-3-methylimidazolium tetraphenylborate molten salt: Solid and solution structures[J]. *Chem. Eur. J*, 2000, 6 (13): 2377-2381.

[44] T I Morrow, E J Maginn. Molecular dynamics study of the ionic liquid 1-n-butyl-3-methylimidazolium hexafluorophosphate[J]. *J. Mater. Chem. B*, 2002, 106 (49): 12807-12813.

[45] A Elaiwi, P B Hitchcock, K R Seddon, et al. Hydrogen bonding in imidazolium salts and its implications for ambient-temperature halogenoaluminate(III) ionic liquids[J]. *Dalton Trans*, 1995, (21): 3467-3472.

第7章 IL-H_2O两相体系三角形Ag纳米片的制备及在抗菌与SERS中的应用

7.1 引 言

自20世纪80年代诞生以来，纳米科学技术的发展日新月异，并已经渗透到日常生活和科学研究的方方面面，但随着人们对环境保护的日益关注，近年来无论在纳米材料的合成、纯化、改性、功能化还是在其应用过程中都引入了绿色的概念。如在合成过程中，尽量使用无毒无害的原材料和绿色替代溶剂如离子液体(Ionic Liquids，IL)和超临界流体等，在常温下合成或使用超声、微波场加热，采用高产率且易控制的合成方法；在纳米粒子的纯化过程中，避免使用大量的有毒溶剂；而对纳米材料的改性和功能化，尽量采用生物相容性的分子；对某一特定的应用，尽量选用含有无毒元素的纳米材料；所使用的纳米材料应易于回收和重复利用，而对难于回收的纳米材料应选用那些易于降解为无害物质的材料。

离子液体作为一种新型的绿色介质表现出了许多优异的性能，例如：(1)液态温度范围宽，从远低于室温到300 ℃范围内稳定存在，具有良好的物理化学稳定性；(2)几乎没有蒸汽压，不易挥发，通常无色无臭，无可燃性；(3)对很多无机物和有机物都具有良好的溶解能力，且具有介质和催化剂的双重功能，可作为反应溶剂和催化剂的活性载体；(4)具有较大的极性可调节性，可以形成两相或多相体系，适合作为分离溶剂或构成反应-分离耦合体系；(5)电化学稳定性高，电化学窗口宽，可以达到4 V以上，可以作为电化学反应介质或电池电解质；(6)配位能力弱而极化能力强，因此可以极好地吸收微波，用于反应体系的快速升温。同时，离子液体的性质可以通过不同的阴阳离子配伍组合来进行优化调节。基于这些特点，离子液体在纳米材料的绿色合成中已经得到广泛的应用和关注[1-3]，如应用于离子热合成[4-35]，作为溶剂[36-41]、模板剂[19,37,39-40,42-52]、共模板剂[36,53-54]用于纳米多孔材料[37,55-59]及介孔材料[60-62]如分子筛[5,18,22,34,63-65]和沸石[7,25,33]的合成、与微波结合用于微波加热合成纳米材料[65-78]、在离子液体中原位合成金属纳米材料并用于催化反应(如[79-83])、制备一维纳米材料[84-92]等。

7.1.1 IL 在不同形貌金属纳米粒子的制备及离子热合成中的应用

7.1.1.1 IL 在制备不同形貌金属纳米粒子中的应用

Kim 等[93]以 $HAuCl_4$ 和 $Na_2Pt(OH)_6$ 为前驱物通过 $NaBH_4$ 还原，并以具有硫醇功能团的咪唑基室温离子液体为稳定剂的方法，合成了 Au 和 Pt 纳米粒子；改变室温离子液体中硫醇的数量和位置可以合成出面心堆积的不同尺寸的 Au(2.0～3.5 nm)和 Pt(2.0～3.2 nm)纳米粒子；该研究小组[94]还在 $HAuCl_4$ 水溶液中加入离子液体 N-(2-Hydroxyethyl)-N-Methyl Morpholinium Tetrafluoroborate([HEMMor][BF_4])的方法“一锅”合成出 Au 纳米粒子，离子液体同时作为还原剂和保护剂，简化了 Au 纳米粒子的制备过程。

Itoh 等[95]在含有硫醇官能团的咪唑基离子液体 3,3-[Disulfanylbis (Hexane-1,6-Diyl)]-Bis(1-Methyl-1H-Imidazol-3-Ium) Dichloride 的水溶液中合成出粒径大小为 5 nm 的离子液体稳定的 Au 纳米粒子。通过加入 HPF_6 改变离子液体的阴离子结构(部分 Cl^- 被交换)，即可实现离子液体修饰的 Au 纳米粒子表面由亲水性到疏水性的转变，从而使 Au 纳米颗粒在水中团聚(Aggregation)，其表面等离子共振吸收峰红移变宽。并且，通过改变阴离子(Cl^- 到 PF_6^-)，离子液体修饰的纳米 Au 可以完全地从 H_2O 相转移到[C_4mim][PF_6]离子液体相。

Wei 等[87]在不添加含有巯基和氨基官能团物质的情况下，加入阳离子表面活性剂十四烷基三甲基溴化铵(TTAB)使 Au 纳米颗粒或 Au 纳米棒完全从 H_2O 相溶液转移并很好地分散在[C_4mim][PF_6]离子液体相中。作者认为，离子液体与醇相似的极性[96]及其离子性是能够实现完全相转移的原因[97]。

Li 等[98]在不加任何还原剂的条件下，利用微波加热分解 $HAuCl_4$ 的方法在[C_4mim][BF_4]离子液体中合成了较大尺寸(30 μm)的单晶 Au 纳米片(利用乙醇稀释后离心表征)。反应过程中离子液体不但作为微波的吸收介质，并且由于离子液体的有序结构，其同时起到了模板剂的作用。而 Kawasaki 等[99]则通过热分解的方法在双组分离子液体[C_4mim][PF_6]和[C_8mim][PF_6]中合成了微米直至毫米级的 Au 纳米片。

Guo 等[100]采用在离子液体中利用 CO 和 H_2O 首先羰基化 $HAuCl_3$ 然

后再还原的方法制备了 Au 纳米粒子。

Tatumi 等[101]在甲醇溶液中利用 $NaBH_4$ 还原 $HAuCl_3$ 制备了 zwitter-disulfide 型离子液体功能化的纳米 Au(2.5 nm 左右)。这种离子液体稳定的 Au 纳米粒子在高浓度的电解质溶液、离子液体以及蛋白质水溶液中表现出了非常高的稳定性。

Wang 等[102]在层状或六方相的 P123-H_2O 体系中加入[C_4mim][PF_6],[C_8mim][PF_6]或[C_{16}mim]Cl 离子液体作为 capping 试剂,合成出了 Au 纳米片和纳米带。

Batra 等[103]通过 UV 照射聚合的方法制备了 Au-poly(Ionic Liquid)(1-Decyl-3-Vinylimidazolium Chloride,[C_{10}VIm$^+$][Cl^-])纳米复合聚合物(Bottom-up Nanophotonic Materials)。由于高度有序的结构,Au 粒子间的相互作用使得其表面等离子体共振吸收峰出现在近红外区,而当这种复合聚合物浸湿乙醇后,Au 粒子间的距离增大相互作用减弱,使得其吸收峰又回到 527 nm 左右。

Bhatt 等[104]通过动力学或者热力学的控制在离子液体中成功地制备了 Au 和 Ag 的团簇、纳米颗粒和纳米线。

Jin 等[105]采用超声化学法在具有硫醇官能团的咪唑基离子液体[93]中以 H_2O_2 为还原剂制备了粒径为 2.7±0.3 nm 的 Au 纳米粒子,研究发现 Au 原子与离子液体中的硫醇基团之间的摩尔比对 Au 纳米粒子粒径的大小及其分散程度有很大的影响。

Schrekker 等[106]在含酯基咪唑类离子液体中用联氨还原 $HAuCl_4$ 获得 Au 纳米粒子(采用丙酮稀释,离心,真空干燥后表征),离子液体在 Au 纳米粒子之间起着空间位阻作用,阻止了 Au 纳米粒子的团聚,确切地说是离子液体中的咪唑阳离子起着电子体阻隔的稳定化作用。

Ryu 等[107]利用种子法(Seed-Mediated Method)在离子液体 1-Ethyl-3-Methylimidazolium Ethylsulfate ([EMIM][ES])中合成了 Au 纳米棒(前躯体有 Ag^+ 的存在),离子液体不但作为溶剂而且由于离子液体在 Au 的不同晶面上的吸附能力不同,离子液体同时起到了结构导向剂的作用。作者认为离子液体的作用类似于 CTAB 在水中的作用,但比 CTAB 的生物相容性要好。

利用光还原作用,Chen 等[108]在四烷基铵的离子液体中利用 Gamma 射线照射的方法合成了粒子尺寸可控的 Au 纳米粒子。Soejima 等[109]在离子液体-水([C_4mim][PF_6]-H_2O)两相界面通过光照还原的方法制备了超薄的 Au 纳米片。Zhu 等[110]在纯离子液体中通过光诱导实现了 Au 纳米粒子的各相异性生长。Kimura[111]通过激光照射在离子液体中制备了 Au

纳米粒子。

此外Ren等[112]考察了离子液体阴离子对制备Au纳米粒子形貌和颗粒大小的影响；Ren等[113]在醇基离子液体中制备了八面体的纳米Au；Okazaki等[114-115]利用离子液体[C_4mim][PF_6]在真空下几乎没有蒸汽压的特点通过真空激射溅射沉积(Sputter Deposition)技术制备了金属(Au等)和合金(Au-Ag)，溅射出的金属原子直接沉积在离子液体中，再通过聚融生成纳米颗粒；Li等[116]通过溶解在离子液体中的纤维素还原的方法制备了Au的微米颗粒；Gao等[117]在离子液体中合成了单晶的纳米Au和微米Au纳米片，其中离子液体不但起到溶剂的作用而且起到还原剂和模板的作用；Dinda等[118]则利用抗坏血酸基的离子液体作还原剂制备了准球形和各相异性的Au纳米离子。

Wang等[119]利用离子液体的高温稳定性和低蒸汽压的特点，以[C_4mim][Tf_2N]离子液体为反应介质(溶剂)，以Pt(acac)$_2$和Co(acac)$_3$为前驱物，用十六烷基三甲基溴化铵(与[C_4mim][Tf_2N]结构相似，所以十六烷基三甲基溴化铵在[C_4mim][Tf_2N]中溶解度较大)为Capping试剂，在350 ℃下，通过调控Pt(acac)$_2$ ∶ Co(acac)$_3$ ∶ CTAB之间的比例直接制备出的CoPt纳米颗粒或纳米棒，但团聚较厉害；离子液体对形貌的作用机理不清楚，只与三辛胺为溶剂时作了对比。

Chen等[120]研究了离子液体稳定的Pd纳米粒子在水-空气界面的2D自组装结构和电催化除氧性能，作者认为这种自组装结构来源于离子液体之间的$\pi-\pi$相互作用和H键相互作用。

目前，关于在离子液体中制备其他非贵金属纳米粒子的研究报道主要集中在Fe、Ni、Co等纳米粒子。Migowski等[121]在离子液体([C_1C_xim][NTf_2]，x=4,8,10,14,16)中通过加热分解有机镍的化合物双(1,5-环辛二烯)镍制得Ni纳米粒子，该纳米粒子在相对温和的条件下可作为催化烯烃加氢反应的高活性催化剂。该研究小组[122]又在离子液体[C_4mim][BF_4]、[C_4mim][PF_6]和[C_4mim][CF_3SO_3]中制备5.0～6.0 nm的Ni纳米粒子，离子液体起稳定剂的作用，XRD表征显示这些纳米粒子被离子液体包裹从而阻止了纳米粒子的凝聚，EX结果表明由于Ni纳米粒子与离子液体相互之间的空间位阻及静电作用而被离子液体以帽层的形式环绕，TEM和SAXS的结果也证实了它们之间的相互作用。Larionova等[123]报道了在离子液体[C_4mim][BF_4]与金属铬络合物的共同作用下制备出Ni纳米粒子。结果发现离子液体不但作为制备Ni纳米粒子的溶剂，同时起到了稳定剂的作用。离子液体和Ni纳米粒子之间形成很强的氢键，从而很好地稳定了Ni纳米粒子。

Gutel 等[124]研究发现离子液体中制备的 Ru 纳米粒子粒径的大小与离子液体的阴阳离子结构有关，阴阳离子体积小则制备的 Ru 纳米粒子粒径小，反之粒径则大。

Redel 等[125-126]根据离子液体低蒸汽压和高温热稳定性的特点，利用在[C_4mim][BF_4]、[C_4mim][O_3SCF_3]和[BtMA][$N(O_2SCF_3)_2$]离子液体中加热或光照的方法分解羰基化合物 $M(CO)_6$(M=Cr，Mo，W)制备了尺寸可控的 Cr，Mo，W 纳米粒子，研究发现金属粒子的尺寸随着离子液体阴离子体积的增大而增大。

Dupont 等[127]在 Ar 气保护的情况下，在离子液体[C_{10}mim][FAP]（1-N-Decyl-3-Methylimidazolium Trifluoro-Tris-(Pentafluoroethane) Phosphate）和[C_{10}mim][NTf_2]中 150 ℃热分解 $Co_2(CO)_8$ 制备了尺寸分别为 53±22 nm 和 79±17nm 的 ε-Co 纳米立方体，并考察了其磁性和催化性质。作者认为，Co 立方体的形成和离子液体的自组装(Self-Organization)性质密切相关。

7.1.1.2 IL 在离子热合成中的应用

"离子热"合成法是以离子液体替代传统溶剂进行多孔材料合成的一种新方法，由于离子液体具有传统溶剂无法比拟的优势，使得该方法在合成多孔材料方面显现出了一些很有吸引力的特点：(1) 离子液体具有较高的稳定性和可以忽略的蒸汽压，这使得反应温度在 100 ℃以上时，反应仍可在常压容器中进行，同时也扩大了分子筛合成的晶化温度范围(可以在超过 200 ℃的温度下进行合成)，有可能在高温下得到新的分子筛结构。(2) 离子液体表面张力很低，这使得它可以很好地与其他物相相融，可以作为反应的溶剂。(3) 离子液体具有有机阳离子，可以为无机骨架结构提供所需的阳离子，在合成过程中起结构导向剂的作用。(4) 离子液体作为离子态化合物具有很高的极化性，是很好的微波吸收体。这为微波技术与离子热合成相结合，更高效、更环保的合成分子筛提供了条件。(5)离子热合成在无水或有微量水的条件下进行，有利于无机材料的合成，在这种条件下可以避免氢氧化物以及一些无定形物的生成。(6) 由于离子液体在液态下可以通过氢键形成较好的结构体系，这种组织良好、长程有序离子液体的结构为分子识别和自组装过程提供了条件，有利于形成有序的分子筛骨架[35]。(7) 离子液体种类很多，通过改变离子液体的分子结构，可以得到不同种类的分子筛结构。

目前，离子热合成分子筛的研究还处于起步状态，加之离子热合成体系的复杂性，使得对其机理的研究还不是很深入。但已有研究表明[5]，长烷基链长(烷基链长>2)的[$C_x$mim]Br,在矿化剂 HF 的作用下,会转化成为 1,3-二甲基咪唑离子,虽然这种转化是少量的,但这种 1,3-二甲基咪唑离子在离子热合成中却起到了模板剂作用,促进了 CHA 结构磷酸铝分子筛的生成。而[C_2mim]Br 离子液体的阳离子在合成中是完整地直接进入 SIZ-4(CHA)结构中的。

Cooper 等[33]用室温离子液体和共晶混合物制备出了磷酸铝沸石,用咪唑基的室温离子液体作为溶剂和模板,在不同的实验条件下合成了 4 种不同的网状结构。由于室温离子液体的蒸气压可以忽略,所以合成过程可以在常压下进行,这比水热条件下的高压合成要安全得多,且室温离子液体可以回收利用。作者认为,室温离子液体不仅作为溶剂可以完全溶解反应物,而且提供了无机框架所需要的阳离子,该阳离子和网状框架之间相互作用起到一种强烈的模板效应,最终促进了沸石结构的形成。此外,研究发现,用室温离子液体作为溶剂和模板得到的沸石结构和用传统的水热方法得到的沸石结构是不同的,通过改变溶剂的分子结构,可以得到不同种类的沸石,并有可能设计新型的沸石结构。这种用室温离子液体和共晶化合物作为溶剂和模板的“离子热”(Ionothermal Approach)方法将开辟一条制备各种未知结构材料的新途径。

随后,作者[9]利用离子液体作为溶剂和结构导向剂,合成了一种层状磷酸铝盐,层厚 1.35 nm,化学组成为 $Al_4(OH)(PO_4)_3(HPO_4)(H_2PO_4)^-$,是具有负电荷的磷酸铝盐层。作者认为,合成中除磷酸引入少量的水外,体系是无水的,此条件下离子热合成有利于这种结构不连续的磷酸铝盐的生成,若向体系中加入适量的水则有利于 Al—O—P 键的形成,从而形成分子筛。离子热合成法不仅能合成磷酸铝分子筛,还适用于合成杂原子取代的磷酸铝分子筛。

2005 年,Xu 等[34]在[C_2mim]Br 离子液体体系中合成了硅取代的磷酸铝分子筛(SAPO-11)和一种未知结构的晶体。随后,Parnham 等[10]在[C_2mim]Br 离子液体体系中合成了三种具有不同结构的含钴的磷酸铝分子筛,其结构分别为 AEI 结构、SOD 结构和一种新结构。

离子液体作为离子态化合物具有很高的极化性,是很好的微波吸收体,将微波技术与离子热合成法相结合有利于提高晶化速率。2006 年,Xu 等[22]将微波技术应用到离子热合成法中,在[C_2mim]Br 离子液体体系下,常压下以 $Al[OCH(CH_3)_2]_3$ 为铝源,在微波加热下合成了 AEL 结构磷酸铝分子筛,极大提高了晶化速率和产物的选择性。此外,作者还在[C_2mim]Br 离子液体体系下,微波加热合成了 AEL 和 AFI 结构晶体的混合物,进一步说明离子液体的不同可以导致产物结构的不同,离子液体在合成中既是溶剂又起到了模板剂的作用。Lin 等[16]也在微波的作用下，在离子热合成体系中合成了具有阴离子的有机金属骨架结构。

Wang 等[21]考察了有机胺对离子液体[C_2mim]Br 中合成分子筛的影响，发现有机胺的加入可以影响晶化趋向，改善晶化反应的选择性，从而得到纯的 AFI 结构，而且在添加有机胺的条件下，在 280 ℃下晶化 3 h 得到了 ATV 结构的磷酸铝分子筛。Morris 等[5]在封闭的高压釜中，研究了[C_2mim]Br 中烷基链长对合成磷酸铝分子筛的影响，并对反应的机理进行了探讨。

此外，马英冲等以离子液体[C_2mim]Br 盐为溶剂合成了方钠石结构，在合成中，离子液体只作为溶剂而没有起到模板剂的作用。但这是将离子液体用于合成硅铝系分子筛的第一个研究结果，说明将离子热合成法用于合成磷酸铝系分子筛以外的其他分子筛的合成是完全有可能的。

王磊等[21]通过对比[C_2mim]Br 和[C_4mim]Br 离子液体中磷酸铝分子筛的合成结果发现，阳离子半径较大的[C_4mim]Br 能够促进较大孔径(十二元环)的 AFI 型磷酸铝分子筛的形成，而[C_2mim]Br 离子液体中合成出来的是具有较小孔径(十元环)的 AEL 型磷酸铝分子筛。这说明在离子热合成分子筛过程中离子液体阳离子起到结构导向作用。另外他们在离子热合成分子筛的过程中添加了有机胺，研究表明，有机胺的加入能够改变分子筛的晶化曲线，有利于得到不同结构的纯相磷铝分子筛(AFI 或者 AEL)，作者认为有机胺与离子液体阳离子形成氢键，共同促进分子筛结构的形成。

7.1.2 本研究的提出和意义

从前面的研究进展可以看出，离子液体由于其独特的物理化学性能在无机纳米材料的合成中得到了广泛的应用[128-129]，总的来说，其在无机合成领域所表现出的特点有：(1)离子液体中阳离子和阴离子之间通过扩展的氢键即杂原子一氢键相连，从这个意义上来说，离子液体被认为是“超分子”溶剂：一个阳离子至少被三个阴离子包围，同样一个阴离子周围也至少有三个阳离子，其三维结构则通过咪唑环的 $\pi-\pi$ 堆积形成[128]。这种三维结构内部存在着相对独立的由烷基链构成的非极性区域和由阴离子构成的极性区域[130]，这使得离子液体有着良好的溶解有机物、无机物和聚合物等不同极性的物质的能力——非极性物质倾向于溶解在非极性区域内，而极性物质倾向于溶解在极性区域内。(2) 离子液体虽然有极性，但却拥有较低的表面张力，这将有利于成核速率的提高，并且可以降低 Ostwald 熟化的程度，从而可以形成粒径相对较小的纳米粒子；另外离子液体和材料晶面之间所形成界面的界面张力中含有较高的色散力成分，可以有效地提高各个晶面之间能量的差异，这将有利于形成各向异性的纳米材料。(3) 离子液体内部三维结构的存在，使得离子液体可以同时作为溶剂和结构导向剂来“熵驱动”自发地形成组织良好、长程有序的纳米结构，如分子筛、有机-无机杂化结构等。(4)离子液体可以在纳米材料的表面形成一种静电保护层来阻止纳米粒子的团聚。当构成离子液体的阳离子或阴离子含有长链的烷基时，其空间位阻效应也可以起到稳定所包覆的纳米粒子的作用。此外根据所选择的离子液体的不同，可以调节所制备的纳米材料是亲水性的(如使用含有羧基等具有高电荷性的极性功能团的离子液体)或者是憎水性的(如使用含有较长的烷基链或全氟化的基团的离子液体)。(5)大多数离子液体蒸气压力极低并且具有不可燃性，这使得反应可以在较高的温度下安全进行，并且使在真空条件下的反应成为可能。(6) 离子液体具有良好的热稳定性，可以在很宽的温度范围内保持稳定，这种稳定性与阳离子和阴离子的结构和性质密切相关，可以使反应在 100 ℃以上的非压力容器中进行，有利于无机材料的合成。(7)在使用离子液体的材料合成过程中不需要额外加入辅助性的物质，如溶剂、稳定剂和分离试剂等。

因此，离子液体在无机合成中的应用不仅体现在其绿色性方面，更重要的是，可以根据需要，通过阴阳离子的调配或功能化调节离子液体的性质。但离子液体的这一特点在无机纳米材料的合成中并没有得到充分的应用。在大量的关于离子液体参与或辅助合成纳米材料的报道中，离子液体往往仅起到溶剂或类似于表面活性剂所起到的模板剂、稳定剂的作用。另一方面，离子液体参与或辅助的纳米材料的合成方法和传统的溶液法相比，其在对纳米粒子的控制，特别是形貌和分散性等方面相对不足。以金纳米棒的合成为例，传统的种子法对纳米棒的纵径比和分散性的控制已经相当成功[131]，而在使用离子液体为溶剂或替代十六烷基三甲基溴化铵作为结构导向剂的合成中，不仅金纳米棒的形状不规则，而且在纳米棒纵径比和分散性的控制方面也都不是很理想[132-133]。因此，如何充分利用和发掘离子液体的可设计性，进而用于制备形貌和尺寸可控的纳米材料仍然需要深入研究。

通常来说由某一结构的晶种进一步生长，最终形成具有一定形貌的纳米粒子的过程，可以通过热力学或动力学的方法来控制。热力学方法主要基于使体系的总能量最小化。其主要原理是：离子、小分子或高分子化合物等“结构导向剂”在晶体的某些晶面的吸附能力远大于其他晶面，从而降低了这些强吸附晶面的比表面 Gibbs 自由能，从而使那些能量相对较高的晶面上原子堆积生长的速度较快，最终使这些高能量的晶面减少甚至消失[134]。动力学方法主要是通过控制金属原子产生的速率及其在晶种表面堆积的速度来控制纳米粒子的形貌，所形成的纳米粒子通常不受热力学能量最低原理的限制而含有能量相对较高的晶面[135−136]。因此，动力学方法具有形成各种形貌新颖、性质独特的纳米粒子的巨大潜力，通常情况下，可以通过下列方式来实现：(1)调节前驱物的浓度[137−138]；(2)改变还原剂的强弱[139−141]；(3)采用还原-氧化耦合即通过在反应体系中引入具有氧化作用的“刻蚀剂”，如 Cl^-/O_2，Fe^{3+}/Fe^{2+} 和 Cu^{2+}/Cu^+[142−144]；(4)利用非常慢的 Ostwald 熟化[145]。它们的实质都是为了改变零价金属原子的产生速率。然而，在通过改变制备条件改变反应速率的同时，也使得整个反应体系变得非常复杂而难以控制最终产品的形貌。例如，在改变前驱物的浓度或反应温度的同时，也可能引起反应体系热力学因素的改变，最终影响到纳米粒子的成核和生长。因此，如何更好地实现动力学控制来制备纳米材料，仍然是一项非常具有挑战性的工作。离子液体-水两相体系能够提供一种纳米材料动力学控制合成的新平台。

离子液体-水两相合成体系中，反应前驱物分别溶解于离子液体相和水相，它们必须扩散到界面层才能发生反应而形成纳米粒子。对大多数离子液体来说，常温下其黏度较水和有机溶剂的黏度大得多，一般在 10～1 000 cP 之间。以常见的离子液体$[C_4mim]PF_6$ 为例，20 ℃时其黏度达到 371 cP，而同温下，水和正辛烷的黏度分别为 1.01 cP 和 0.542 cP。研究表明[146−147]，物质在离子液体中扩散传输系数与离子液体的黏度之间同样遵循下列 Stokes-Einstein 方程：

$$D=\frac{\kappa_B T}{6\pi\eta r}$$

式中，D 为扩散系数，κ_B 为 Boltzmann 常数，T 为绝对温度，η 为介质的黏度，r 为溶质的半径。从中可以看出，物质在离子液体中的扩散速度与离子液体相的黏度成反比。由于离子液体的黏度主要决定于离子液体形成氢键的能力和离子液体间范德华作用力大小，因此离子液体的黏度可以通过组成离子液体的阳离子和阴离子的结构进行调节(参考文献)。例如[148]，当阴离子为 PF_6^-，随着咪唑阳离子中烷基链的增长，离子液体的黏度也相应增大：$[C_4min]PF_6$(371 cP)＜$[C_6min]PF_6$(690 cP)＜$[C_8min]PF_6$(866 cP)；当阳离子相同，而阴离子改变时，离子液体的黏度也发生变化：$[C_4min]PF_6$(371 cP)＞$[C_4min]BF_6$(154 cP)＞$[C_4min]Tf_2N$(52 cP)。结构的改变可以引起离子液体黏度的显著变化，因此在设计一系列结构不同的离子液体的基础上，通过控制前驱物向界面层的扩散传输性能，达到动力学控制纳米粒子生长的目的。

此外，离子液体-水界面层中，离子液体和水之间主要为电荷-偶极相互作用，这要比有机溶剂-水两相界面层中有机分子和水分子之间的偶极-偶极相互作用强得多，必然会对两相界面的性质产生重要影响。离子液体-水两相体系的界面性质，如界面张力、界面层的厚度以及两相界面层离子液体和水的互溶程度等，和有机溶剂-水的界面性质相比有显著差异。例如，辛烷-水的界面张力为 51.2 mN^{-1}，$[C_4mim]PF_6$-H_2O 界面张力仅为 10 mN^{-1}，离子液体-水的界面张力显然要低得多。此外，由于离子液体的吸潮性，其和水形成的两相界面层的厚度要大于有机溶剂-水两相体系的，也即由离子液体相向水相有较宽的过渡区，并且界面层中的离子液体和离子液体相并不直接相连而是被水分子包围，同样界面层中的水分子也被离子液体包围而和水相也不直接相连[149]。

上述这些重要的特点，必将对离子液体-水两相体系中纳米材料的成核、生长和最终的结构和形貌产生重要的影响。这需要在充分利用离子液体的可设计性的基础上进行详细的考察和深入的研究。

此外，由于金属纳米粒子的小尺寸效应、表面效应、量子尺寸效应和宏观量子隧道效应等使得它们在磁、光、电、敏感等方面呈现出块状材料所不具备的特性。因此金属纳米粒子不但在传统领域如催化、电子器件、信息存储等方面而且在新兴领域如非线性光学器件、生物传感、微区成像、单分子检测以及医药等方面具有巨大的应用潜力[150−159]。在某种特定的应用中，人们往往要求金属纳米粒子具有某种特定并且精确可控的性质；而金属纳米粒子的性质又是由其尺寸、形状和结构（实心或中空）等参数所决定的。原则上讲，通过调整某一参数就可以达到控制金属纳米粒子某种性质的目的，但这种性质的变化范围和弹性却可能仅对某一项参数特别敏感。例如，对限域表面等离子体共振（Localized Surface Plasmon Resonance，LSPR）来说，理论和实验都证明，Au 和 Ag 纳米粒子的形状在决定 LSPR 峰的数量，位置和强度等方面起到决定性的作用[160−161]。因此在基于 LSPR 的表面增强拉曼光谱（Surface Enhanced Raman Spectrocopy，SERS）和生物传感应用方面，金属纳米粒子的形貌就起到更为重要的作用。在催化方面，已经证明金属纳米粒子的催化活性主要是由其尺寸决定的，然而其选择性则主要由其形状即原子在晶体表面的排列方式所决定的[162−164]。例如，立方型 Pt 的六个晶面全部为大括号（100）面，而立方八面体 Pt 的晶面由八个（100）和八个（111）共同组成，虽然和块状的 Pt 催化剂相比，它们催化苯环加氢的转化率都提高了三倍左右，但其加氢的选择性却不同：立方型的 Pt 作为催化剂时仅有环己烷产生，而立方八面体的 Pt 作为催化剂时加氢产物不仅有环己烷而且有环己烯的存在[162]。

近十年来，许多不同形貌的金属特别是贵金属如 Au、Ag、Pd、Pt、Rh 已经被成功制备出来，这其中包括：球形、类球形、立方体、立方八面体、八面体、四面体、双锥体、十面体、二十面体；横截面为圆形、三角形、正方形、长方形、五边形和八边形的纳米棒以及三角形、六方形、圆形的纳米片等[154,165-168]。近年来，Au、Ag 三角形纳米片的制备和应用引起人们的极大关注[169-170]。由于具有尖锐顶角和棱边而可以在其附近产生最大的电磁场增强，使三角形纳米片在 SERS 检测[171-173]和 LSPR 生物传感[174-177]方面都具有极大的应用潜力。

因此，本章在简要综述了三角形 Ag 纳米片的研究进展的基础上，利用离子液体-水两相界面合成的方法成功地制备了三角形 Ag 纳米片，并对其抗菌活性和作为 SERS 基体用于 4-ATP 的检测方面进行了研究。

7.2 实验部分

7.2.1 样品制备

合成三角形 Ag 纳米片的具体步骤如下：将 16 mL 带盖的玻璃样品瓶（ϕ20×70 mm）置于循环水套中，控制循环水的温度为 30 ℃。将[C_6 mim][PF_6]离子液体（5.0 mL）、辛氨（200 μL）和 $AgNO_3$（10 mg）加入样品瓶中搅拌混合均匀。少量油氨的加入可使 $AgNO_3$ 在[C_6 mim][PF_6]离子液体中形成均匀透明溶液。停止搅拌后将 5.0 mL 抗坏血酸溶液（0.12 mol/L，pH 用 1 mol/L NaOH 溶液调整到 10.0 左右）加入样品瓶中，为了尽量避免造成下层[C_6 mim][PF_6]离子液体和上层的抗坏血酸水溶液所形成的界面的扰动，抗坏血酸水溶液沿瓶壁缓慢加入。将此反应体系保持在 30 ℃ 1 h 后，停止加热，自然冷却到室温。在此过程中，反应体系的颜色由砖红色变为土黄色，最终变为棕绿色。虽然最初体系的砖红色在界面附近出现，但最终上下两相都变为棕绿色，这说明最终生成的 Ag 纳米粒子并非集中在界面附近，而是分散在两相中。将冷却后的溶液倒入 50 mL 乙醇中离心分离，反复几次洗涤、离心后得到最终产物。

7.2.2 样品的表征

将几滴 Ag 的悬浮液滴于 Si 片上，在真空干燥箱中干燥（25 ℃）除去溶剂，本过程重复几次，使得 Si 片表面的 Ag 达到一定的厚度，便于在 XRD 的测定中提高信号强度。XRD 分析所用仪器为 Bruker D8A 型 X 射线衍射分析仪，分析条件为：射线源为 Cu Kα，$\lambda=0.154\ 056$ nm，2θ 扫描范围：25°～50°)。

用吸管取 2～3 滴所制备样品滴置于铜网支持碳膜上，自然晾干后，再滴一滴丙酮于铜网上，30 s 后利用滤纸的毛细作用小心地除去丙酮。此过程可以移除过量的反应物，并可防止样品在丙酮蒸发过程中引发的团聚。而后样品分别在 Hitachi H-800 低分辨透射电镜及 JEOL 2100 高分辨透射电镜上进行表征。

紫外-可见光吸收光谱由 SHIMADZU UV-2550 分光光度计测定。

7.2.3　抗菌实验

7.2.3.1　实验准备

液体 LB 培养基的配制：10 g 蛋白胨，3 g 牛肉膏和 5 g NaCl 溶于 1 000 mL 蒸馏水中，调节 pH 为 7.0～7.2，121 ℃煮 20 min，备用。

固体 LB 培养基的配制：10 g 蛋白胨，3 g 牛肉膏，5 g NaCl 和 20 g 琼脂溶于 1 000 mL 蒸馏水中，调节 pH 为 7.0～7.2，121 ℃煮 20 min，备用。

菌种的培养：用接种环分别挑取冷藏于试管中的大肠杆菌(*Escherichia coli*)和金黄色葡萄球菌(*Staphylococcus aureus*)菌种接种到装有 50 mL LB 培养液的试管中于 35 ℃培养过夜。菌种经离心洗涤后，重新分散到灭菌蒸馏水中至 10^8 cfu/mL(Colony Forming Units/mL)，恒温保存于冰箱中备用。

7.2.3.2　抗菌性能测试

通过两种方法测定样品的抗菌性能：纸片扩散法(改性的 Kirby-Bauer 技术)和最小抑菌浓度法(Minimal Inhibitory Concentration Method，MIC)。

定性的纸片扩散法：将蘸有 Ag 样品直径大约 5 mm 的圆形纸片置于事先接种好的琼脂平板中，于 37 ℃培养 24 h 后取出观察抑菌圈的大小。

定量的最小抑菌浓度(MIC)分析：在盛有 20 mL LB 培养液的三角烧瓶中配制不同浓度的 Ag 溶胶，盖上透气棉塞放入灭菌锅中处理后，冷却。

然后于上述三角瓶中分别接种 200 μL 浓度为 10^8 cfu/mL 的菌液，在振动摇床上恒温 35 ℃振荡 16 h。最后，取等量的溶液经梯度稀释后，分别涂于固体 LB 培养基上，采用平板计数法计算活菌数(取三个平板的平均值)。能够抑制细菌生长的最小样品浓度定义为此样品的最小抑菌浓度值(MIC 值)。每个样品做三次平行实验，其 MIC 值取其平均值。

7.2.4 SERS 实验

7.2.4.1 玻璃基片的预处理

首先将玻璃基片分别在丙酮和去离子水中超声清洗 5 min，然后在新制备的 piranha 洗液(H_2SO_4 ∶ 30% H_2O_2，体积比 3 ∶ 1)中于 90 ℃浸洗 10 min 后用大量的去离子水冲洗，最后用氮气吹干后在 100 ℃的烘箱中干燥 30 min。

7.2.4.2 玻璃基片上 ATPMS 单层的制备

室温下，将烘干的玻璃基片浸渍在稀释的 3-(2-氨基乙基氨基)丙基三甲氧基硅烷(3-(2-Aminoethylamino) Propyltrimethoxysilane，ATPMS)乙醇溶液中(体积比 5%，含 0.1% 乙酸)24 h，然后用甲醇彻底冲洗并在甲醇中超声 5 min 以除去玻璃基片上化学吸附的 ATPMS。最后用去离子水冲洗，氮气吹干并放入烘箱中 120 ℃干燥 30 min。

7.2.4.3 Ag 纳米片 SERS 活性基体的制备

将制好的 ATPMS 改性的玻璃基片浸渍在含有 Ag 纳米片的溶液中 3 d 后，缓慢取出，用大量去离子水冲洗，在室温下晾干。

7.2.4.4 对 4-氨基硫酚的检测

将制好的覆盖 Ag 纳米片单层的玻璃基片，浸渍于浓度为 0.1 mM 的 4-氨基硫酚(4-ATP)中 5 h，以达到 4-ATP 在 Ag 纳米片上的吸附平衡。SERS 检测在 LabRAM HR800 (HORIBA Jobin Yvon) 激光拉曼光谱仪上测定，使用激发波长 514.5 nm，1 800 线光栅，风冷(−70 ℃)开放电极式 CCD 多道探测器。

7.3　结构表征结果及讨论

7.3.1　样品表征

图 7-1 为所得样品的 TEM 图。从图 7-1 (a)可以看出大部分样品的形貌为三角形,其边长约为 110～130 nm。同时可以看出,样品中除了三角形的 Ag 纳米片外,还含有少量其他形貌,如缺角三角形、六边形、不规则多边形和颗粒状的 Ag 存在。图 7-1(b)为图(a)中的单个三角形的放大图,从中可以看出,三角形 Ag 的顶尖稍稍有些钝化。为了观察图 7-1(b)中 Ag 纳米片的厚度,我们加大了透射电镜样品台倾角后得到的 TEM 照片如图 7-1 (c)所示,从中可以看出 Ag 纳米片的厚度非常均匀约为 10 nm。

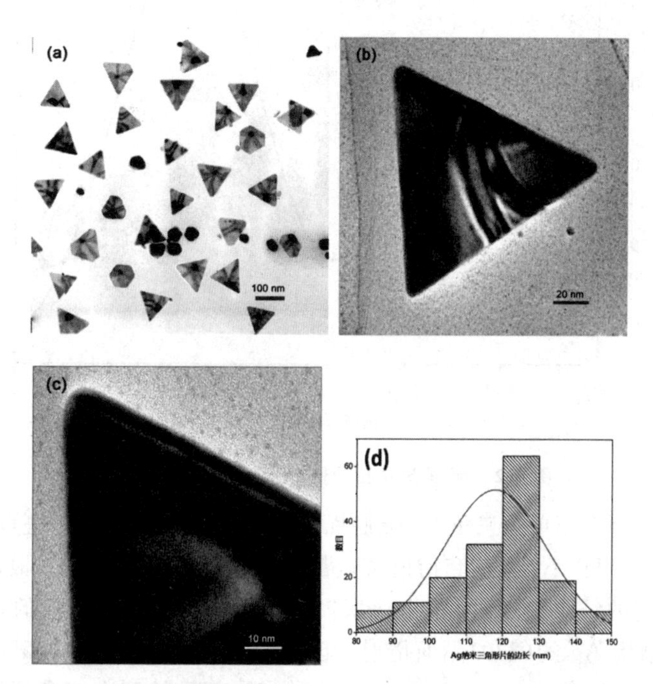

图 7-1　Ag 纳米片的低倍 TEM 图:(a) 全貌,(b) 单个 Ag 纳米片,(c) (b)中 Ag 纳米片的一部分,(d)三角形 Ag 纳米片的大小分布图

Ag 的表面等离子体共振吸收(SPR)为表征金属 Ag 的大小和形貌提供了重要信息。所制备样品的紫外-可见光吸收光谱如图 7-2 所示。位于长波 735 nm 的强峰归属为三角形 Ag 纳米片的面内二极(In-Plane Dipole)SPR 吸收峰;334 nm 处的尖峰则对应于面外四极(Out-Of-Plane Quadrupole)SPR 吸收峰。根据文献[169]和我们的 TEM 分析可知,面内二极峰的相对蓝移和面外四极峰的相对红移可能是由所制得的三角形顶尖有一定程度的钝化所引起的。需要说明的是三角形 Ag 纳米片的面外二极和面内四极不会很强,特别是面外二极一般观察不到或以面内四极峰的肩峰存在[161,178]。因此在图 7-2 中 400~550 nm 出现的较强峰可能是由于样品中存在其他形貌(从 TEM 可知有球形颗粒、不规则和六边形纳米片)的纳米 Ag 所引起的。

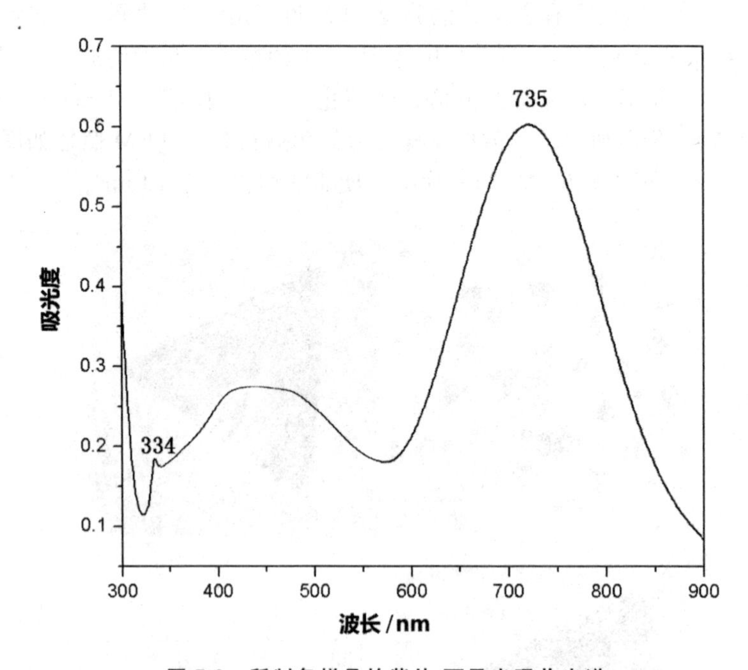

图 7-2　所制备样品的紫外-可见光吸收光谱

电子束垂直于单个三角形 Ag 底面所获得的选区电子衍射斑点如图 7-3 所示,从图中可以看出,三套衍射斑点都呈六重旋转对称分布。根据面间距 d 进行标定的结果表明:由正方形所圈住 d=0.14 nm 的最强的一套斑点对应 fcc 结构 Ag 的(220)晶面衍射;其靠内由圆形圈住 d =0.25 nm 的一套斑点对应 Ag 纳米片的 1/3(422)晶面衍射;而最外层由三角形圈住 d=0.083 nm 的一套斑点则对应于 Ag 纳米片的(422)晶面的衍射。由这些标定结果利用晶带定律:

$$
\begin{aligned}
u:v:w &= \begin{vmatrix} k_1 & l_1 \\ k_2 & l_2 \end{vmatrix} : \begin{vmatrix} l_1 & h_1 \\ l_2 & h_2 \end{vmatrix} : \begin{vmatrix} h_1 & k_1 \\ h_2 & k_2 \end{vmatrix} \\
&= \begin{vmatrix} 2 & 0 \\ 2 & 2 \end{vmatrix} : \begin{vmatrix} 0 & -2 \\ 2 & -4 \end{vmatrix} : \begin{vmatrix} -2 & 2 \\ -4 & 2 \end{vmatrix} \\
&= 1:1:1
\end{aligned}
$$

可知所制得的三角形 Ag 的上下两个底面均为(111)晶面[179－180]。

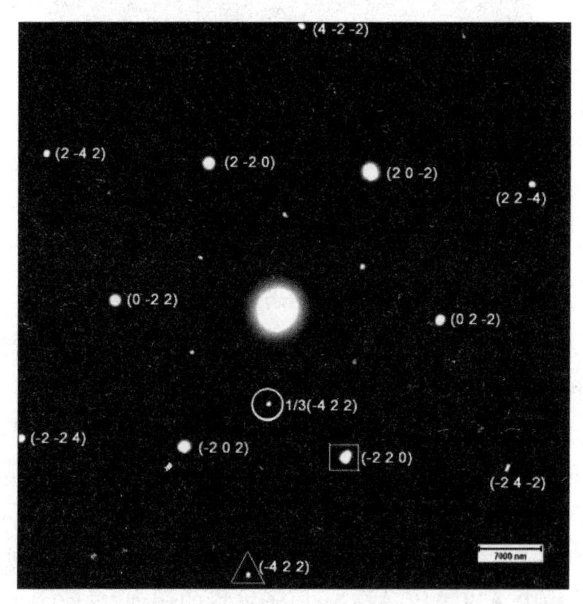

图 7-3　电子束垂直于单个三角形 Ag 底面所获得的选区电子衍射图
图中正方形，三角形和圆形圈住的衍射斑点分别对应于晶面(－220)(－422)和 1/3(－422)的衍射

图 7-3 中中心斑点周围的六个呈六重旋转对称分布的衍射斑点，在 Au 和 Ag 的片状纳米结构中经常被发现，并被归属为 1/3(422)晶面的衍射斑点[169,172,181－190]，而这些衍射斑点在具有 fcc 结构 Au 和 Ag 的块状材料中是不出现的。图 7-4 为三角形 Ag 纳米片的 HRTEM 照片。通常情况下，fcc 结构[111]方向的 HRTEM 图由三套对应于(220)的晶格条纹组成。对 Ag 来说(220)晶面间距为 0.144 nm，这超出了我们所用电镜的分辨率，但三套间距为 2.5 nm 的晶格条纹却可以明确的观察到。这个间距刚好等于 fcc 结构中 Ag 的(422)晶面间距 0.083 4 nm 的 3 倍。因此可以将 Ag 纳米片看成是由比[111]更大周期性的晶胞所组成。所以在选区电子衍射中将内圈的衍射斑点标定为 1/3(422)是完全正确的。

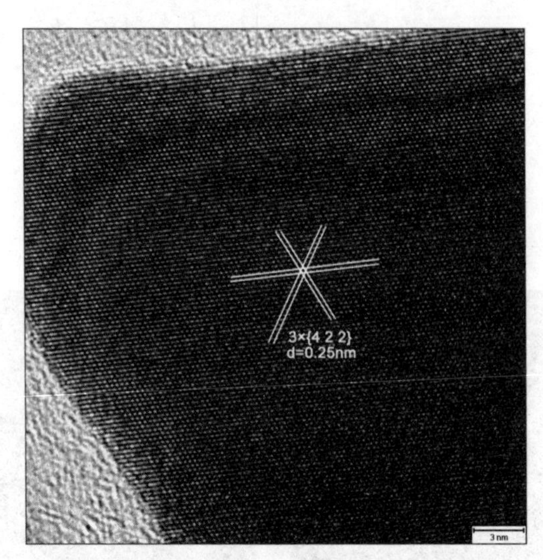

图 7-4　三角形 Ag 纳米片的 HRTEM 照片

对于 1/3(422)衍射斑点出现的原因目前还没有统一的解释，文献中大致有以下几种观点：

fcc 晶系的 Au 或 Ag 纳米片中作为结构导向的互相平行于(111)底面的多个孪晶面的出现，不论(111)面有多少层，导致了 1/3(422)衍射的出现[181－183]。

在〈111〉方向平行于(111)面并延伸于整个晶体的堆垛缺陷层的存在破坏了 fcc 结构中 ABCABCABC…原子堆垛的序列，导致了 1/3(422)衍射的出现[186]。

在纳米片状结构的上下两个底面原子级别晶阶的出现，破坏了纯 fcc 晶体(111)面的结构，从而导致〈111〉方向非完整晶胞的出现，最终导致 1/3(422)衍射的出现[169,191]。

为了进一步了解所制得的三角形 Ag 纳米片的结构，我们进行了 XRD 分析，结果如图 7-5 所示。图中纵坐标为强度值，横坐标为晶面间距，其值由公式：$d=\lambda/2\sin\theta$ 求得，其中 θ 为衍射角的一半，λ 为所用 X 射线的波长，本实验中 $\lambda=0.154\ 06$ nm。图 7-5 中位于 0.236 nm 处的强峰对应于 Ag 的(111)晶面的衍射，位于 0.204 nm 的峰对应于 Ag 的(200)晶面的衍射。同时从图中还可以看出，位于 0.249 nm 处有一弱峰的存在，而这一衍射峰在块状材料及球形纳米 Ag 的 XRD 图谱中并不出现。对照 JCPDF ＃04-0783 卡可知，此峰所对应的晶面的面间距刚好等于高指数(422)晶面面间距 0.084 3 nm 的 3 倍。结合前面的 HRTEM 和 SAED 分析，可以确信，在 HRTEM 和 SAED 中此峰的出现并非由电子束的动力学效应引起的，因为此效应在 X 射线中并不明显。[192]

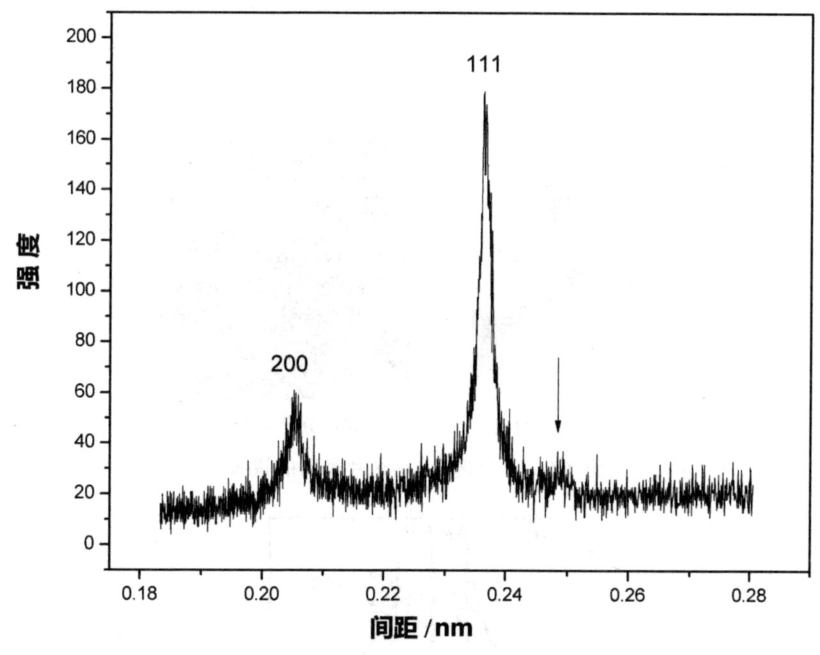

图 7-5 Ag 纳米片的 X 射线衍射图

三角形 Ag 纳米片的另一个重要特征是表面明暗条纹的存在。从图 7-1 的 TEM 图片可以看出,几乎每个 Ag 纳米片上都有对比明显的明暗条纹的存在,有些纳米片上几条条纹贯穿整个表面并相交于一点,如图 7-6 (a)所示。图 7-6(b)为某条纹的高分辨 TEM 图,从中可以看出,即使在暗条纹区域,其晶格条纹都还是十分均匀的,并未发现有位错、晶界等的存在,说明纳米片表面的条纹并非由表面的缺陷引起的。同时结合前面的 SAED 可以得出,明暗条纹的出现,也并非由于晶向和晶体结构的不同产生的,因为从衍射斑来看,所制得的三角形纳米片为单晶结构。再者,由质厚衬度所引起的也可排除,因为纳米片中只含有 Ag,即使表面吸附有部分离子液体等有机物,其产生的明暗对比也不会这么强烈。最后,根据透射电镜衬度产生的原理,这些条纹可能是由于非常薄的 Ag 纳米片的弯曲造成的,这和 TEM 中等厚条纹产生的机理比较相似。

当电子束照射到样品上时,某晶面将和入射电子束方向形成一定的角度,但当样品的某部分弯曲而形成曲面时,电子束和这一晶面之间将有额外的夹角产生。图 7-7 为明场像中产生褶皱的示意图和 TEM 图的对照。从图 7-7(a)的示意图可以看出,假如在 A 点入射电子束刚好和晶面平行,这样在透射束成像的明场像条件下就在像平面的 B 点形成明条纹(如是暗场成像则为暗条纹);但在弯曲部位的 C 点电子束如果刚好和晶面之间满足 Bragg 条件而产生衍射,则在像平面的 D 点就形成暗条纹(如是暗场成像则为明条纹)。这很好地解释了图 7-8(b)中实验所得的 TEM 照片中明暗条纹的产生。

(a) 低倍TEM相　　(b)高分辨TEM相

图 7-6　三角形 Ag 纳米片表面的褶皱

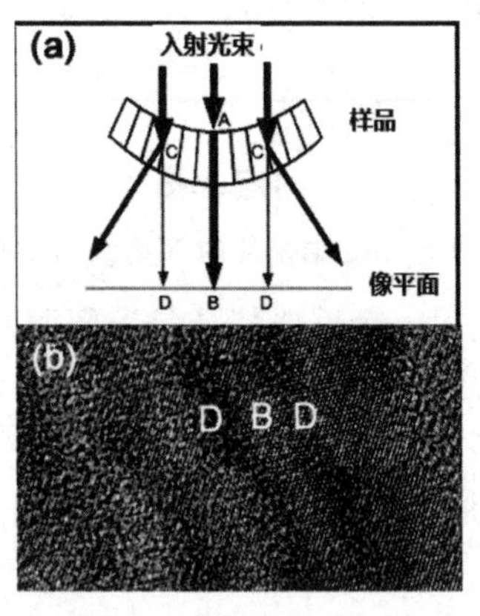

图 7-7　(a) TEM 明场像中产生褶皱的示意图,(b) Ag 纳米片边缘某些褶皱的 TEM 图

为了进一步证明三角形的 Ag 纳米片确实存在弯曲现象,我们对其 HRTEM 照片做了更深入的分析,如图 7-8 所示。图 7-8(a)中标出了 Ag 纳米片高分辨 TEM 像(111)面上六个相同晶向之间的夹角。可以看出,这些夹角并不相同,和正常的 fcc 晶体相比,由于弯曲变形所引起的最大的偏差达到了 5.4°。同样从高分辨像经快速傅里叶变换(FFT)所得到的衍射图像[图 7-8(b)]中可以看出,同样是 1/3(422)的面间距,在不同方向其值虽都约等于 0.25 nm,但却并不完全相等。结合前面的讨论可以确信,三角形银 TEM 像上出现的褶皱是由于 Ag 纳米片的弯曲变形所引起的[193-194]。

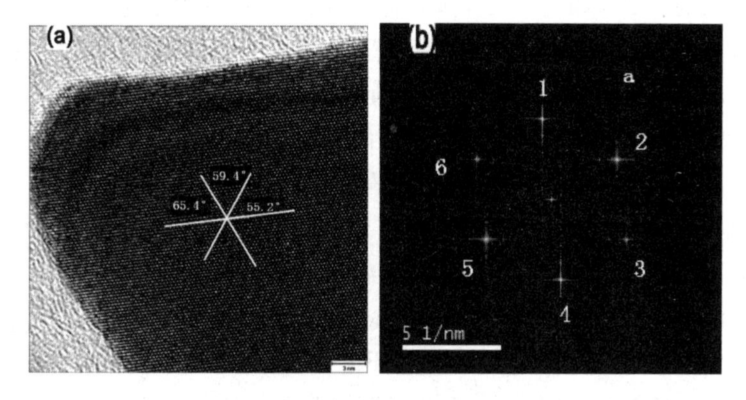

位点#	间距/nm
1	0.25
2	0.26
3	0.24
4	0.25
5	0.26
6	0.24

图 7-8　(a) 纳米片的局部 HRTEM 像，同时标出了其 (111) 面上六个相同晶向之间的夹角，(b) 高分辨像的 FFT 变换和不同方向 1/3(422) 晶面之间的面间距

7.3.2　三角形 Ag 纳米片的形成机理

对 fcc 结构金属晶体的低指数晶面来说，其表面能的大小顺序为 $\gamma_{(111)} < \gamma_{(100)} < \gamma_{(110)}$[195]。因此从热力学上来讲，Ag 纳米晶体的最稳定结构即有最小表面能的结构，应该为其晶面由(111)和(110)面共同组成的立方八面体(Cuboctahedra)。在某些合成条件下，根据 Ag 纳米颗粒的大小，多孪晶结构(Multiple Twinned Particles，MTP)的十面体(Decahedra)和二十面体(Icosahedra)也是热力学上的稳定结构[166,196−197]。尽管多孪晶结构的十面体和二十面体因为孪晶面的存在导致晶体应变能的增加，但由于多

孪晶结构的十面体和二十面体其晶面全部由晶面能最低的(111)面组成,从而抵消补偿了晶体应变能的增加[181,198]。这些多孪晶结构的粒子整体上看为类球形,因此具有较小的表面积。相反的对于 Ag 纳米片来说,虽然具有较大的(111)晶面,但由于其具有较大的表面积,同时孪晶和堆垛等面缺陷的存在也使得 Ag 纳米片的能量进一步升高,所以生成 Ag 纳米片的过程在热力学并非有利。通过 MD 计算得出[C_6mim][PF_6]与(100),(110) 和(111) 晶面的相互作用能分别为 −218.9 kcal/mol,−224.3 kcal/mol 和−253.7 kcal/mol。负值表明离子液体和晶面之间为吸引作用,但可以看出[C_6mim][PF_6]与(100),(110) 和(111)三个晶面之间作用能的数值差别太小,因此可以说明界面处 Ag 三角形纳米片的形成并非受热力学控制。

在化学还原制备过程中,当 Ag^+ 的还原速度很快时,溶液中将有足够多的 Ag^0 原子存在,因此最终生成的晶体必为热力学有利的。但当金属原子的生成速度非常慢时,金属原子倾向于先生成团簇,接着再由团簇生成金属纳米粒子[199]。这种非热力学稳定结构纳米粒子的形成,称为动力学控制生长过程[200−203]。通常实现动力学控制的过程包括使用较弱的还原剂[140,169,184−185,204−208]、采用氧化刻蚀[197,209−211]等方式。甚至在制备三角形 Ag 纳米片中应用较多的光照法中,非常慢的 Ostwald 熟化也保证了整个过程是动力学控制的[169−170,191,212]。

本书在[C_6mim][PF_6]-H_2O 两相体系中,利用化学还原的方法生成三角形 Ag 纳米片的过程中,采用了不同的方式保证整个过程为动力学控制的。

一般来说,离子液体的黏度较常用的有机溶剂和水的黏度要高得多,例如,[C_6mim][PF_6]的黏度为 690 cP,而常用的有机溶剂甲苯和水的黏度分别为 0.587 cP 和 1.01 cP,因此络合的 Ag^+ 从离子液体相向 ILs-H_2O 两相界面的扩散速度较慢,从而降低了了反应过程中 Ag^0 原子的生成速度,这将有利于纳米粒子的动力学控制生长。

图 7-9 显示不同疏水性离子液体-水两相体系中所制备样品的 SEM 图,结合离子液体的黏度数据(见表 7-1)可以看出当使用高黏度的离子液体时,制备出的纳米粒子的形貌都为片状结构。这进一步证实了离子液体-水两相体系中 Ag 纳米片的形成是受动力学因素控制的。

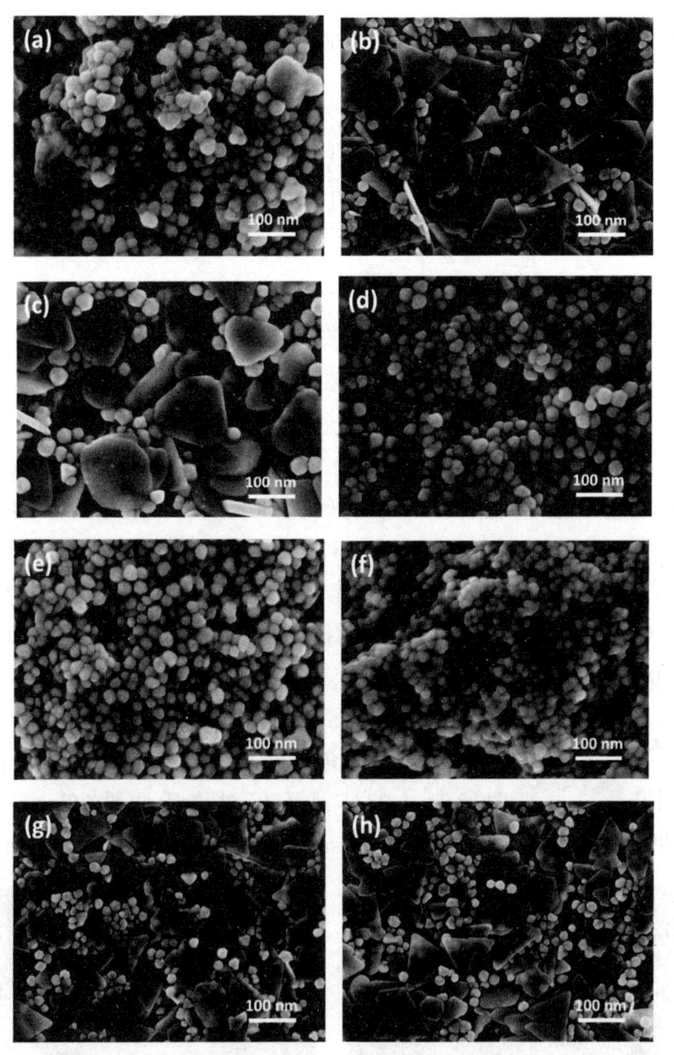

图 7-9　不同离子液体-水两相体系中所制备样品的 SEM 图：(a)[C_6mim][BF_4]；(b)[C_8mim][BF_4]；(c)[C_{10}mim][BF_4]；(d)[C_4mim][NTf2]；(e)[C_6mim][NTf_2]；(f)[C_8mim][NTf_2]；(g)[N_{6444}][NTf_2]和(h) [N_{8444}][NTf_2]

表 7-1　所使用的离子液体的黏度数据

离子液体	黏度（cP）	离子液体	黏度（cP）
[C_4mim][PF_6]	325	[C_4mim][NTf_2]	59
[C_6mim][PF_6]	690	[C_6mim][NTf_2]	87
[C_8mim][PF_6]	866	[C_8mim][NTf_2]	119

续表

离子液体	黏度（cP）	离子液体	黏度（cP）
$[C_6mim][BF_4]$	226	$[N_{6444}][NTf_2]$	595
$[C_8mim][BF_4]$	413	$[N_{8444}][NTf_2]$	574
$[C_{10}mim][BF_4]$	860		

7.4 抗菌结果及讨论

Ag^+离子以及它们的复合物作为抗菌剂已经具有很长时间的历史，但近年来纳米 Ag 粒子作为抗菌剂的研究越来越多[213−223]。虽然对纳米 Ag 的抗菌机理还不是非常清楚，许多的研究却表明 Ag 纳米粒子的抗菌性能和它们的粒径大小关系密切，即其粒径越小，其抗菌效果越好[215,221−222,224]。但对 Ag 纳米粒子的形貌对抗菌性能影响的研究却非常少[225−226]。因此，本书对所制备的三角形 Ag 纳米片的抗菌效果进行了研究，并和 Lee-Meisel Ag 的抗菌效果进行了比较。

图 7-10 为定性的纸片扩散法得到的样品抑菌圈的照片，从中可以看出，对 *E. coli* 和 *S. aureus*，浸渍有三角形 Ag 纳米片的纸片周围都有明显的抑菌圈产生。这表明所制备的样品不仅对格氏阴性(Gram-negative，G^-)细菌而且对格氏阳性 (Gram-positive，G^+)细菌也同样具有抗菌活性。

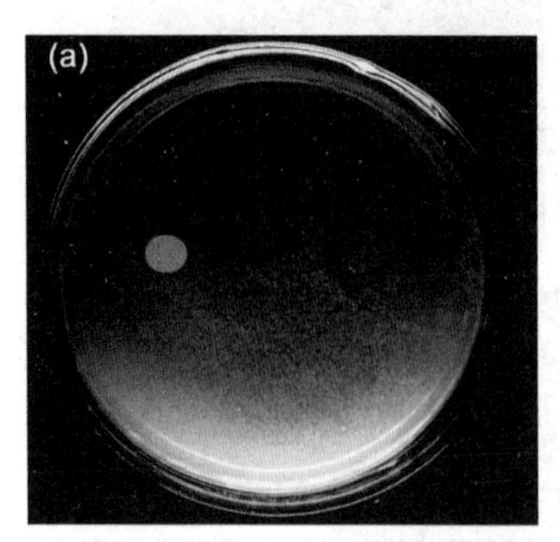

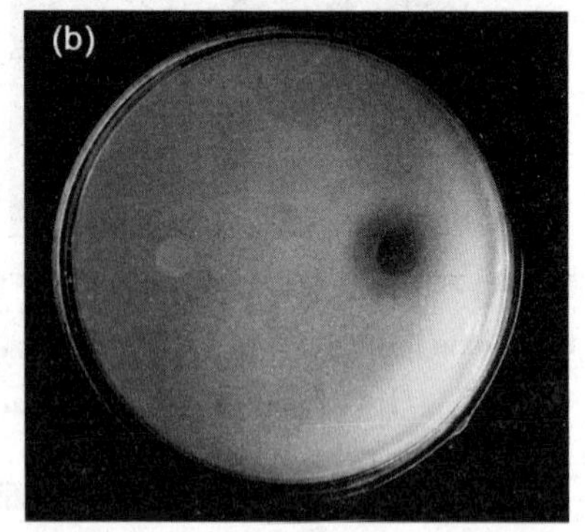

图 7-10　三角形 Ag 纳米片对 *E. coli* (a)和 *S. aureus* (b)抑菌作用的纸片扩散法实验照片

为了更进一步考察样品的抗菌性能，我们对三角形 Ag 纳米片的 MIC 值进行了测定，列于表 7-2 中。从表中可以看出三角形 Ag 纳米片不论对对格氏阴性的 *E. coli* 还是对格氏阳性的 *S. aureus* 的抗菌性能都要好于

Ag 纳米粒子。从前文的 HRTEM、SAED 表征以及紫外-可见光吸收光谱可知，对于三角形 Ag 纳米片，其上下两个面积较大的晶面都为(111)晶面。已经有研究证明，对 fcc 晶体结构的 Ag 来说，其原子密度较高的晶面如(111)面具有较高的反应活性[227-228]，因此三角形 Ag 纳米片相比 Ag 纳米粒子具有更高的抗菌活性，这与其具有更多的高反应活性的 (111)晶面有关[215]。

表 7-2　三角形 Ag 纳米片的最小抑菌浓度(MIC)值

细菌	最小抑菌浓度/(μg/mL)	
	Ag 纳米粒子	三角形 Ag 纳米片
大肠杆菌 (G^-)	25	15
金黄色葡萄球菌 (G^+)	40	20

从表 7-2 中还可以看出，无论是 Lee-Meisel Ag 还是我们所制得的三角形 Ag 纳米片，它们对格氏阴性的 *E. coli* 的抑菌效果都要好于对格氏阳性的 *S. aureus* 的抗菌效果。这种现象在以前关于 Ag 纳米粒子的抗菌文献中也有报道[214][229]。虽然对纳米 Ag 的抗菌机理还存在争议，但许多的研究都表明，Ag 纳米颗粒和细菌细胞壁之间的强相互作用影响到细胞壁的渗透性和呼吸性能等，从而最终导致了细胞的死亡[215,220]。G^- 和 G^+ 细菌的细胞壁构造有很大的不同。对 G^- 其细胞壁的外膜主要由一层较厚的脂多糖构成，在其下面则为一层厚度仅 7～8 nm 的肽聚糖。尽管最外层的脂多糖是由脂类 A 和多糖通过共价键相连，但和由肽互联的直链多聚糖所形成的肽聚糖网格状分子相比，其强度和韧性都非常低而易于被破坏。而 G^+ 细菌的细胞壁则主要由一层厚度为 20～80 nm 的肽聚糖所组成。因此 G^+ 细菌细胞壁的机械强度要远远高于 G^- 细菌。正是由于这种结构上的差别导致纳米 Ag 对格氏阴性的 *E. coli* 的抑菌效果要好于其对格氏阳性的 *S. aureus* 的抗菌效果。

7.5　SERS 实验结果及讨论

4-ATP 的普通拉曼光谱(NRS)和其表面增强拉曼光谱(SERS)如图 7-11 所示。为了对其谱峰进行归属，我们首先利用群论的方法判断 4-ATP 分子的振动模式哪些是拉曼活性的。根据 4-ATP 的结构，按照 C_{2v} 特征标表首先求出其分子振动模式的可约表示，如表 7-3 所示。

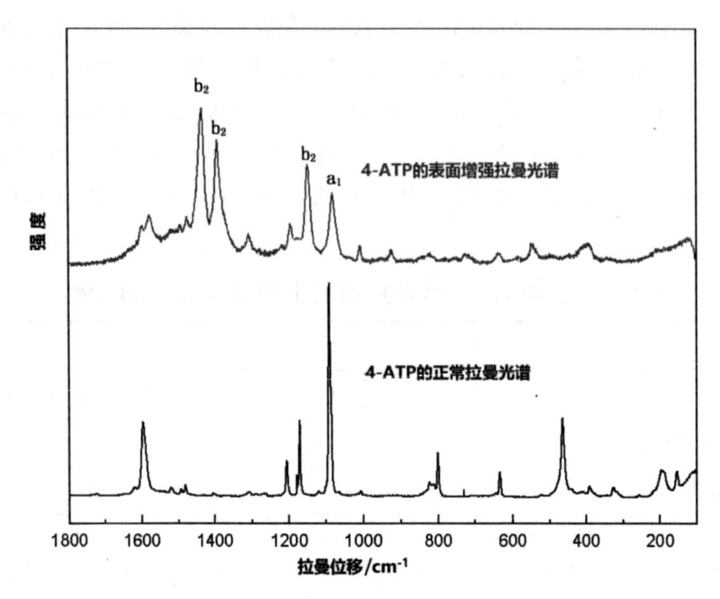

图 7-11　4-ATP 的普通拉曼光谱和在 Ag 纳米片表面的增强拉曼光谱

表 7-3　4-ATP 分子振动模式的可约表示分析

C_{2v}	E	C_2	$\sigma_v(xz)$	$\sigma_v'(yz)$		
A_1	1	1	1	1	z	x^2, y^2, z^2
A_2	1	1	−1	−1	R_z	xy
B_1	1	−1	1	−1	x, R_y	xz
B_2	1	−1	−1	1	y, R_x	yz
Γ_{xyz}	3	−1	1	1		
不动原子数	15	5	5	15		
$\Gamma_{总}$	45	−5	5	15		
$\Gamma_{移动}$	3	−1	1	1		
$\Gamma_{转动}$	3	−1	−1	−1		
$\Gamma_{振动}=\Gamma_{总}-\Gamma_{移动}-\Gamma_{转动}$	39	−3	5	15		

然后将可约表示 $\Gamma_{振动}$ 利用公式：$a_i=\frac{1}{h}\sum gX_{\Gamma_i}(R)X_\Gamma(R)$（其中 a_i 为可约表示中含有不可约表示 Γ_i 的个数，h 为群的阶，g 为类的阶，$X_{\Gamma_i}(R)$ 为不可约表示 Γ_i 中操作 R 的特征标，$X_\Gamma(R)$ 为可约表示中操作 R 的特征标），化为不可约表示：

A_1:1/4[1×1×39+1×1×(−3)+1×1×5+1×1×15]=14

A_2:1/4[1×1×39+1×1×(−3)+1×(−1)×5+1×(−1)×15]=4

B_1:1/4[1×1×39+1×1×3+1×1×5+1×(−1)×15]=8

B_2:1/4[1×1×39+1×1×3+1×(−1)×5+1×1×15]=13

因此,$\Gamma_{振动}=14A_1+4A_2+8B_1+13B_2$

红外活性:$\Gamma_{\mu x}=B_1$,$\Gamma_{\mu y}=B_2$,$\Gamma_{\mu z}=A_1$。所以 A_1,B_1,B_2 是红外活性的;

拉曼活性:$\Gamma_{a\,x2\,y2\,z2}=A_1$,$\Gamma_{a\,xy}=A_2$,$\Gamma_{a\,xz}=B_1$,$\Gamma_{a\,yz}=B_2$。所以 A_1,A_2,B_1,B_2 都是拉曼活性的。

因而,按照 Wilson 表示法,其谱峰的归属结果列于表 7-4 中。结合图 7-11 可以看出,4-ATP 的 NRS 和 SERS 谱峰的位置和强度都有很大的不同。在 SERS 中五个较强峰分别位于 1 578、1 432、1 391、1 147 和 1 081 cm^{-1},而 NRS 中较强峰则位于 1 596、1 206、1 170 和 1 090 cm^{-1}。另外在 NRS 中位于 800、634 和 463 cm^{-1} 的中等强度的峰则在 SERS 中完全消失。考虑到本书所用的 4-ATP 的浓度非常低,可知三角形 Ag 纳米片具有很好的表面增强活性。

表 7-4 普通拉曼光谱和表面增强拉曼光谱中 4-ATP 谱峰的归属[230]

正常拉曼	表面增强拉曼	归属
3 049 s		νCH,2(a_1)
2 560 w		νSH
1 596 s		νCC,8a(a_1)
	1 578 m	νCC,8b(b_2)
1 480 w	1 475 w	
	1 432 vs	νCC+δCH,19b(b_2)
	1 391 s	δCH+νCC,3(b_2)
	1 308 w	νCC+δCH,13(b_2)
1 206 m	1 195 w	
1 170 s		δCH,9a(a_1)
	1 147 s	δCH,9b(b_2)
1 090 vs	1 081 s	νCS,7a(a_1)
	1 007 w	γCC+γCCC,18a(a_1)
	926 w	πCH,5b(b_1)

续表

正常拉曼	表面增强拉曼	归属
	821 vw	πCH,10a(a_2)
823 w		πCH,11(b_1)
800 m		νCH+νCS+νCC,1(a_1)
	724 w	νCH+νCS+νCC,4(b_1)
634 m		γCCC,12(a_1)
	545 w	
463 s		γCCC,6a(a_1)
391 w	392 vw	γCCC,16a(a_2)
326 w		δCH+δCS,18b(b_2)
	213 w	νAg−S
195 m		πCN+πCS+τCC,10b(b_1)
154 w		

ν:Stretch 伸缩;δ 和 γ:Bend 弯曲;π:Wagging 摇摆;τ:Torsion 扭转;

表中 a_1、a_2、b_1、b_2 为苯环的振动模式,其中 a_1 和 b_2 为分子中苯环面内振动,而 a_2 和 b_2 为分子中面外振动。

许多研究已经表明,纳米金属粒子或粗糙金属表面的 SERS 作用主要来自于金属表面附近电磁场的增强提高了分子的拉曼散射截面,而电磁场的增强又是由金属的限域表面等离子体共振(LSPR)所引起的[231-232]。研究表明[160-161,233-234],对各向异性的纳米粒子,其表面的电磁增强和其表面某处的曲率半径有关系,即曲率越高,其附近的电磁场增强也越强[161]。对三角形 Ag 纳米片来说,其尖锐的顶角处的电磁增强相比也就最强,因此,其附近吸附的 4-ATP 的散射在最终所获得的平均拉曼散射信号中的贡献也就最多[172]。最近的研究还表明,SERS 的极大增强甚至单分子检测的地方位于聚积纳米粒子体中纳米粒子与纳米粒子之间[235-236]。这些位置由于相邻粒子等离子体共振间的耦合使得在此处的电磁场最强而通常成为 SERS"热点"(Hot Spots)[150,237-238]。因此在本书中,我们相信在紧邻的三角形 Ag 纳米片的顶尖与顶尖之间也同样存在这样的 SERS"热点"。

另一方面,结合表 7-4 可知 NRS 峰主要为 a_1 振动模式,而 SERS 峰则主要为 b_2 模式,a_1 模式中仅 νCS(7a(a_1))和 γCC+γCCC(18a(a_1))在 SERS 中出现,a_2 和 b_1 虽也在 SERS 中出现但不明显。由此可知,相对于

a_1、a_2 和 b_1、b_2 模式的表面增强效果最为明显。如果假设 4-ATP 的分子垂直吸附于 Ag 纳米片表面，则从电磁增强理论可知同为分子面内振动的 a_1 和 b_2 都应得到同样的增强，但从以上分析可知情况并非如此。这其中的原因可由电磁增强的另一种理论——电子转移理论得到说明。在 SERS 过程中当激发光的能量大于金属的 Fermi 能级和分子激发态的能量差时，就会产生类似于共振拉曼光谱的电子跃迁，从而使拉曼信号得到增强[239－242]。因此在本书中 b_2 的增强是由于在 514.5 nm 光激发下，电子由金属 Ag 的 Fermi 能级向 4-ATP 分子的最低未占轨道跃迁的 Herzberg-Teller 机理所引起的[230]。

7.6　结　论

本章利用[C_6mim]PF_6-H_2O 两相体系制备了三角形 Ag 纳米片，并利用 XRD、TEM 和 SAED 等手段对其结构进行了表征，最后对三角形 Ag 纳米片在抗菌和作为 SERS 活性基体检测 4-氨基硫酚方面进行了研究。本章的主要结果如下：

(1)一方面通过加入辛胺使其和 Ag^+ 之间产生络合降低了 Ag^+/Ag 的标准还原电势从而减慢了 Ag^+ 被抗坏血酸还原生成 Ag^0 原子的速度；另一方面，由于 Ag^+ 要扩散到离子液体[C_6 mim]PF_6 和 H_2O 的界面才能被 H_2O 相的抗坏血酸还原，而由于离子液体的高黏度以及其由阳离子[C_6 mim]$^+$ 和阴离子 PF_6^- 所组成，因而降低 Ag^+ 向 IL-H_2O 两相界面的扩散速度。这些都保证了三角形 Ag 纳米片的整个形成过程受到动力学控制而最终生成非热力学有利的结构。

(2)TEM 表征和紫外-可见光光谱结果显示所制备样品主要由边长约为 120±15 nm，厚度为 10 nm 左右的三角形 Ag 纳米片组成。HRTEM 和 SAED 表征证实三角形 Ag 纳米片的上下两个底面为(111)面。SAED 中 1/3(422)衍射斑点是由于晶体结构中不同面缺陷的存在引起的，而经过理论分析和 TEM 照片的对比说明 Ag 纳米片表面的明暗条纹则主要是由于纳米片的弯曲变形引起的。

(3)由于大量高活性(111)面的存在，所制备的 Ag 纳米片表现出了良好的抗菌性能，其 MIC 值对格氏阴性 *E. coli* 和格氏阳性 *S. aureus* 分别为 15 μg/mL 和 25 μg/mL。

(4)所制备的 Ag 纳米片表现出良好的 SERS 活性，这其中电磁场增强和电子转移都对 SERS 信号的增强起到重要作用。

参考文献

[1] M Avalos, R Babiano, P Cintas, et al. Greener media in chemical synthesis and processing[J]. *Angewandte Chemie-International Edition*, 2006, 45 (24): 3904-3908.

[2] Y Zhou. Recent advances in ionic liquids for synthesis of inorganic nanomaterials[J]. *Current Nanoscience*, 2005, 1 (1): 35-42.

[3] D S Jacob, A Joseph, S P Mallenahalli, et al. Rapid synthesis in ionic liquids of room-temperature-conducting solid microsilica spheres[J]. *Angewandte Chemie-International Edition*, 2005, 44 (40): 6560-6563.

[4] E R Parnham, E A Drylie, P S Wheatley, et al. Ionothermal materials synthesis using unstable deep-eutectic solvents as template-delivery agents[J]. *Angewandte Chemie-International Edition*, 2006, 45 (30): 4962-4966.

[5] E R Parnham, R E Morris. 1-alkyl-3-methyl imidazolium bromide ionic liquids in the ionothermal synthesis of aluminium phosphate molecular sieves[J]. *Chemistry of Materials*, 2006, 18 (20): 4882-4887.

[6] E R Parnham, R E Morris. Ionothermal synthesis using a hydrophobic ionic liquid as solvent in the preparation of a novel aluminophosphate chain structure[J]. *Journal of Materials Chemistry*, 2006, 16 (37): 3682-3684.

[7] E R Parnham, R E Morris. Ionothermal synthesis of zeolites, metal-organic frameworks, and inorganic-organic hybrids[J]. *Accounts Chem. Res.*, 2007, 40 (10): 1005-1013.

[8] E R Parnham, A M Z Slawin, R E Morris. Ionothermal synthesis of beta-NH_4AlF_4 and the determination by single crystal X-ray diffraction of its room temperature and low temperature phases[J]. *J. Solid State Chem.*, 2007, 180 (1): 49-53.

[9] E R Parnham, P S Wheatley, R E Morris. The ionothermal synthesis of SIZ-6-a layered aluminophosphate[J]. *Chemical Communications*, 2006, (4): 380-382.

[10] E R Parnham, R E Morris. The ionothermal synthesis of cobalt aluminophosphate zeolite frameworks[J]. *J. Am. Chem. Soc.*, 2006, 128

(7):2204-2205.

[11] R E Morris, A Burton, L M Bull, et al. SSZ-51-A new aluminophosphate zeotype: Synthesis, crystal structure, NMR, and dehydration properties[J]. *Chem. Mater.*, 2004, 16 (15): 2844-2851.

[12] S I Zones, R J Darton, R Morris, et al. Studies on the role of fluoride ion vs reaction concentration in zeolite synthesis[J]. *J. Phys. Chem. B*, 2005, 109 (1): 652-661.

[13] R E Morris. Modular materials from zeolite-like building blocks [J]. *Journal of Materials Chemistry*, 2005, 15 (9): 931-938.

[14] Z J Lin, Y Li, A M Z Slawin, et al. Hydrogen-bond-directing effect in the ionothermal synthesis of metal coordination polymers[J]. *Dalton Trans.*, 2008, (30): 3989-3994.

[15] Z J Lin, A M Z Slawin, R E Morris. Chiral induction in the ionothermal synthesis of a 3-D coordination polymer[J]. *Journal of the American Chemical Society*, 2007, 129 (16): 4880.

[16] Z J Lin, D S Wragg, R E Morris. Microwave-assisted synthesis of anionic metal-organic frameworks under ionothermal conditions[J]. *Chemical Communications*, 2006, (19): 2021-2023.

[17] Z J Lin, D S Wragg, J E Warren, et al. Anion control in the ionothermal synthesis of coordination polymers[J]. *Journal of the American Chemical Society*, 2007, 129 (34): 10334-10339.

[18] H J Ma, Z J Tian, R S Xu, et al. Effect of water on the ionothermal synthesis of molecular sieves[J]. *Journal of the American Chemical Society*, 2008, 130 (26): 8120.

[19] H Park, Y S Choi, Y Kim, et al. 1D and 3D ionic liquid-aluminum hydroxide hybrids prepared via an ionothermal process[J]. *Adv. Funct. Mater.*, 2007, 17 (14): 2411-2418.

[20] A Vecchi, B Melai, A Marra, et al. Microwave-enhanced ionothermal CuAAC for the synthesis of glycoclusters on a calix arene platform[J]. *J. Org. Chem.*, 2008, 73 (16): 6437-6440.

[21] L Wang, Y P Xu, Y Wei, et al. Structure-directing role of amines in the ionothermal synthesis[J]. *Journal of the American Chemical Society*, 2006, 128 (23): 7432-7433.

[22] Y P Xu, Z J Tian, S J Wang, et al. Microwave-enhanced ionothermal synthesis of aluminophosphate molecular sieves[J]. *Angewandte*

Chemie-International Edition,2006,45 (24):3965-3970.

[23] X Y Zhang,H Q Chen,M B Zheng,et al. Preparation of fluorinated aluminophosphate molecular sieve with hexagonal nanoflake morphology by ionothermal method [J]. *Chemistry Letters*, 2007, 36 (12): 1498-1499.

[24] E R Cooper,C D Andrews,P S Wheatley,et al. A new methodology for zeolite analogue synthesis using ionic liquids as solvent and template[J]. *Studies in Surface Science&Catalysis*,2005,158:247-254.

[25] R E Morris. Ionic liquids and microwaves-making zeolites for emerging applications [J]. *Angewandte Chemie-International Edition*, 2008,47 (3):442-444.

[26] L A Villaescusa,P Lightfoot,R E Morris. Synthesis and structure of fluoride-containing GeO_2 analogues of zeolite double four-ring building units[J]. *Chemical Communications*,2002,2002 (19):2220-2221.

[27] C P Tsao,C Y Sheu,N Nguyen,et al. Ionothermal synthesis of metal oxalatophosphonates with a three-dimensional framework structure: $Na_2M_3(C_2O_4)(3)(CH_3PO_3H)(2)$ (M = Fe-Ⅱ and Mn-Ⅱ)[J]. *Inorg. Chem.*,2006,45 (16):6361-6364.

[28] R Cai,M Sun,Z Chen,et al. Ionothermal synthesis of oriented zeolite AEL films and their application as corrosion-resistant coatings[J]. *Angewandte Chemie International Edition*,2008,47 (3):525-528.

[29] E A Drylie,D S Wragg,E R Parnham,et al. Ionothermal synthesis of unusual choline-templated cobalt aluminophosphates [J]. *Angewandte Chemie International Edition*,2007,46 (41):7839-7843.

[30] H Zhu,J F Huang,Z Pan,et al. Ionothermal synthesis of hierarchical ZnO nanostructures from ionic-liquid precursors[J]. *Chem. Mater*, 2006,18 (18):4473-4477.

[31] N Recham,L Dupont,M Courty,et al. Ionothermal synthesis of tailor-made $LiFePO_4$ powders for Li-ion battery applications[J]. *Chemistry of Materials*,2009,21 (6):1096-1107.

[32] Y Antonietti,L Liu. Ionothermal synthesis of zirconium phosphates and their catalytic behavior in the selective oxidation of cyclohexane13[J]. *Angewandte Chemie International Edition*,2009,48 (12):2206-2209.

[33] E R Cooper,C D Andrews,P S Wheatley,et al. Ionic liquids and

eutectic mixtures as solvent and template in synthesis of zeolite analogues [J]. *Nature*,2004,430 (7003):1012-1016.

[34] Y P Xu,Z J Tian,Z S Xu,et al. Ionothermal synthesis of silicoaluminophosphate molecular sieve in N-alkyl imidazolium bromide[J]. *Chinese Journal of Catalysis*,2005,26 (6):446-448.

[35] M Antonietti,D B Kuang,B Smarsly,et al. Ionic liquids for the convenient synthesis of functional nanoparticles and other inorganic nanostructures[J]. *Angewandte Chemie-International Edition*,2004,43 (38): 4988-4992.

[36] Y Zhou, M Antonietti. A novel tailored bimodal porous silica with well-defined inverse opal microstructure and super-microporous lamellar nanostructure [J]. *Chemical Communications*, 2003, (20): 2564-2565.

[37] Y Zhou,M Antonietti. Preparation of highly ordered monolithic super-microporous lamellar silica with a room-temperature ionic liquid as template via the nanocasting technique[J]. *Advanced Materials*,2003,15 (17):1452-1455.

[38] Y Zhou,M Antonietti. Synthesis of very small TiO_2 nanocrystals in a room-temperature ionic liquid and their self-assembly toward mesoporous spherical aggregates[J]. *Journal of the American Chemical Society*,2003,125 (49):14960-14961.

[39] Y Zhou,M Antonietti. A series of highly ordered,super-microporus, lamellar silicas prepared by nanocasting with ionic liquids[J]. *Chemistry of Materials*,2004,16 (3):544-550.

[40] Y Zhou,J H Schattka,M Antonietti. Room-temperature ionic liquids as template to monolithic mesoporous silica with wormlike pores via a sol-gel nanocasting technique[J]. *Nano Letters*,2004,4 (3):477-481.

[41] S D Miao,Z J Miao,Z M Liu,et al. Synthesis of mesoporous TiO_2 films in ionic liquid dissolving cellulose[J]. *Microporous and Mesoporous Materials*,2006,95 (1-3):26-30.

[42] B Smarsly,D Kuang,M Antonietti. Making nanometer thick silica glass scaffolds:An experimental approach to learn about size effects in glasses[J]. *Colloid and Polymer Science*,2004,282 (8):892-900.

[43] B G Trewyn,C M Whitman,V S Y Lin. Morphological control of room-temperature ionic liquid templated mesoporous silica nanoparticles

for controlled release of antibacterial agents[J]. *Nano Letters*, 2004, 4 (11): 2139-2143.

[44] C J Adams, A E Bradley, K R Seddon. The synthesis of mesoporous materials using novel ionic liquid templates in water[J]. *Australian journal of chemistry*, 2001, 54 (11): 679-681.

[45] K Zhu, F Pozgan, L D'Souza, et al. Ionic liquid templated high surface area mesoporous silica and Ru-SiO_2 [J]. *Microporous and Mesoporous Materials*, 2006, 91 (1-3): 40-46.

[46] T W Wang, H Kaper, M Antonietti, et al. Templating behavior of a long-chain ionic liquid in the hydrothermal synthesis of mesoporous silica[J]. *Langmuir*, 2007, 23 (3): 1489-1495.

[47] K S Yoo, T G Lee, J Kim. Preparation and characterization of mesoporous TiO_2 particles by modified sol-gel method using ionic liquids [J]. *Microporous and Mesoporous Materials*, 2005, 84 (1-3): 211-217.

[48] N Y Yu, L M Gong, H J Song, et al. Ionic liquid of [Bmim](+) Cl- for the preparation of hierarchical nanostructured rutile titania[J]. *Journal of Solid State Chemistry*, 2007, 180 (2): 799-803.

[49] J M Du, Z M Liu, Z H Li, et al. Synthesis of mesoporous $SrCO_3$ spheres and hollow $CaCO_3$ spheres in room-temperature ionic liquid[J]. *Microporous and Mesoporous Materials*, 2005, 83 (1-3): 145-149.

[50] N Zilkova, A Zukal, J Cejka. Synthesis of organized mesoporous alumina templated with ionic liquids[J]. *Microporous Mesoporous Mat.*, 2006, 95 (1-3): 176-179.

[51] H Park, S H Yang, Y S Jun, et al. Facile route to synthesize large-mesoporous gamma-alumina by room temperature ionic liquids[J]. *Chemistry of Materials*, 2007, 19 (3): 535-542.

[52] B Lee, H M Luo, C Y Yuan, et al. Synthesis and characterization of organic-inorganic hybrid mesoporous silica materials with new templates[J]. *Chemical Communications*, 2004, (2): 240-241.

[53] D Kuang, T Brezesinski, B Smarsly. Hierarchical porous silica materials with a trimodal pore system using surfactant templates[J]. *J. Am. Chem. Soc.*, 2004, 126 (34): 10534-10535.

[54] T Brezesinski, C Erpen, K Iimura, et al. Mesostructured crystalline ceria with a bimodal pore system using block copolymers and ionic liquids as rational templates[J]. *Chemistry of Materials*, 2005, 17 (7):

1683-1690.

[55] T Jesionowski, M Pokora, K Sobaszkiewicz, et al. Preparation and characterization of functionalized precipitated silica SYLOID (R) 244 using ionic liquids as modifiers[J]. *Surface and Interface Analysis*, 2004, 36 (11): 1491-1496.

[56] C H Liu, X Y Yu, J G Yang, et al. Preparation of mesoporous Al-MCM-41 with stable tetrahedral aluminum using ionic liquids as a single template[J]. *Materials Letters*, 2007, 61 (30): 5261-5264.

[57] L A Aslanov, M A Zakharov, E E Knyazeva, et al. Preparation of mesoporous aluminum hydroxide and oxide in ionic liquids[J]. *Russ. J. Inorg. Chem.*, 2007, 52 (10): 1511-1513.

[58] S Dai, Y H Ju, H J Gao, et al. Preparation of silica aerogel using ionic liquids as solvents [J]. *Chemical Communications*, 2000, (3): 243-244.

[59] A Jia, J Li, Y Zhang, et al. Synthesis and characterization of nanosized micro-mesoporous Zr-SiO_2 via ionic liquid templating[J]. *Materials Science & Engineering C*, 2008, 28(8): 1217-1226.

[60] L Wang, X Chen, Y Chai, et al. Lyotropic liquid crystalline phases formed in an ionic liquid[J]. *Chemical Communications*, 2004, (24): 2840-2841.

[61] M A Firestone, J A Dzielawa, P Zapol, et al. Lyotropic liquid-crystalline gel formation in a room-temperature ionic liquid[J]. *Langmuir*, 2002, 18 (20): 7258-7260.

[62] J Bowers, C P Butts, P J Martin, et al. Aggregation behavior of aqueous solutions of ionic liquids[J]. *Langmuir*, 2004, 20 (6): 2191-2198.

[63] J K Yuan, W N Li, S Gomez, et al. Shape-controlled synthesis of manganese oxide octahedral molecular sieve three-dimensional nanostructures[J]. *Journal of the American Chemical Society*, 2005, 127 (41): 14184-14185.

[64] X Y Yu, C H Liu, J G Yang, et al. Preparation of mesoporous molecular sieves Al-MSU-S using ionic liquids as template[J]. *Chinese Journal of Chemistry*, 2006, 24 (10): 1282-1284.

[65] L X Yang, Y J Zhu, W W Wang, et al. Synthesis and formation mechanism of nanoneedles and nanorods of manganese oxide octahedral molecular sieve using an ionic liquid[J]. *Journal of Physical Chemistry*

B,2006,110 (13):6609-6614.

[66] Y J Zhu,W W Wang,R J Qi,et al. Microwave-assisted synthesis of single-crystalline tellurium nanorods and nanowires in ionic liquids[J]. *Angewandte Chemie-International Edition*,2004,43 (11):1410-1414.

[67] X L Hu,Y J Zhu. Morphology control of $PbWO_4$ nano- and microcrystals via a simple, seedless, and high-yield wet chemical route[J]. *Langmuir*,2004,20 (4):1521-1523.

[68] Y Jiang,Y J Zhu. Microwave-assisted synthesis of nanocrystalline metal sulfides using an ionic liquid[J]. *Chem. Lett.*,2004,33 (10):1390-1391.

[69] W W Wang,Y J Zhu. Shape-controlled synthesis of zinc oxide by microwave heating using an imidazolium salt[J]. *Inorganic Chemistry Communications*,2004,7 (9):1003-1005.

[70] Y Jiang,Y J Zhu. Microwave-assisted synthesis of sulfide M_2S_3 (M= Bi, Sb) nanorods using an ionic liquid[J]. *Journal of Physical Chemistry B*,2005,109 (10):4361-4364.

[71] Y Jiang,Y J Zhu,Z L Xu. Rapid synthesis of Bi_2S_3 nanocrystals with different morphologies by microwave heating[J]. *Materials Letters*,2006,60 (17-18):2294-2298.

[72] W W Wang,Y J Zhu. Microwave-assisted synthesis of cobalt oxalate nanorods and their thermal conversion to Co_3O_4 rods[J]. *Materials Research Bulletin*,2005,40 (11):1929-1935.

[73] Y Jiang,Y J Zhu,G F Cheng. Synthesis of Bi_2Se_3 nanosheets by microwave heating using an ionic liquid[J]. *Crystal Growth & Design*,2006,6 (9):2174-2176.

[74] W W Wang,Y J Zhu. Synthesis of $PbCrO_4$ and Pb_2CrO_5 rods via a microwave-assisted ionic liquid method[J]. *Crystal Growth & Design*,2005,5 (2):505-507.

[75] W W Wang,Y J Zhu,G F Cheng,et al. Microwave-assisted synthesis of cupric oxide nanosheets and nanowhiskers[J]. *Materials Letters*,2006,60 (5):609-612.

[76] Y Jiang,Y J Zhu. Bi_2Te_3 nanostructures prepared by microwave heating[J]. *Journal of Crystal Growth*,2007,306 (2):351-355.

[77] W W Wang,Y J Zhu,M L Ruan. Microwave-assisted synthesis and magnetic property of magnetite and hematite nanoparticles[J]. *Jour-*

nal of Nanoparticle Research, 2007, 9 (3): 419-426.

[78] D S Jacob, L Bitton, J Grinblat, et al. Are ionic liquids really a boon for the synthesis of inorganic materials? A general method for the fabrication of nanosized metal fluorides[J]. *Chemistry of Materials*, 2006, 18 (13): 3162-3168.

[79] J Dupont, G S Fonseca, A P Umpierre, et al. Transition-metal nanoparticles in imidazolium ionic liquids: Recycable catalysts for biphasic hydrogenation reactions[J]. *Journal of the American Chemical Society*, 2002, 124 (16): 4228-4229.

[80] G S Fonseca, G Machado, S R Teixeira, et al. Synthesis and characterization of catalytic iridium nanoparticles in imidazolium ionic liquids [J]. *Journal of Colloid and Interface Science*, 2006, 301 (1): 193-204.

[81] G S Fonseca, J B Domingos, F Nome, et al. On the kinetics of iridium nanoparticles formation in ionic liquids and olefin hydrogenation [J]. *Journal of Molecular Catalysis a-Chemical*, 2006, 248 (1-2): 10-16.

[82] F Fernandez, B Cordero, J Durand, et al. Palladium catalyzed Suzuki C-C couplings in an ionic liquid: Nanoparticles responsible for the catalytic activity[J]. *Dalton Transactions*, 2007, (47): 5572-5581.

[83] Z F Fei, D B Zhao, D Pieraccini, et al. Development of nitrile-functionalized ionic liquids for C-C coupling reactions: Implication of carbene and nanoparticle catalysts [J]. *Organometallics*, 2007, 26 (7): 1588-1598.

[84] A Thirumurugan. Use of ionic liquids in synthesis of nanocrystals, nanorods and nanowires of elemental chalcogens[J]. *Bulletin of Materials Science*, 2007, 30 (2): 179-182.

[85] I Mukhopadhyay, W Freyland. Electrodeposition of Ti nanowires on highly oriented pyrolytic graphite from an ionic liquid at room temperature[J]. *Langmuir*, 2003, 19 (6): 1951-1953.

[86] I Mukhopadhyay, C L Aravinda, D Borissov, et al. Electrodeposition of Ti from $TiCl_4$ in the ionic liquid 1-methyl-3-butyl-imidazolium bis (trifluoro methyl sulfone) imide at room temperature: Study on phase formation by in situ electrochemical scanning tunneling microscopy[J]. *Electrochimica Acta*, 2005, 50 (6): 1275-1281.

[87] G T Wei, Z S Yang, C Y Lee, et al. Aqueous-organic phase transfer of gold nanoparticles and gold nanorods using an ionic liquid[J]. *Jour-*

nal of the American Chemical Society,2004,126 (16):5036-5037.

[88] Z H Li,J L Zhang,J M Du,et al. Synthesis of $LaCO_3OH$ nanowires via a solvothermal process in the mixture of water and room-temperature ionic liquid[J]. *Materials Letters*,2005,59 (8-9):963-965.

[89] J Jiang,S H Yu,W T Yao,et al. Morphogenesis and crystallization of Bi_2S_3 nanostructures by an ionic liquid-assisted templating route: Synthesis,formation mechanism,and properties[J]. *Chemistry of Materials*,2005,17 (24):6094-6100.

[90] Y H He,D Z Li,Z X Chen,et al. New synthesis of single-crystalline $InVO_4$ nanorods using an ionic liquid[J]. *Journal of the American Ceramic Society*,2007,90 (11):3698-3703.

[91] Z G Li,H L Zhang,J M Du,et al. Preparation of silica microrods with nano-sized pores in ionic liquid microemulsions[J]. *Colloids and Surfaces a-Physicochemical and Engineering Aspects*, 2006, 286 (1-3): 117-120.

[92] S Y Gao,H J Zhang,X M Wang,et al. Palladium nanowires stabilized by thiol-functionalized ionic liquid: Seed-mediated synthesis and heterogeneous catalyst for Sonogashira coupling reaction[J]. *Nanotechnology*,2005,16 (8):1234-1237.

[93] K S Kim,D Demberelnyamba,H Lee. Size-selective synthesis of gold and platinum nanoparticles using novel thiol-functionalized ionic liquids[J]. *Langmuir*,2004,20 (3):556-560.

[94] K S Kim,S Choi,J H Cha,et al. Facile one-pot synthesis of gold nanoparticles using alcohol ionic liquids[J]. *Journal of Materials Chemistry*,2006,16 (14):1315-1317.

[95] H Itoh,K Naka,Y Chujo. Synthesis of gold nanoparticles modified with ionic liquid based on the imidazolium cation[J]. *Journal of the American Chemical Society*,2004,126 (10):3026-3027.

[96] P Bonhote,A P Dias,N Papageorgiou,et al. Hydrophobic,highly conductive ambient-temperature molten salts[J]. *Inorg. Chem.*,1996,35 (5):1168-1178.

[97] J L Anderson,J Ding,T Welton,et al. Characterizing ionic liquids on the basis of multiple solvation interactions[J]. *Journal of the American Chemical Society*,2002,124 (47):14247-14254.

[98] Z H Li,Z M Liu,J L Zhang,et al. Synthesis of single-crystal

gold nanosheets of large size in ionic liquids[J]. *Journal of Physical Chemistry B*,2005,109 (30):14445-14448.

[99] H Kawasaki, T Yonezawa, K Nishimura, et al. Fabrication of submillimeter-sized gold plates from thermal decomposition of $HAuCl_4$ in two-component ionic liquids[J]. *Chem. Lett.* ,2007,36 (8):1038-1039.

[100] S Guo,F Shi,Y L Gu,et al. Size-controllable synthesis of gold nanoparticles via carbonylation and reduction of hydrochloroauric acid with CO and H_2O in ionic liquids[J]. *Chem. Lett.* ,2005,34 (6):830-831.

[101] R Tatumi, H Fujihara. Remarkably stable gold nanoparticles functionalized with a zwitterionic liquid based on imidazolium sulfonate in a high concentration of aqueous electrolyte and ionic liquid[J]. *Chemical Communications*,2005,(1):83-85.

[102] L Y Wang,X Chen,Y C Chai,et al. Controlled formation of gold nanoplates and nanobelts in lyotropic liquid crystal phases with imidazolium cations[J]. *Colloids and Surfaces a-Physicochemical and Engineering Aspects*,2007,293 (1-3):95-100.

[103] D Batra,S Seifert,L M Varela,et al. Solvent-mediated plasmon tuning in a gold-nanoparticle-poly(ionic liquid) composite[J]. *Adv. Funct. Mater.* ,2007,17 (8):1279-1287.

[104] A I Bhatt,A Mechler,L L Martin,et al. Synthesis of Ag and Au nanostructures in an ionic liquid: Thermodynamic and kinetic effects underlying nanoparticle, cluster and nanowire formation[J]. *J. Mater. Chem.* ,2007,17 (21):2241-2250.

[105] Y Jin,P J Wang,D H Yin,et al. Gold nanoparticles prepared by sonochemical method in thiol-functionalized ionic liquid[J]. *Colloids and Surfaces a-Physicochemical and Engineering Aspects*, 2007, 302 (1-3): 366-370.

[106] H S Schrekker,M A Gelesky,M P Stracke,et al. Disclosure of the imidazolium cation coordination and stabilization mode in ionic liquid stabilized gold(0) nanoparticles[J]. *Journal of Colloid and Interface Science*,2007,316 (1):189-195.

[107] H J Ryu,L Sanchez,H A Keul,et al. Imidazolium-based ionic liquids as efficient shape-regulating solvents for the synthesis of gold nanorods[J]. *Angewandte Chemie International Edition*, 2008, 47, 7639-7643.

[108] S M Chen, Y D Liu, G Z Wu. Stabilized and size-tunable gold nanoparticles formed in a quaternary ammonium-based room-temperature ionic liquid under gamma-irradiation[J]. *Nanotechnology*, 2005, 16 (10): 2360-2364.

[109] T Soejima, N Kimizuka. Ultrathin gold nanosheets formed by photoreduction at the ionic liquid/water interface[J]. *Chem. Lett.*, 2005, 34 (9):1234-1235.

[110] J M Zhu, Y H Shen, A J Xie, et al. Photoinduced synthesis of anisotropic gold nanoparticles in room-temperature ionic liquid[J]. *Journal of Physical Chemistry C*, 2007, 111 (21):7629-7633.

[111] Y Kimura, H Takata, M Terazima, et al. Preparation of gold nanoparticles by the laser ablation in room-temperature ionic liquids[J]. *Chem. Lett.*, 2007, 36 (9):1130-1131.

[112] L Z Ren, L J Meng, Q H Lu, et al. Fabrication of gold nano- and microstructures in ionic liquids - A remarkable anion effect[J]. *Journal of Colloid and Interface Science*, 2008, 323 (2):260-266.

[113] L Z Ren, L J Meng, Q H Lu. Fabrication of octahedral gold nanostructures using an alcoholic ionic liquid[J]. *Chem. Lett.*, 2008, 37 (1):106-107.

[114] K I Okazaki, T Kiyama, K Hirahara, et al. Single-step synthesis of gold-silver alloy nanoparticles in ionic liquids by a sputter deposition technique[J]. *Chemical Communications*, 2008, (6):691-693.

[115] T Torimoto, K Okazaki, T Kiyama, et al. Sputter deposition onto ionic liquids: Simple and clean synthesis of highly dispersed ultrafine metal nanoparticles[J]. *Applied Physics Letters*, 2006, 89 (24).

[116] Z G Li, A Friedrich, A Taubert. Gold microcrystal synthesis via reduction of $HAuCl_4$ by cellulose in the ionic liquid 1-butyl-3-methyl imidazolium chloride[J]. *Journal of Materials Chemistry*, 2008, 18 (9): 1008-1014.

[117] Y Gao, A Voigt, M Zhou, et al. Synthesis of single-crystal gold nano- and microprisms using a solvent-reductant-template ionic liquid[J]. *European Journal of Inorganic Chemistry*, 2008, (24):3769-3775.

[118] E Dinda, S Si, A Kotal, et al. Novel ascorbic acid based ionic liquids for the in situ synthesis of quasi-spherical and anisotropic gold nanostructures in aqueous medium[J]. *Chemistry-a European Journal*,

2008,14 (18):5528-5537.

[119] Y Wang,H Yang. Synthesis of CoPt nanorods in ionic liquids[J]. *Journal of the American Chemical Society*,2005,127 (15):5316-5317.

[120] H J Chen,S J Dong. Self-assembly of ionic liquids-stabilized Pt nanoparticles into two-dimensional patterned nanostructures at the air-water interface[J]. *Langmuir*,2007,23 (25):12503-12507.

[121] P Migowski, G Machado, S R Texeira, et al. Synthesis and characterization of nickel nanoparticles dispersed in imidazolium ionic liquids[J]. *Phys. Chem. Chem. Phys.* ,2007,9 (34):4814-4821.

[122] P Migowski, S R Teixeira, G Machado, et al. Structural and magnetic characterization of Ni nanoparticles synthesized in ionic liquids [J]. *Journal of Electron Spectroscopy and Related Phenomena*, 2007, 156,195-199.

[123] G Clavel, J Larionova, Y Guari, et al. Synthesis of cyano-bridged magnetic nanoparticles using room-temperature ionic liquids[J]. *Chemistry-a European Journal*,2006,12 (14):3798-3804.

[124] T Gutel,J Garcia-Anton,K Pelzer,et al. Influence of the self-organization of ionic liquids on the size of ruthenium nanoparticles:Effect of the temperature and stirring[J]. *Journal of Materials Chemistry*, 2007,17 (31):3290-3292.

[125] E Redel,R Thomann,C Janiak. Use of ionic liquids (ILs) for the IL-anion size-dependent formation of Cr,Mo and W nanoparticles from metal carbonyl M(CO)(6) precursors[J]. *Chemical Communications*, 2008,(15):1789-1791.

[126] E Redel,R Thomann,C Janiak. First correlation of nanoparticle size-dependent formation with the ionic liquid anion molecular volume[J]. *Inorg. Chem.* ,2008,47 (1):14-16.

[127] D Clevel,M Scariot. Cobalt nanocubes in ionic liquids:Synthesis and properties13[J]. *Angewandte Chemie International Edition*,2008, 47 (47):9075-9078.

[128] J Dupont. From molten salts to ionic liquids:A "Nano" journey [J]. *Accounts of Chemical Research*,2011,44 (11):1223-1231.

[129] Z Ma,J Yu,S Dai. Preparation of inorganic materials using ionic liquids[J]. *Advanced Materials*,2010,22 (2):261-285.

[130] J N A Canongia Lopes,A A H Pádua. Nanostructural organiza-

tion in ionic liquids[J]. *The Journal of Physical Chemistry B*,2006,110 (7):3330-3335.

[131] B Nikoobakht,M A El-Sayed. Preparation and growth mechanism of gold nanorods (NRs) using seed-mediated growth method[J]. *Chemistry of Materials*,2003,15 (10):1957-1962.

[132] H A Keul,H J Ryu,M Moller,et al. Anion effect on the shape evolution of gold nanoparticles during seed-induced growth in imidazolium-based ionic liquids[J]. *Physical Chemistry Chemical Physics*,2011,13 (30):13572-13578.

[133] H J Ryu,L Sanchez,H A Keul,et al. Imidazolium-based ionic liquids as efficient shape-regulating solvents for the synthesis of gold nanorods[J]. *Angewandte Chemie International Edition*,2008,47 (40):7639-7643.

[134] T K Sau,A L Rogach. Nonspherical noble metal nanoparticles: colloid-chemical synthesis and morphology control[J]. *Advanced Materials*,2010,22 (16):1781-1804.

[135] J Zhang,M R Langille,M L Personick,et al. Concave cubic gold nanocrystals with high-index facets[J]. *Journal of the American Chemical Society*,2010,132 (40):14012-14014.

[136] M L Personick,M R Langille,J Zhang,et al. Synthesis and isolation of {110}-faceted gold bipyramids and rhombic dodecahedra[J]. *Journal of the American Chemical Society*,2011,133 (16):6170-6173.

[137] S M Humphrey,M E Grass,S E Habas,et al. Rhodium nanoparticles from cluster seeds:? Control of size and shape by precursor addition rate[J]. *Nano Letters*,2007,7 (3):785-790.

[138] H Zhang,W Li,M Jin,et al. Controlling the morphology of rhodium nanocrystals by manipulating the growth kinetics with a syringe pump[J]. *Nano Letters*,2010,11 (2):898-903.

[139] Y Xiong,A R Siekkinen,J Wang,et al. Synthesis of silver nanoplates at high yields by slowing down the polyol reduction of silver nitrate with polyacrylamide[J]. *Journal of Materials Chemistry*,2007,17 (25):2600-2602.

[140] J Song,Y Chu,Y Liu,et al. Room-temperature controllable fabrication of silver nanoplates reduced by aniline[J]. *Chemical Communications*,2008,(10):1223-1225.

[141] A J Biacchi, R E Schaak. The solvent matters: kinetic versus thermodynamic shape control in the polyol synthesis of rhodium nanoparticles[J]. *ACS Nano*, 2011, 5 (10): 8089-8099.

[142] B Wiley, T Herricks, Y Sun, et al. Polyol synthesis of silver nanoparticles: ? Use of chloride and oxygen to promote the formation of single-crystal, truncated cubes and tetrahedrons[J]. *Nano Letters*, 2004, 4 (9): 1733-1739.

[143] B Wiley, Y Sun, Y Xia. Polyol synthesis of silver nanostructures: ? Control of product morphology with Fe(Ⅱ) or Fe(Ⅲ) species [J]. *Langmuir*, 2005, 21 (18): 8077-8080.

[144] Y Xiong, J Chen, B Wiley, et al. Understanding the role of oxidative etching in the polyol synthesis of pd nanoparticles with uniform shape and size[J]. *Journal of the American Chemical Society*, 2005, 127 (20): 7332-7333.

[145] R Jin, Y Charles Cao, E Hao, et al. Controlling anisotropic nanoparticle growth through plasmon excitation[J]. *Nature*, 2003, 425 (6957): 487-490.

[146] K R J Lovelock, A Ejigu, S F Loh, et al. On the diffusion of ferrocenemethanol in room-temperature ionic liquids: An electrochemical study[J]. *Physical Chemistry Chemical Physics*, 2011, 13 (21): 10155-10164.

[147] A A J Torriero, A I Siriwardana, A M Bond, et al. Physical and electrochemical properties of thioether-functionalized ionic liquids[J]. *The Journal of Physical Chemistry B*, 2009, 113 (32): 11222-11231.

[148] K R Seddon, A Stark, M J Torres. Influence of chloride, water, and organic solvents on the physical properties of ionic liquids[J]. *Pure Appl. Chem*, 2000, 72 (12): 2275-2287.

[149] G Chevrot, R Schurhammer, G Wipff. Molecular dynamics simulations of the aqueous interface with the [BMI][PF_6] ionic liquid: Comparison of different solvent models[J]. *Physical Chemistry Chemical Physics*, 2006, 8 (36): 4166-4174.

[150] S Nie, S R Emory. Probing single molecules and single nanoparticles by surface-enhanced raman scattering[J]. *Science*, 1997, 275 (5303): 1102-1106.

[151] Y W C Cao, R C Jin, C A Mirkin. Nanoparticles with Raman

spectroscopic fingerprints for DNA and RNA detection[J]. *Science*,2002,297 (5586):1536-1540.

[152] T A Taton,C A Mirkin,R L Letsinger. Scanometric DNA array detection with nanoparticle probes[J]. *Science*, 2000, 289 (5485): 1757-1760.

[153] C Burda,X B Chen,R Narayanan,et al. Chemistry and properties of nanocrystals of different shapes[J]. *Chemical Reviews*,2005,105 (4):1025-1102.

[154] M C Daniel,D Astruc. Gold nanoparticles:Assembly,supramolecular chemistry,quantum-size-related properties,and applications toward biology,catalysis, and nanotechnology[J]. *Chemical Reviews*, 2004, 104 (1):293-346.

[155] K Kneipp,H Kneipp,I Itzkan,et al. Ultrasensitive chemical analysis by Raman spectroscopy [J]. *Chemical Reviews*, 1999, 99 (10):2957.

[156] N L Rosi,C A Mirkin. Nanostructures in biodiagnostics[J]. *Chemical Reviews*,2005,105 (4):1547-1562.

[157] M E Stewart,C R Anderton,L B Thompson,et al. Nanostructured plasmonic sensors[J]. *Chemical Reviews*,2008,108 (2):494-521.

[158] E Ozbay. Plasmonics: Merging photonics and electronics at nanoscale dimensions[J]. *Science*,2006,311 (5758):189-193.

[159] P K Jain,X Huang,I H El-Sayed,et al. Noble metals on the nanoscale:Optical and photothermal properties and some applications in imaging,sensing, biology, and medicine[J]. *Accounts of Chemical Research*,2008,41 (12):1578-1586.

[160] M A El-Sayed. Some interesting properties of metals confined in time and nanometer space of different shapes[J]. *Acc. Chem. Res.*, 2001,34 (4):257-264.

[161] K L Kelly,E Coronado,L L Zhao,et al. The optical properties of metal nanoparticles:The influence of size,shape,and dielectric environment[J]. *J. Phys. Chem. B*,2003,107 (3):668-677.

[162] K M Bratlie,H Lee,K Komvopoulos,et al. Platinum nanoparticle shape effects on benzene hydrogenation selectivity[J]. *Nano Lett*, 2007,7 (10):3097-3101.

[163] Chao Wang. A general approach to the size-and shape-con-

trolled synthesis of platinum nanoparticles and their catalytic reduction of oxygen13[J]. *Angewandte Chemie International Edition*, 2008, 47 (19): 3588-3591.

[164] N Tian, Z Y Zhou, S G Sun, et al. Synthesis of tetrahexahedral platinum nanocrystals with high-index facets and high electro-oxidation activity[J]. *Science*, 2007, 316 (5825): 732-735.

[165] T Ahmadi, Z Wang, T Green, et al. Shape-controlled synthesis of colloidal platinum nanoparticles[J]. *Science*, 1996, 272 (5270): 1924.

[166] Y G Sun, Y N Xia. Shape-controlled synthesis of gold and silver nanoparticles[J]. *Science*, 2002, 298 (5601): 2176-2179.

[167] C Burda, X B Chen, R Narayanan, et al. Chemistry and properties of nanocrystals of different shapes[J]. *Chemical Reviews*, 2005, 105 (4): 1025-1102.

[168] Younan Xia. Shape-controlled synthesis of metal nanocrystals: simple chemistry meets complex physics[J]. *Angewandte Chemie International Edition*, 2009, 48 (1): 60-103.

[169] R C Jin, Y W Cao, C A Mirkin, et al. Photoinduced conversion of silver nanospheres to nanoprisms [J]. *Science*, 2001, 294 (5548): 1901-1903.

[170] R C Jin, Y C Cao, E C Hao, et al. Controlling anisotropic nanoparticle growth through plasmon excitation[J]. *Nature*, 2003, 425 (6957): 487-490.

[171] C L Haynes, R P Van Duyne. Plasmon-sampled surface-enhanced raman excitation spectroscopy[J]. *The Journal of Physical Chemistry B*, 2003, 107 (30): 7426-7433.

[172] Y Yang, S Matsubara, L M Xiong, et al. Solvothermal synthesis of multiple shapes of silver nanoparticles and their SERS properties[J]. *Journal of Physical Chemistry C*, 2007, 111 (26): 9095-9104.

[173] X Q Zou, S J Dong. Surface-enhanced Raman scattering studies on aggregated silver nanoplates in aqueous solution[J]. *Journal of Physical Chemistry B*, 2006, 110 (43): 21545-21550.

[174] M D Malinsky, K L Kelly, G C Schatz, et al. Chain length dependence and sensing capabilities of the localized surface plasmon resonance of silver nanoparticles chemically modified with alkanethiol self-assembled monolayers[J]. *J. Am. Chem. Soc.*, 2001, 123 (7): 1471-1482.

[175] A J Haes,R P Van Duyne. A nanoscale optical blosensor:Sensitivity and selectivity of an approach based on the localized surface plasmon resonance spectroscopy of triangular silver nanoparticles[J]. *Journal of the American Chemical Society*,2002,124 (35):10596-10604.

[176] K E Shafer-Peltier,C L Haynes,M R Glucksberg,et al. Toward a glucose biosensor based on surface-enhanced raman scattering[J]. *Journal of the American Chemical Society*,2003,125 (2):588-593.

[177] C R Yonzon,E Jeoungf,S L Zou,et al. A comparative analysis of localized and propagating surface plasmon resonance sensors:The binding of concanavalin a to a monosaccharide functionalized self-assembled monolayer[J]. *Journal of the American Chemical Society*, 2004, 126 (39):12669-12676.

[178] A Brioude,M P Pileni. Silver nanodisks:Optical properties study using the discrete dipole approximation method[J]. *Journal of Physical Chemistry B*,2005,109 (49):23371-23377.

[179] J E Millstone,S Park,K L Shuford,et al. Observation of a quadrupole plasmon mode for a colloidal solution of gold nanoprisms[J]. *J. Am. Chem. Soc*,2005,127 (15):5312-5313.

[180] X P Sun,S J Dong,E Wang. Large-scale synthesis of micrometer-scale single-crystalline Au plates of nanometer thickness by a wet-chemical route[J]. *Angewandte Chemie-International Edition*, 2004, 43 (46):6360-6363.

[181] C Lofton,W Sigmund. Mechanisms controlling crystal habits of gold and silver colloids[J]. *Advanced Functional Materials*,2005,15 (7):1197-1208.

[182] S H Chen,D L Carroll. Silver nanoplates:Size control in two dimensions and formation mechanisms[J]. *Journal of Physical Chemistry B*,2004,108 (18):5500-5506.

[183] A I Kirkland,P P Edwards,D A Jefferson,et al. The structure,characterization,and evolution of colloidal metals[J]. *Annu. Rep. Prog. Chem. C*,1990,87,247-304.

[184] Y J Xiong,I Washio,J Y Chen,et al. Poly(vinyl pyrrolidone):A dual functional reductant and stabilizer for the facile synthesis of noble metal nanoplates in aqueous solutions[J]. *Langmuir*, 2006, 22 (20):8563-8570.

[185] Y J Xiong, J M McLellan, J Y Chen, et al. Kinetically controlled synthesis of triangular and hexagonal nanoplates of palladium and their SPR/SERS properties[J]. *Journal of the American Chemical Society*, 2005, 127 (48): 17118-17127.

[186] V Germain, J Li, D Ingert, et al. Stacking faults in formation of silver nanodisks[J]. *Journal of Physical Chemistry B*, 2003, 107 (34): 8717-8720.

[187] Z L Wang. Transmission electron microscopy of shape-controlled nanocrystals and their assemblies[J]. *Journal of Physical Chemistry B*, 2000, 104 (6): 1153-1175.

[188] M Tsuji, M Hashimoto, Y Nishizawa, et al. Microwave-assisted synthesis of metallic nanostructures in solution[J]. *Chemistry-a European Journal*, 2005, 11 (2): 440-452.

[189] M Tsuji, N Miyamae, S Lim, et al. Crystal structures and growth mechanisms of Au@Ag core-shell nanoparticles prepared by the microwave-polyol method[J]. *Crystal Growth & Design*, 2006, 6 (8): 1801-1807.

[190] A I Kirkland, D A Jefferson, D G Duff, et al. Structural studies of trigonal lamellar particles of gold and silver[J]. *J. Proc. R. Soc. London, Ser. A*, 1993, 440, 589-609.

[191] Y A Sun, Y N Xia. Triangular nanoplates of silver: Synthesis, characterization, and use as sacrificial templates for generating triangular nanorings of gold[J]. *Advanced Materials*, 2003, 15 (9): 695-699.

[192] T C R Rocha, D Zanchet. Structural defects and their role in the growth of Ag triangular nanoplates[J]. *Journal of Physical Chemistry C*, 2007, 111 (19): 6989-6993.

[193] X Bai, L Zheng, N Li, et al. Synthesis and characterization of microscale gold nanoplates using langmuir monolayers of long-chain ionic liquid[J]. *Cryst. Growth Des*, 2008, 8 (10): 3840-3846.

[194] Y Ding, Z L Wang. Structure analysis of nanowires and nanobelts by transmission electron microscopy[J]. *The Journal of Physical Chemistry B*, 2004, 108 (33): 12280-12291.

[195] J-M Zhang, F Ma, K-W Xu. Calculation of the surface energy of FCC metals with modified embedded-atom method[J]. *Applied Surface Science*, 2004, 229 (1-4): 34-42.

[196] B Wiley, Y G Sun, B Mayers, et al. Shape-controlled synthesis of metal nanostructures: The case of silver[J]. *Chemistry-a European Journal*, 2005, 11 (2): 454-463.

[197] B Wiley, T Herricks, Y G Sun, et al. Polyol synthesis of silver nanoparticles: Use of chloride and oxygen to promote the formation of single-crystal, truncated cubes and tetrahedrons[J]. *Nano Letters*, 2004, 4 (9): 1733-1739.

[198] J L Elechiguerra, J Reyes-Gasga, M J Yacaman. The role of twinning in shape evolution of anisotropic noble metal nanostructures[J]. *Journal of Materials Chemistry*, 2006, 16 (40): 3906-3919.

[199] C Besson, E E Finney, R G Finke. A mechanism for transition-metal nanoparticle self-assembly[J]. *J. Am. Chem. Soc*, 2005, 127 (22): 8179-8184.

[200] M A Watzky, R G Finke. Transition metal nanocluster formation kinetic and mechanistic studies. A new mechanism when hydrogen is the reductant: Slow, continuous nucleation and fast autocatalytic surface growth[J]. *J. Am. Chem. Soc*, 1997, 119 (43): 10382-10400.

[201] J M Petroski, Z L Wang, T C Green, et al. Kinetically controlled growth and shape formation mechanism of platinum nanoparticles [J]. *J. Phys. Chem. B*, 1998, 102 (18): 3316-3320.

[202] X Peng, L Manna, W Yang, et al. Shape control of CdSe nanocrystals[J]. *Nature*, 2000, 404 (6773): 59-61.

[203] Y W Jun, Y Y Jung, J Cheon. Architectural control of magnetic semiconductor nanocrystals [J]. *J. Am. Chem. Soc.*, 2002, 124 (4): 615-619.

[204] I Washio, Y J Xiong, Y D Yin, et al. Reduction by the end groups of poly(vinyl pyrrolidone): A new and versatile route to the kinetically controlled synthesis of Ag triangular nanoplates[J]. *Advanced Materials*, 2006, 18 (13): 1745.

[205] Y J Xiong, A R Siekkinen, J G Wang, et al. Synthesis of silver nanoplates at high yields by slowing down the polyol reduction of silver nitrate with polyacrylamide[J]. *Journal of Materials Chemistry*, 2007, 17 (25): 2600-2602.

[206] Jingyi Chen. Polyol synthesis of platinum nanostructures: control of morphology through the manipulation of reduction kinetics13[J].

Angewandte Chemie International Edition,2005,44 (17):2589-2592.

[207] S H Chen,D L Carroll. Synthesis and characterization of truncated triangular silver nanoplates [J]. *Nano Letters*, 2002, 2 (9): 1003-1007.

[208] I Pastoriza-Santos,L M Liz-Marzan. Synthesis of silver nanoprisms in DMF[J]. *Nano Letters*,2002,2 (8):903-905.

[209] B Wiley, Y G Sun, Y N Xia. Polyol synthesis of silver nanostructures:Control of product morphology with Fe(Ⅱ) or Fe(Ⅲ) species [J]. *Langmuir*,2005,21 (18):8077-8080.

[210] Y Xiong,J Chen,B Wiley,et al. Understanding the role of oxidative etching in the polyol synthesis of Pd nanoparticles with uniform shape and size[J]. *J. Am. Chem. Soc*,2005,127 (20):7332-7333.

[211] Y J Xiong,J Y Chen,B Wiley,et al. Understanding the role of oxidative etching in the polyol synthesis of Pd nanoparticles with uniform shape and size[J]. *Journal of the American Chemical Society*,2005,127 (20):7332-7333.

[212] Y G Sun,B Mayers,Y N Xia. Transformation of silver nanospheres into nanobelts and triangular nanoplates through a thermal process[J]. *Nano Letters*,2003,3 (5):675-679.

[213] F Zeng,C Hou,S Z Wu,et al. Silver nanoparticles directly formed on natural macroporous matrix and their anti-microbial activities [J]. *Nanotechnology*,2007,18 (5):055605.

[214] S Shrivastava, T Bera, A Roy, et al. Characterization of enhanced antibacterial effects of novel silver nanoparticles[J]. *Nanotechnology*,2007,18 (22):225103.

[215] J R Morones,J L Elechiguerra,A Camacho,et al. The bactericidal effect of silver nanoparticles[J]. *Nanotechnology*, 2005, 16 (10): 2346-2353.

[216] P Gong,H M Li,X X He,et al. Preparation and antibacterial activity of Fe_3O_4 @ Ag nanoparticles [J]. *Nanotechnology*, 2007, 18 (28):285604.

[217] C Aymonier,U Schlotterbeck,L Antonietti,et al. Hybrids of silver nanoparticles with amphiphilic hyperbranched macromolecules exhibiting antimicrobial properties [J]. *Chem. Commun*, 2002, (24): 3018-3019.

[218] R W Y Sun, R Chen, N P Y Chung, et al. Silver nanoparticles fabricated in hepes buffer exhibit cytoprotective activities toward HIV-1 infected cells[J]. *Chem. Commun*, 2005, (40): 5059-5061.

[219] V A Oyanedel-Craver, J A Smith. Sustainable colloidal-silver-impregnated ceramic filter for point-of-use water treatment[J]. *Environ. Sci. Technol*, 2008, 42 (3): 927-933.

[220] S K Gogoi, P Gopinath, A Paul, et al. Green fluorescent protein-expressing Escherichia coli as a model system for investigating the antimicrobial activities of silver nanoparticles[J]. *Langmuir*, 2006, 22 (22): 9322-9328.

[221] J L Elechiguerra, J L Burt, J R Morones, et al. Interaction of silver nanoparticles with HIV-1[J]. *J Nanobiotechnology*, 2005, 3, 6.

[222] C Baker, A Pradhan, L Pakstis, et al. Synthesis and antibacterial properties of silver nanoparticles[J]. *J. Nanosci. Nanotechnol*, 2005, 5 (2): 244-249.

[223] J S Kim, E Kuk, K N Yu, et al. Antimicrobial effects of silver nanoparticles[J]. *Nanomedicine: nanotechnology, biology, and medicine*, 2007, 3 (1): 95-101.

[224] A Panacek, L Kvitek, R Prucek, et al. Silver colloid nanoparticles: Synthesis, characterization, and their antibacterial activity[J]. *Journal of Physical Chemistry B*, 2006, 110 (33): 16248-16253.

[225] S Pal, Y K Tak, J M Song. Does the antibacterial activity of silver nanoparticles depend on the shape of the nanoparticle? A study of the gram-negative bacterium Escherichia coli[J]. *Applied and Environmental Microbiology*, 2007, 73 (6): 1712-1720.

[226] X Wang, F Yang, W Yang, et al. A study on the antibacterial activity of one-dimensional ZnO nanowire arrays: Effects of the orientation and plane surface [J]. *Chemical Communications*, 2007, 2007 (42): 4419-4421.

[227] P M Ajayan, L D Marks. Quasimelting and phases of small particles[J]. *Physical Review Letters*, 1988, 60 (7): 585-587.

[228] D W Hatchett, H S White. Electrochemistry of sulfur adlayers on the low-index faces of silver[J]. *J. Phys. Chem*, 1996, 100 (23): 9854-9859.

[229] F Zeng, C Hou, S Z Wu, et al. Silver nanoparticles directly

formed on natural macroporous matrix and their anti-microbial activities [J]. *Nanotechnology*,2007,18 (5):8.

[230] M Osawa,N Matsuda,K Yoshii,et al. Charge transfer resonance Raman process in surface-enhanced Raman scattering from p-aminothiophenol adsorbed on silver:Herzberg-Teller contribution[J]. *The Journal of Physical Chemistry*,1994,98 (48):12702-12707.

[231] A Campion,P Kambhampati. Surface-enhanced Raman scattering[J]. *Chemical Society Reviews*,1998,27 (4):241-250.

[232] M Kerker. Electromagnetic model for surface-enhanced Raman scattering (SERS) on metal colloids[J]. *Accounts of Chemical Research*, 1984,17 (8):271-277.

[233] C J Orendorff,L Gearheart,N R Jana,et al. Aspect ratio dependence on surface enhanced Raman scattering using silver and gold nanorod substrates[J]. *Physical Chemistry Chemical Physics*, 2006, 8 (1):165-170.

[234] J A Creighton,D G Eadon. Ultraviolet visible absorption-spectra of the colloidal metallic elements[J]. *Journal of the Chemical Society-Faraday Transactions*,1991,87 (24):3881-3891.

[235] A M Michaels,J Jiang,L Brus. Ag nanocrystal junctions as the site for surface-enhanced Raman scattering of single rhodamine 6G molecules[J]. *Journal of Physical Chemistry B*,2000,104 (50):11965-11971.

[236] J Jiang,K Bosnick,M Maillard,et al. Single molecule Raman spectroscopy at the junctions of large Ag nanocrystals[J]. *Journal of Physical Chemistry B*,2003,107 (37):9964-9972.

[237] V A Markel,V M Shalaev,P Zhang,et al. Near-field optical spectroscopy of individual surface-plasmon modes in colloid clusters[J]. *Physical Review-Series B*,1999,59,10-10.

[238] T Atay,J H Song,A V Nurmikko. Strongly interacting plasmon nanoparticle pairs:From dipole? Dipole interaction to conductively coupled regime[J]. *Nano Letters*,2004,4 (9):1627-1631.

[239] I Mrozek,C Pettenkofer,A Otto. Raman spectroscopy of carbon monoxide adsorbed on silver island films[J]. *Surface Science*,1990, 238 (1-3):192-198.

[240] S G Schultz,M Janik-Czachor,R P Van Duyne. Surface enhanced Raman spectroscopy:A re-examination of the role of surface

roughness and electrochemical anodization[J]. *Surface Science*, 1981, 104 (2-3): 419-434.

[241] A Otto, T Bornemann, K Eritic, et al. Model of electronically enhanced Raman scattering from adsorbates on cold-deposited silver[J]. *Surface Science*, 1989, 210 (3): 363-386.

[242] D L Jeanmaire, R P Van Duyne. Surface raman spectroelectrochemistry: Part Ⅰ. Heterocyclic, aromatic, and aliphatic amines adsorbed on the anodized silver electrode[J]. *Journal of Electroanalytical Chemistry*, 1977, 84 (1): 1-20.

第8章 Ag纳米立方膜的热驱动构筑及其在LSPR传感中的应用

8.1 引 言

由于金属材料的复介电常数具有负的较大的实部和正的较小的虚部而显示出独特的光学现象——局域表面等离子体共振(Localized Surface Plasmon Resonance,LSPR)。所谓表面等离子体共振,即在入射光的交变电磁场的激发下,金属纳米粒子或不连续的金属纳米结构中的自由电子受电磁力作用而发生极化,从而产生集体性振荡,当外加电磁场的频率和此金属自由电子的固有振荡频率相等时便发生电磁共振,而对入射光表现出强烈的消光(包括散射和吸收)作用,其摩尔消光系数可高达 3×10^{11} M^{-1}/cm[1]。这种独特的物理光学性质使得金属纳米结构在生物传感、医学治疗、波谱检测、显微成像、光源制作、亚波长光学、纳米光电集成等技术中有迷人的应用前景[2-6]。

金属纳米结构的LSPR性质即其消光峰值的强度和位置不仅与纳米粒子的组成、形貌和大小有关,而且与纳米粒子之间的间距和纳米粒子周围介质的介电常数有关[7-8]。基于这种原理,可以设计成LSPR传感器来实时监测表面分子识别及反应动态过程,进而获得有关分子结构变化和化学键合的信息,计算反应的动力学常数,确定反应物的种类和浓度。而且这一检测识别过程无需对检测样品进行标记和纯化。LSPR传感器和基于同种原理并已经商业化的SPR仪器相比,LSPR传感器具有和其相当的选择性、检测限和灵敏度,但由于LSPR信号可以在普通的紫外-可见分光光度计上进行检测,使得LSPR传感器可以发展成为低成本、便携式的实时监测设备[9-10]。

目前常用的LSPR传感平台有金属溶胶和固定于基片的纳米粒子膜。溶胶型LSPR传感主要是利用吸附于胶体金属纳米粒子表面的分子发生特异识别作用后引起纳米粒子不同程度聚集,减小了粒子间距,使得粒子的LSPR峰之间发生耦合;同时由于表面分子和目标分子的作用导致粒子周围环境的介电常数的改变,因此,其LSPR峰值的移动(即溶胶颜色的改变)是粒子间距与周围介质介电常数共同变化的结果。虽然溶胶LSPR传感已被成功地应用于免疫分析[11-12]以及DNA检测[13-14]等方面，但由于溶胶粒子的稳定性较差，通常在合成过程中需要加入一定量的稳定剂防止溶胶因长期放置而发生自身聚集，而稳定剂的加入将影响纳米粒子与表面修饰分子的结合能力。同时由于发生特异识别引起聚集后，粒子的间距存在不确定性，进而影响到其重现性和定量分析的准确性。基于此，研究发展了芯片型LSPR传感器，其首先将合适的纳米粒子担载固定于基体上，然后再在纳米粒子表面修饰一层能与目标检测分子或离子具有特异结合能力的物质，形成传感膜，然后让分析物与传感膜接触发生特异性反应，从而引起纳米粒子表面周围环境介质的介电常数的变化，这种变化所导致的LSPR峰的位移或强度的改变，可以在紫外-可见分光光度计上通过透射光谱或反射光谱进行实时监测[15-16]。与溶胶型LSPR传感器不同，芯片型传感器LSPR峰的变化仅仅是由于纳米粒子周围介质的介电常数变化的结果，因此，其具有更高的稳定性和重现性。

要实现LSPR传感器，首先应将合适的金属纳米粒子组装或固定到基体上，即在基体上形成二维的金属纳米结构，这种二维纳米结构的性质可以通过纳米粒子的组成、形貌及其空间排布来进行调节。在过去的二十年间，二维组装结构通常采用不同刻蚀技术[17-19]和真空蒸发技术[20]来制备，可以在不同的基体上形成各种由一定大小、形貌和空间取向的纳米粒子构成的二维图案。但最常用的光刻技术由于光的衍射效应而难于获得较高的空间分辨率，虽然电子束[18]和聚焦离子束刻蚀技术[19]具有相对较高的空间分辨率，但它们的过程过于繁琐，而导致其产率低下并且成本过高。近年来发展起来的纳米球刻蚀技术[21]和激光干涉光刻技术[22]虽然成本相对较低，但通常这些技术仅限于制备三角形或圆盘状等特定形貌的纳米结构。此外这些刻蚀技术不能得到单晶结构的纳米粒子，并且其可以形成的二维组装膜的面积非常有限。

近年来，化学合成方法已经可以非常成功地制备出各种形貌、尺寸和晶型可控及高分散性、高稳定性的贵金属纳米粒子，与此同时，为了将化学方法合成的纳米粒子转移并组装固定到基体上，诸如Langmuir-Blodgett技术[23]、溶剂蒸发诱导自组装技术[24]、分子调控组装技术[25]、界面自组装技术[26]和光辅助组装技术等各种化学组装技术已经逐渐发展起来。虽然化学方法和物理光刻技术相比，其对所构成二维膜的纳米粒子的形貌、大小、晶型和粒子间距以及膜面积的大小等方面的控制，即对二维膜的LSPR性质的调控要更好，但前面提到的各种化学组装方法或者需要复杂的设备（如Langmuir-Blodgett技术），或者需要复杂繁琐的表面改性（如分子调控组装技术）或者对粒子间距难以调控（界面自组装技术）等原因而难以成为一种普遍有效的组装技术。因此,新的化学组装技术的发展仍然是一项具有挑战性的工作。我们的初步研究工作表明,对于聚乙烯吡咯烷酮(Poly(Vinylpyrrolidone),PVP)包覆的纳米粒子,在两亲性分子 2-(二乙氨基)乙硫醇(2-(Diethylamino)Ethanethiol,DEAET)[27]的辅助下,可自组装到水-甲苯两相界面处,更为令人惊奇的是我们发现当加热时,位于界面处的纳米粒子可在热驱动下组装到玻璃片上,并且纳米粒子的间距可通过 DEAET 的量和温度来控制。需要说明的是,PVP 作为一种重要的高分子物质,在各向异性金属纳米粒子的合成和改性中已经被广泛应用,因此本组装方法具有一定的普适性。

基体上二维组装膜的形成仅是制备 LSPR 传感器的开始,要真正应用此项技术还面临以下几个关键的科学问题:

(1)基体上二维组装膜的稳定性。这种不稳定性主要来自两个方面:(a)由于贵金属纳米粒子和氧化物基体(如玻璃)之间的结合力较弱,会导致使用过程中纳米粒子的团聚甚至脱落;(b)将金属纳米粒子和外界环境尤其是溶剂直接接触,会导致传感膜的结构和形貌的变化。这些都势必导致其光学性质的变化和检测的不确定性;这种情况已经在 Au[28] 和 Ag[29-30]的岛状粒子所构建的 LSPR 传感器中遇到。近来的研究表明通过热处理[31]或者在金属和氧化物基体之间加入有机[32]或无机的偶联剂如 Cr,Ni,Ti 的方法[33],可在一定程度上提高纳米粒子和氧化物基体(如玻璃)之间的结合力。但更为有效地解决这一问题的方法就是在此二维组装膜的表面涂覆一层保护膜,如 SiO_x[34]、Si_3N_4[35]、掺锡氧化铟(ITO)[36]、金刚石[37]和类金刚石[38]等,此保护膜与金属纳米颗粒和基体形成了一种“三明治”结构,这一方面提高了金属纳米粒子在基体上的牢固程度,同时也避免了金属纳米粒子直接接触环境介质而造成的直接干扰和影响。由于此保护膜代替了金属纳米粒子而和环境介质或检测溶液直接接触形成了新的界面,此即通常所谓的 LSPR 界面。

现如今,涂覆保护膜的方法主要采用物理方法(如真空蒸发技术[39]和旋涂技术[40]等)或者化学方法(如溶胶凝胶法[34]和化学气相沉积法[41]等),但如何采用更简单易行和更加可控的方式均匀涂覆这层保护膜仍然是一项富有挑战性的工作。

(2)LSPR 界面的综合性能。LSPR 界面从功能性上来说首先要求能够保证其包覆的金属纳米结构的 LSPR 信号不会发生明显衰减,其次还要求其具有良好的生物相容性和一定的力学稳定性,最后还要求其表面应易于化学修饰以便于嫁接与分析物(靶分子)具有特异性结合能力的探针分子,因此要制备出综合性能优异的 LSPR 界面仍然是一项富有挑战性的研究课题。理论计算和实验研究已经表明[42]，包覆层的厚度对 LSPR 峰随环境介质的介电常数的变化，即传感器的 RIS 具有重要的影响——LSPR 峰的位置随着包覆层的厚度产生周期性的振荡（当然，不同的包覆层物质其振荡的周期性也就不同）。这说明在适当的包覆层厚度情况下，包覆层对金属纳米结构的 LSPR 信号不会产生明显的衰减作用；并且选择不同包覆层厚度，不但可以实现近程的 LSPR 传感，也可以实现远程的传感，而这对于高灵敏度的生物靶向分子的检测是十分有利的。但选择何种物质作为包覆层的材料还要对其性能进行综合考虑。氧化硅（SiO_x）作为一种重要的介电物质被广泛用来包覆贵金属、半导体和磁性等纳米粒子或纳米薄膜，这主要是因为其具有许多与众不同的优点[43]：(a)其具有极高的稳定性（尤其在水溶液中）和化学惰性以及良好的光学透过性和生物相容性；(b)其非常成熟的包覆和处理技术，如经典的 Stober 方法，利用硅烷偶联剂或硅酸钠（水玻璃）的技术等；(c)和其丰富的硅表面处理技术而易于后续嫁接功能性分子或官能团[34,41]。因此，综合考虑，氧化硅是一种理想的 LSPR 界面涂层材料，但如何发展一种更加简单易行并可对涂层的厚度进行调节的技术就变得十分重要。

(3)LSPR 传感器的可重复使用性。对任何一种传感器来说，都要求其可以再生而能够重复利用，以降低使用成本，但这一问题在目前关于 LSPR 传感器的研究中并未引起足够重视。特别是在生物传感器的设计上，由于生物大分子仅有一定的保持活性的时间，因此就要求作为探针的生物分子失活后，能够使传感器再生。另一方面，当传感器要完成多任务检测时，也要求其表面修饰的探针分子易于根据需要而改变。金属螯合亲合层析，又称固定化金属离子亲合层析（Immobilized Metal Ion Affinity Chromatography，IMAC），是近 30 年发展起来的一种新型分离技术[44]。Susanne Graslund 等人[45]在对 10 000 多个不同蛋白的表达纯化进行总结，认为 6 组氨酸标签（His-tag）是蛋白纯化的首选标签，因此利用 His-tag 的化学亲和力来固定生物分子而用于生物传感就成为一种非常吸引人的手段，这主要是利用 His-tag 可与多种金属离子发生特殊的相互作用，包括 Ca^{2+}、Mg^{2+}、Ni^{2+}、Co^{2+} 等，其中以 Ni^{2+} 的使用最为广泛，而 Ni^{2+} 则通过与连接于传感器表面的含次氮基三乙酸（NTA）的分子相互作用来固定。如图位于中心的 Ni^{2+} 离子是六配位的，其中 NTA 共占据四个位置，还留有两个空位可以和 6His-tag 中相邻的两个 tag 中的咪唑 N 相配位。这种 His-tag/Ni^{2+}/NTA 方法的好处之一是可以通过咪唑或 EDTA 的加入来可逆地脱附所固定的生物分子，以达到传感器表面的可再生和可重复利用的目的。

综上所述，基于目前 LSPR 传感器的应用研究所需要解决的关键科学问题，本研究首先在 2-(二乙氨基)乙硫醇辅助下采用热驱动的方式将不同形貌的金属纳米粒子组装到玻璃片上，然后采用 Stober 法包覆一定厚度的 SiO_x 形成 LSPR 界面，接着以 Ni^{2+} / NTA 体系设计出 LSPR 传感器，最后以生物素-连霉亲和素传感体系，探索所设计的 LSPR 传感器在生物传感中的应用。

8.2　实验部分

8.2.1　Ag 纳米立方的制备及热组装

8.2.1.1　Ag 纳米立方的制备

Ag 纳米立方的制备采用夏幼南课题组发展的多元醇方法[46-47]，具体步骤为：用 20 mL 的量筒准确量取 12 mL 的 EG，加入到放有磁子的 50 mL 圆底烧瓶中。为了让水蒸气移出，同时又防止污染烧瓶内溶液，在圆底烧瓶的瓶口斜放一个橡皮塞，并开始计时。加热 15 min 后，在 50 mL 的烧杯中配制 3 mM NaHS 的 EG 溶液 20 mL，放置备用。加热到 45 min 时，开始分别配制 $AgNO_3$(48 mg/mL)和 PVP(MW＝29 000，20 mg/mL)的 EG 溶液，放置，备用。加热时间到 1 h 时，用相应移液管加入 0.16 mL NaHS 的 EG 溶液，8～9 min 后再分别加入新配制的 3 mL 的 PVP 溶液和 1 mL 的 $AgNO_3$ 溶液，加样完成后约 10 min，圆底烧瓶中溶液变为乳黄色，且不透明，瓶壁上有明显的银镜现象，再反应 10～15 min 后，从而得到以 PVP 为结构导向剂和稳定剂的银立方。停止反应，放置冷却至室温，然后在室温水浴中放置保存。

8.2.1.2　玻片的预处理

将新裁好的普通玻璃片(50×9×1 mm)放入 80 ℃的 Piranha 洗液(即 3∶1 的 H_2SO_4 95%～98%/H_2O_2 30%混合溶液)30 min，然后取出用大量去离子水冲洗，然后再浸泡于 1∶1∶5 的 H_2O_2、NH_4OH 和去离子水的混合溶液中，超声 60 min，取出玻片，用大量去离子水冲洗，放置备用。

8.2.1.3　Ag 纳米立方在玻璃基体上的热驱动组装

以带有旋盖的玻璃样品瓶(16 mL，ϕ20×70 mm)为反应容器，将其置于循环水套中，取 10 mL 含有银立方纳米粒子的溶液放入反应容器中，再加入 4 mL 的甲苯，形成水-甲苯两相体系；然后加入一定量的 2-二乙氨基乙硫醇(2-Diethylaminoethanethiol，DEAET)，搅拌后，纳米粒子自组装到两相界面处；接着将表面羟基化处理过的玻璃片，放入上述反应容器中，使其上端斜靠在甲苯相的器壁上，下端接触容器的底部；通过循环水浴调节其温度至 60 ℃，保持在此水浴温度下 1 h；然后取出玻璃片，用二甲苯和乙醇多次冲洗，再用氮气吹干。此组装膜样品标记为 Ag/glass slide。

8.2.2 LSPR 传感界面的形成

8.2.2.1 包覆一定厚度的 SiO_x 层

为了防止组装后的 Ag 纳米立方薄膜脱落，我们采用经典的 Stober 法对 Ag/glassslide 进行硅化包覆。具体步骤如下：对将步骤中制备的担载有二维组装膜结构的玻片 Ag/glass-slide，放置于 15 mL 含有 4.2%氨水和 20 μL TEOS 的乙醇混合溶液，25 ℃下搅拌放置 8 h 以上，反应后取出组装膜 SiO_2/Ag/glass slide，并用大量乙醇冲洗，氮气吹干，备用。SiO_x 包覆后的样品标记为 SiO_2/Ag/glass slide。

8.2.2.2 螯合剂 NTA 的引入和 his_6 标记的生物素的固定

螯合剂 NTA 的引入分为三个步骤：首先将 SiO_x/Ag/glass-slide 浸泡入 15 mL 3 wt% 的 3-缩水甘油醚氧基丙基三甲氧基硅烷((3-Glycidyloxypropyl)Trimethoxysilane，GPTES)的乙醇溶液中 8 h；接着将样品放入 60 ℃含有 10 mmol/L 的 Nα，Nα-二(羧甲基)-L-赖氨酸(Nα，Nα-Bis(Carboxymethyl)-L-Lysine)的 PBS 缓冲溶液(pH=8)中 4 h 后，用大量的高纯水冲洗，并用氮气吹干；最后，将样品浸泡入浓度为 100 mmol/L 的 $NiCl_2$ 溶液 2 h 后，多余的 Ni^{2+} 用高纯水冲洗除去。引入螯合剂 NTA 和 Ni^{2+} 后的样品标记为 Ni^{2+}-NTA/SiO_2/Ag/glass-slide。

为了固定 his_6 标记的生物素，将所制备的 Ni^{2+}-NTA/SiO_2/Ag/glass-slide 样品浸泡于浓度为 500 μg/mL 的含有 his 标记生物素的 PBS 缓冲溶液(pH=7.4)2 h 后，用 PBS 缓冲溶液冲洗，并于 4 ℃下保存在 PBS 缓冲溶液中备用。固定 his_6 标记的生物素后的样品标记为 his_6-biotin/Ni^{2+}-NTA/SiO_2/Ag/glass-slide.

8.2.3　传感应用

8.2.3.1　宏观折射率灵敏度的测定

测定 SiO_2/Ag/glass slide 的 RIS 值所用的溶剂及其相应折射率为:水(n=1.333),丁醇(n=1.397),乙二醇(n=1.432),二甲亚砜 DMSO(n=1.478),二甲苯(n=1.503)。

8.2.3.2　链霉亲和素的传感检测

以生物素和链霉亲和素相互作用为模型来表征所制备的 LSPR 传感器的性能。将 his_6-biotin/Ni^{2+}-NTA/SiO_2/Ag/glass-slide 分别浸泡于一系列一定浓度(0.01～1000 nM)的含有链霉亲和素的待分析溶液中 2 h 后,用 PBS 缓冲液冲洗以除去未被键合的链霉亲和素,接着将样品在氮气气流下小心干燥,最后将样品放置于样品台上测定其紫外-可见光谱。

8.3　结果和讨论

8.3.1　Ag 纳米立方的热驱动组装

为了制备 LSPR 传感器芯片,我们采用了热驱动的方法用于将银纳米粒子组装玻璃基体(图 8-1)。当含有银纳米粒子的水溶液和甲苯溶液混合后,形成了互不相容的二相体系。然后,加入一定量的 DEAET 并剧烈搅拌,在水-甲苯两相界面可以观察到 Ag 膜的形成(图 8-2)。当将温度升高到 60 ℃时,我们观察到一种有趣的现象,及处于甲苯-水界面的 Ag 纳米粒子可以迁移并均匀组装于玻璃基体上。在不同量的 DEAET 作用下,形成的两个有代表性的样品的照片及其 SEM 图分别如图 8-3(a)和(b)所示。可以看出,银纳米粒子均匀担载于玻璃基体上。从相应的紫外可见光谱[图 8-2(c)],发现三维结构的组装膜吸光度远高于二维组装膜的吸光度。这主要是因为三维结构的 Ag 纳米颗粒的密度高于二维。

通过在一定量含有纳米粒子的水溶液中加入两亲性分子 2-(二乙氨基)乙硫醇并在其辅助下,将纳米粒子首先组装到水-甲苯两相界面,然后放入经过表面羟基化处理的玻璃片,最后通过加热的方式将位于界面的纳米粒子组装到玻璃片上。

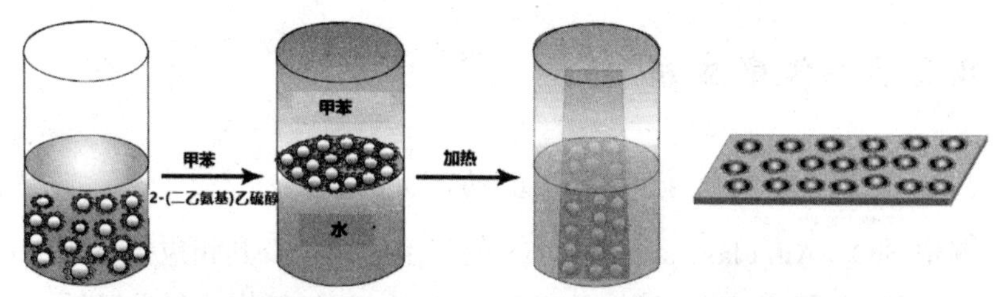

图 8-1　DEAET 辅助下 Ag 纳米立方在玻璃基体上的组装过程示意图

图 8-2　当在含有 Ag 立方的甲苯-水两相溶液中加入 DEAET 时，两相界面出形成 Ag 膜的数码照片

为了证明 DEAET 在形成组装膜中的重要作用，我们选用同样含有-SH 官能团的 Aminoehtanethiol，Benzenethiol 和 Mercaptoacetic Acid 做了相应的对照实验，结果表明同样条件下这些分子的加入并不能驱动 Ag 纳米粒子在玻璃基体上形成任何二维或三维组装膜。这些对照实验证明了 DEAET 在形成组装膜过程中所起的重要作用。为了更进一步的考察 DEAET 的作用，我们对在不同量 DEAET 的作用下形成的薄膜进行了紫外-可见光表征，结果如图 8-4 所示，从中可以看出随着 DEAET 的增加，位于 400～500 nm 的吸收峰先增大然后减小，在 DEAET 的量为 5 μL 时达到最大。说明在 DEAET 的量为 5 μL 时形成的 Ag 膜的担载密度最大。为了进一步的证实这种现象，我们通过硝酸将玻璃基体上的 Ag 纳米粒子溶解后，通过 ICP-OES 测定不同基体上 Ag 的担载量，然后计算出平均担载厚度，其结果列于表 8-1 中。需要说明的是，计算出的 Ag 立方的担载厚度并非为整数，这说明 Ag 纳米立方的玻片上有一定的团聚现象。对比图 8-4、表 8-1 的实验数据说明，吸光度的大小和担载层的厚度有着直接的对应关

系，即担载层厚度越大也即其在玻片上的密度越大，其吸光度也越大。这也进一步证实了 DEAET 的加入量对薄膜的形成及其结构具有决定性的影响。

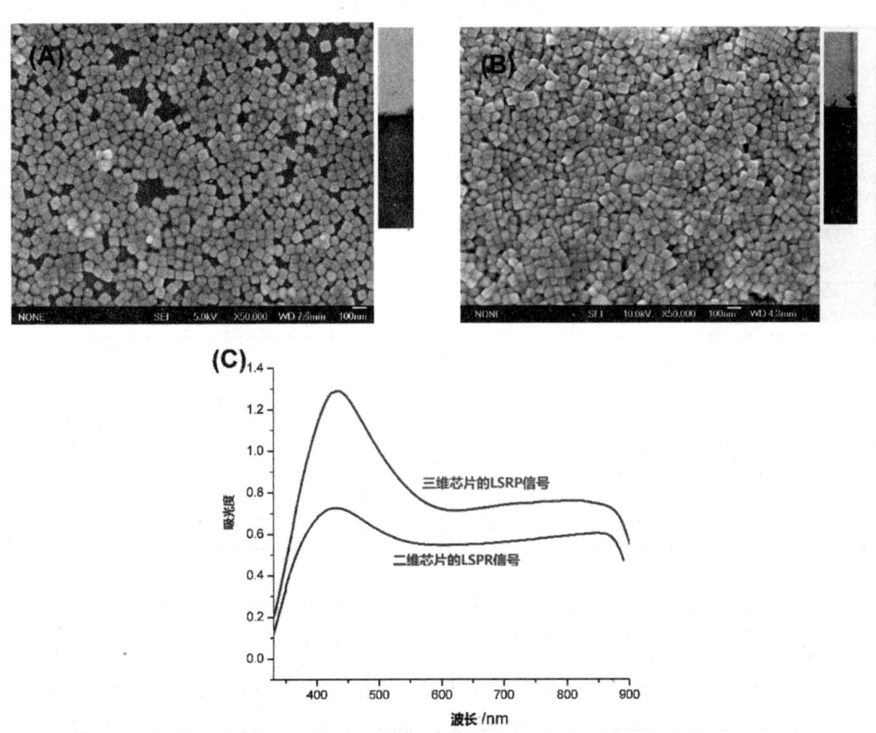

图 8-3　两个代表性的 Ag/glass 样品的表征：(a)加入 3 μLDEAET 所制备的二维结构组装膜的 SEM 图；(b)加入 5 μLDEAET 所制备的三维结构组装膜的 SEM 图；(c)两个样品的 LSPR 光谱。SEM 图内显示的是所对应样品的数码照片

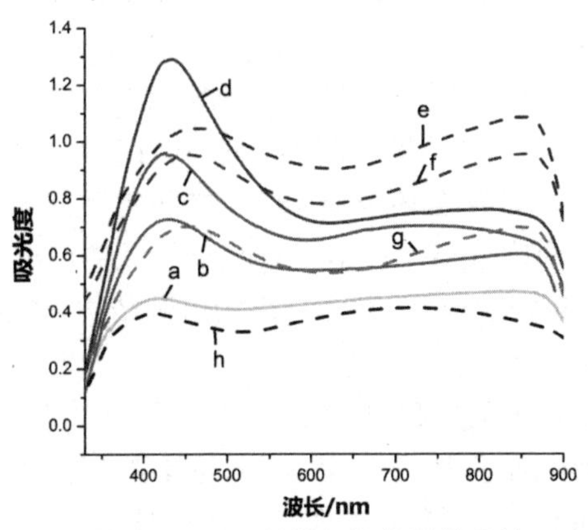

图 8-4　不同量 DEAET 下所制备担载膜样品的 LSPR 光谱

(a) 2 μL，(b) 3 μL，(c) 4 μL，(d) 5 μL，(e) 6 μL，(f) 7 μL，(g) 8 μL，(h) 9 μL

表 8-1 不同量 DEAET 下所制备样品表面 Ag 纳米立方的质量密度，数密度和担载层数

DEAET 的量（μL）	Ag 的量（10^{-3} g）	Ag 的质量密度（10^{-7} g/mm^2）	Ag 的数密度（10^8/mm^2）	Ag 的层数
2	1.799	2.645	3.939	0.63
3	2.710	3.986	5.937	0.95
4	5.279	7.763	11.557	1.85
5	7.704	11.329	16.877	2.70
6	6.136	9.023	13.439	2.15
7	3.995	5.875	8.750	1.40
8	2.381	3.502	5.216	0.83
9	1.314	1.932	2.877	0.46

这种现象可以从 DEAET 的分子结构上来进行解释。DEAET(2-(二乙氨基)乙硫醇)，其分子式为 $CH_3(CH_2)_2NCH_2CH_2SH$，此分子中同时含有疏水性的乙基和亲水性的氨基，并且其亲疏水性随着温度的变化而变化[27]——当温度升高时，其亲水性增强而与水的互溶度增大；而当温度降低时，其疏水性增强而与有机溶剂如甲苯的互溶度增大。当加入少量的 DEAET 后，其通过强 Ag—S 键的作用，部分取代了纳米粒子表面的亲水性稳定剂 PVP，当加热此体系时，在 DEAET 亲水性增强的作用下，金属纳米粒子向水中移动，此时如在体系中放入表面含有许多－OH 的玻璃基体，则由于 PVP 与玻璃基体表面－OH 之间氢键的相互作用，而驱使纳米粒子担载于玻璃片上。但当 DEAET 量增加时，其过多地取代了纳米粒子表面的 PVP，而使 PVP 与玻璃基体表面—OH 之间氢键的相互作用减弱，这也直接导致组装膜的密度减小。在本实验的条件下，当 DEAET 量为 5 μL 时形成的 Ag 膜的担载密度最大，且为三维的组装结构，相应的其 LSPR 峰也最强。

为了证实我们提出的这种热组装方法的重现性，我们在同一量的 DEAET 作用下，分别制备了 10 个样品，测定并计算出平均数密度及标准偏差(见表 8-2)，从中可以看出，形成三维组装结构时的重现性要好于二维组装结构的重现性。

表8-2 在同一浓度的DEAET作用下形成的样品的表面Ag纳米立方的担载密度

DEAET加入量/μL	在同一浓度的DEAET作用下形成的样品的表面Ag纳米立方的担载密度(10^8/mm^2)										Mean	SD
	1	2	3	4	5	6	7	8	9	10		
2	3.953	3.828	4.037	4.624	4.125	3.953	3.744	4.079	3.426	3.618	3.939	0.325
3	5.887	5.929	6.307	5.845	5.761	5.887	6.265	6.055	5.761	5.677	5.937	0.211
4	11.422	11.595	11.679	11.721	11.595	11.512	11.344	11.47	11.554	11.679	11.557	0.121
5	16.699	16.951	16.699	16.825	16.960	16.876	16.909	16.993	16.825	17.035	16.877	0.116
6	13.432	13.39	13.223	13.247	13.516	13.600	13.474	13.437	13.558	13.516	13.439	0.124
7	8.647	8.563	8.438	8.773	9.025	8.689	8.815	8.689	8.959	8.899	8.750	0.182
8	5.278	4.987	4.981	5.316	5.189	4.956	5.358	5.365	5.232	5.498	5.216	0.186
9	2.835	2.499	2.865	2.877	2.751	3.129	3.339	2.793	2.474	3.213	2.877	0.283

8.3.2 SiO_x表面包覆层的形成及样品稳定性的测试

将纳米粒子组装到基体上以后，要想将组装膜应用到LSPR传感中，一般的做法是利用含有巯基的功能性分子取代纳米粒子表面原有的稳定剂或改性剂而通过Au—S键或Ag—S键和纳米粒子相连[31-32,48]。但已有的研究表明，这种方法存在诸多不足：(1)虽然Au—S或Ag—S共价键很强，但通常作为稳定剂和(或)结构导向剂的物质分子通常在某些晶面上的吸附强度非常高，但要取代这些物质却并不容易；(2)Au—S或Ag—S也并不是很稳定，其存在一个动态的平衡等；(3)金属纳米粒子会由于和外界环境尤其是溶剂直接接触，会导致其形貌的不稳定而使其LSPR性质发生变化。为了克服以上困难和不足，在纳米粒子组装膜上包覆一层既有利于后续嫁接功能性分子又有利于纳米粒子薄膜稳定的介电材料就非常有必要[34,49]。这其中以包覆SiO_x研究的最多，经常采用的方法主要有真空蒸发法，旋涂法和溶胶-凝胶法。这其中由于溶胶-凝胶法制备的SiO_x层厚度均匀可调而受到极大的关注，但一般的溶胶-凝胶法为了使和金属纳米粒子之间有较强的结合力，需要使用偶联剂，如3-巯丙基三甲氧基硅烷(3-Mercaptopropyl Trimethoxysilane，MPTMS)，3-氨丙基三甲氧基硅烷（3-Aminopropyl Trimethoxysilane，APTMS)，这些偶联剂对用那些采用物理方法制备的表面没有稳定剂分子的金属纳米粒子的偶联效果较好。但对用化学方法制备的组装膜来说，由于表面稳定剂分子较多且吸附相对较强，其偶联效果并不好。

本研究中，我们利用经典的 Stober 法对 Ag/glass slide 样品进行了包覆[50]（示意图 8-5)，这主要是因为所制备的 Ag/glass slide 样品中 Ag 纳米粒子表面仍有 PVP(见图 8-6)，而这些 PVP 可以在碱性条件下，使吡咯环中的酮基转变为羟基，这为采用以正硅酸乙酯为前驱物的溶胶-凝胶法提供了很好的条件，而不用再使用偶联剂，并且这种经典的 Stober 法可以很方便的通过前驱物 TEOS 的量来控制 SiO_x 层的厚度。

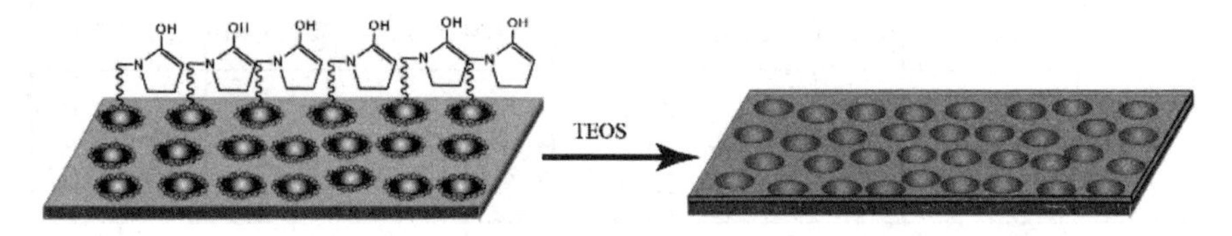

图 8-5　通过 Stober 方法包覆 Ag/glass：将制备的担载有组装膜结构的玻片 Ag/glass-slide 置放于含有一定浓度 TEOS 的乙醇与氨水的混合溶液中以在 Ag/glass 表面形成 SiO_x 包覆层

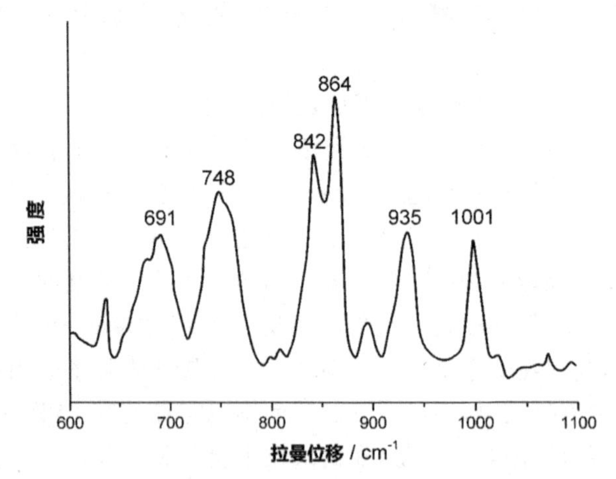

图 8-6　Ag/glass slide 样品的 Raman 光谱

691 cm^{-1} 处的谱带归因于 C—C 拉伸模式，并且 748 cm^{-1} 处的相邻谱带可归因于吡咯烷酮环的扭转。在 842 和 864 cm^{-1} 处的两个相对较强的谱带是由吡咯烷酮环呼吸模式产生的。935 cm^{-1} 处的谱带是由于 CH_2 环摇摆模式，并且 1 001 cm^{-1} 处的谱带是由骨架 CH_2 的变形引起的

为了考察所制备的 SiO_x/Ag/glass slide 样品的稳定性，我们测定了样品在超声前后的 UV-vis 吸收光谱，结果如图 8-7 所示。从中可以看出包覆 SiO_x 后，超声前后其紫外-可见光吸收光谱几乎没有变化，这证实了 SiO_x 包覆层阻止了 Ag 纳米粒子的脱离，从而稳定了 LSPR 传感芯片的结构。此外，SiO_x 层的包覆也为通过丰富的硅化学来嫁接其他功能性的分子提供了方便。

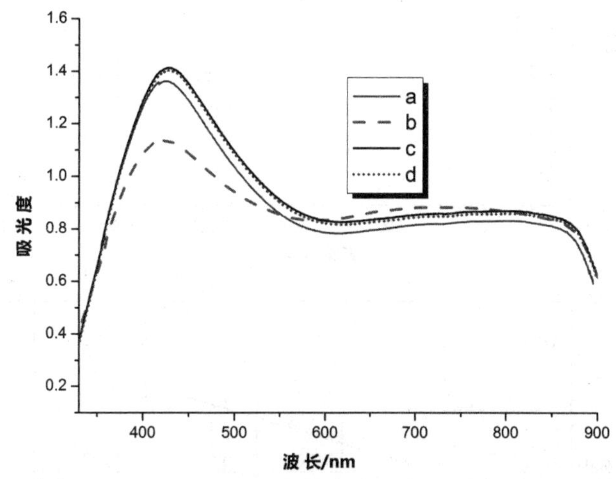

图 8-7　未包覆 SiO_x 的样品在(a)超声前和(b)超声后的 LSPR 光谱变化；包覆 SiO_x 样品在(c)超声前和(d)超声后的 LSPR 光谱变化

8.3.3　三维传感膜灵敏度的测定

图 8-8(a)显示了 SiO_2/Ag/glass 样品的 LSPR 光谱随不同折射率的溶剂的变化曲线。从中可以看出，LSPR 峰随着溶剂折射率的增大而发生红移，并且相应的吸光度也随之增大。将波长和吸光度随折射率的变化数据列于图 8-8(b)并经拟合后，可以计算出此三维 SiO_2/Ag/glass 样品的介电常数灵敏度：当以波长表示时为 86 nm/RIU，而当以吸光度表示时为 1.376/RIU。通过对比图 8-8(b)中两条拟合直线上数据点的误差线可以看出，以波长表示介电常数灵敏度的不确定性要大于以吸光度表示的介电常数灵敏度，这可能是因为 Ag 纳米立方在玻璃基体表面的不均匀分布和不均匀的粒子间共振耦合所导致的[51-52]，因此，本书在随后的研究中选取 LSPR 吸光度的变化作为传感信号。

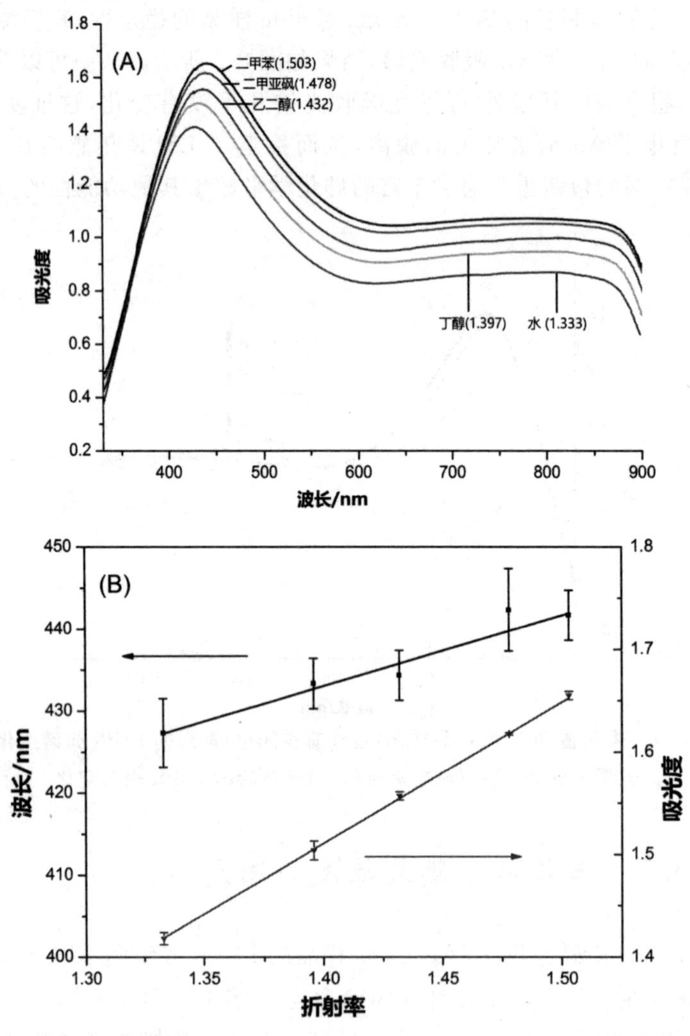

图 8-8 (a)改变溶剂的折射率所引起的 SiO_2/Ag/glass 样品 LSPR 光谱的变化曲线；(b)波长和吸光度随溶剂介电常数变化而变化的数据的直线拟合

8.3.4 Ni^{II}-NTA 体系的引入和 his_6 标记的生物素的固定

通过 Ni^{2+}/NTA 体系和 his-tag 之间的相互作用已经被广泛地应用在固定蛋白质等生物分子的研究中，这一体系在固定蛋白质方面主要有以下三个优点：(1)通过 his 和 Ni^{2+} 之间的配位键来固定蛋白质，可以基本不改变蛋白质的功能和活性；(2)这种固定具有一定的方向性，使得所传感识别的生物分子更加容易接近，这有利于提高传感的灵敏度；(3)可逆性的固载和解离使得同一传感器可以用来完成多种不同的传感检测任务或重复用于同一任务的多次检测；(4)his 标记既方便了蛋白质的初始纯化又有利于蛋白质在传感器表面的固定，这样大量的蛋白质经纯化后无需再次处理即可用于传感应用。虽然将 Ni^{2+}/NTA 体系引入 SPR 传感器中已有文献报道，但这一体系在 LSPR 传感中的应用迄今为止尚未见报道。我们拟将这一体系引入所设计的 LSPR 传感器中，以生物素-连霉亲和素为识别模型，即首先通过表面的 Ni^{2+}/NTA 来固定 his-tag 的生物素分子，然后将其浸泡到一系列不同浓度的链霉亲和素分析溶液中进行定量检测，最后通过 EDTA 或咪唑的作用来使传感器再生而重复利用。

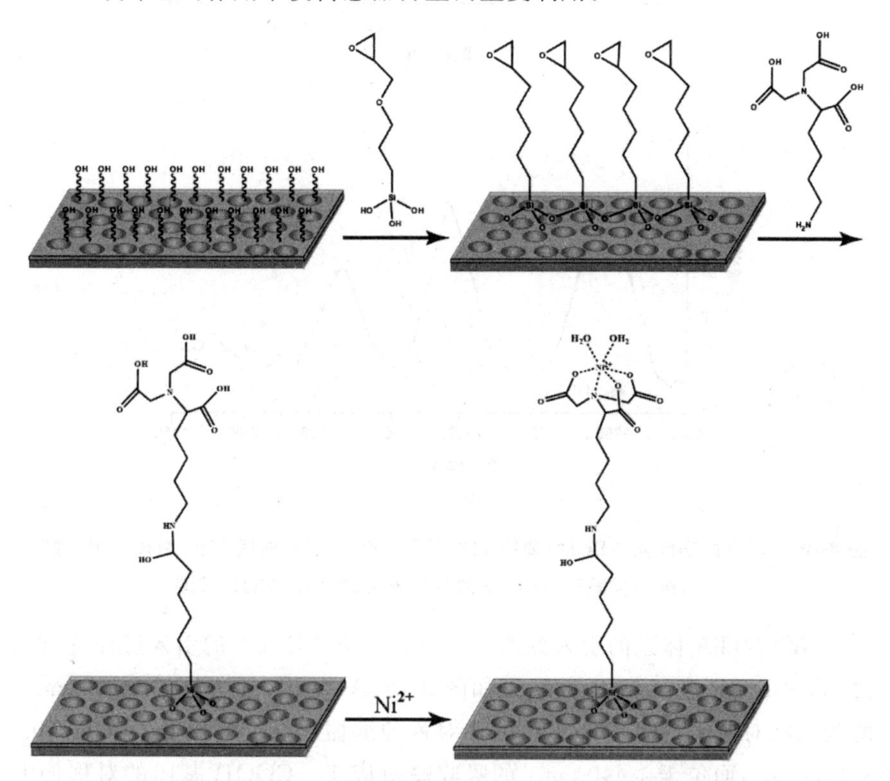

图 8-9 在 SiO_2/Ag/glass 表面引入 Ni^{II}-NTA 的过程示意图

将 SiO_x/Ag/glass-slide 传感膜浸泡如含有 3-缩水甘油醚氧基丙基三甲氧基硅烷((3-Glycidyloxypropyl)trimethoxysilane，GPTES)的乙醇溶液中，而在 LSPR 界面上引入环氧基团；接着将样品和一定浓度的 Nα，Nα-二(羧甲基)-L-赖氨酸(Nα，Nα-Bis(carboxymethyl)-L-lysine)，利用环氧基和氨基之间的反应在 LSPR 界面引入 NTA 官能团；最后，将样品浸泡入一定浓度的 $NiCl_2$ 溶液以和 Ni^{II} 络合

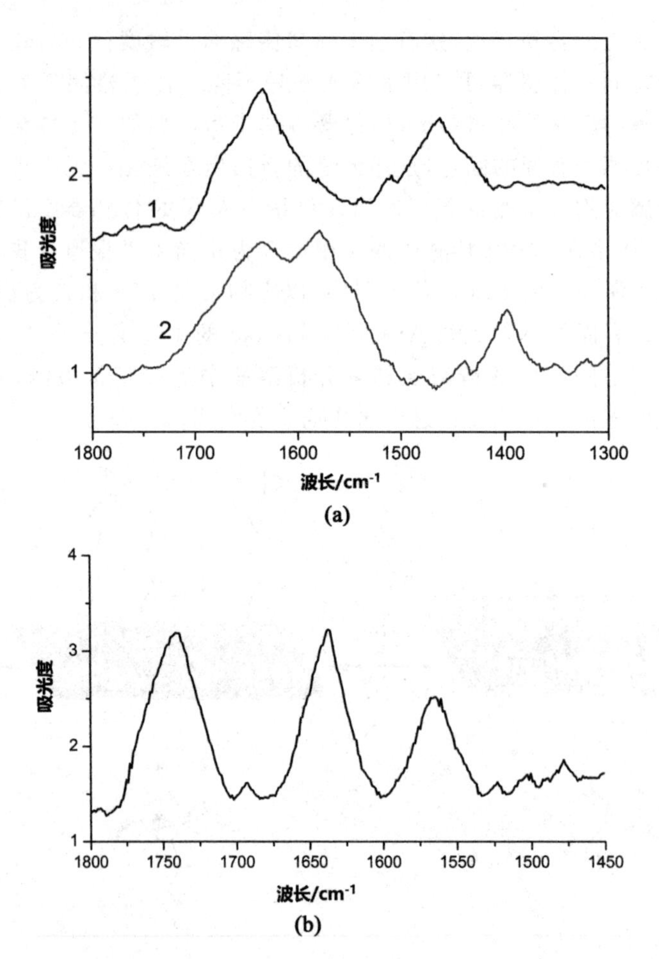

图 8-10　(a)表面功能化 NTA 后(曲线 1)以及和 Ni^{II} 络合后(曲线 2)的 ATR-FTIR 谱图；(b)进一步固载 his 标记的生物素后的 ATR-FTIR 谱图

Ni^{2+}/NTA 体系的引入如图 8-9 所示。Ni^{2+}/NTA 的引入过程可以通过 ATR-FTIR 进行表征，其结果如图 8-10(A)所示，其中位于 1 632 cm^{-1} 的吸收峰对应于—COOH 基团的非对称伸缩振动(Asymmetric Stretching Vibration)，而位于 1 440 cm^{-1} 的吸收峰对应于—COOH 基团的对称伸缩振动(Symmetric Stretching Vibration)；当螯合了 Ni^{II} 后，造成位于 1 632 cm^{-1} 的吸收峰的分裂，从而产生了一个新的位于 1 584 cm^{-1} 的吸收峰[53]。进一步固定 his 标定的生物素[见图 8-10(b)]后，出现了和酰胺基团相关的三个吸收带[54][55]。尽管本研究中的 ATR-FTIR 并非原位获得的，但其说明这种引入 Ni^{2+}/NTA 后进一步固定 his 标记的生物素的方法是一种非常有效的构建传感界面的办法。

8.3.5　LSPR 传感器在生物检测识别中的应用

我们利用生物素和链霉亲和素之间的强相互作用来检测链霉亲和素作为探针反应来检测做制备的 SLPR 传感器的性能和重复使用性，如图 8-11 所示。形成 LSPR 传感器和随后检测链霉亲和素的过程中相应的 LSPR 峰的变化如图 8-12 所示，从中可以看出，Ni^{II}-NTA 引入导致传感器的吸光度由 1.414 增大到 1.448；随后担载生物素，又引起 0.047 的吸光度变化(从 1.448 增加到 1.495)；当传感器和浓度为 50 μg/mL 的链霉亲和素的特异性作用后，吸光度增加了 0.081 达到 1.576；接着当传感芯片浸入咪唑溶液后，由于咪唑的竞争导致生物素和链霉亲和素的脱离，相应的，其 LSPR 峰的吸光度又变回和 Ni^{II}-NTA/SiO_2/Ag/glass 样品的几乎一样；重复固定生物素和检测链霉亲和素这一过程，从图中可以看到 LSPR 峰也相应的随之变化。这些证实了本研究所制备的 SLPR 传感芯片的有效性和重复可用性。

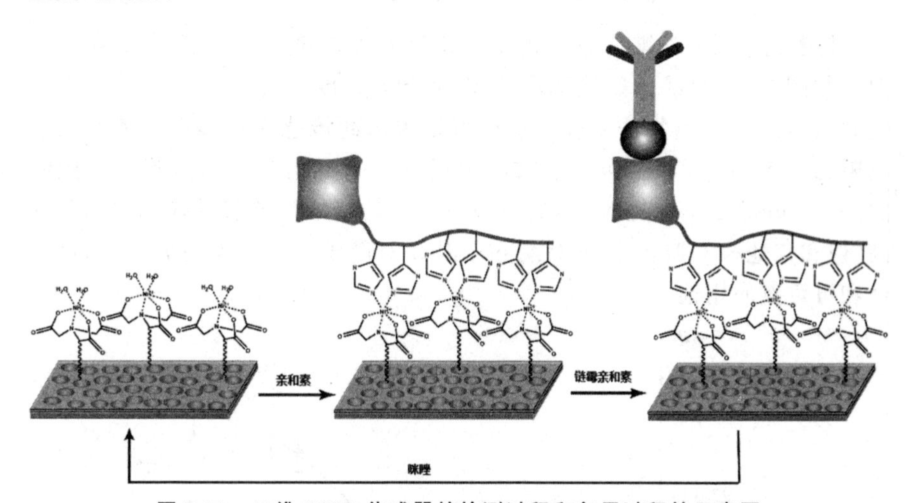

图 8-11　三维 LSPR 传感器的检测过程和复用过程的示意图

将修饰后的纳米复合薄膜浸泡于一系列浓度由小到大的含有连霉亲和素的待分析溶液中，用紫外-可见消光光谱检测浸泡于分析物前后其 LSPR 消光光谱的峰位移动，确立峰位移动与分析物浓度的定量关系，建立 LSPR 传感器定量分析的基础；所制备的 LSPR 传感器的重复使用可以通过将已经用过的传感器膜浸泡入一定浓度的咪唑的乙醇溶液中来实现

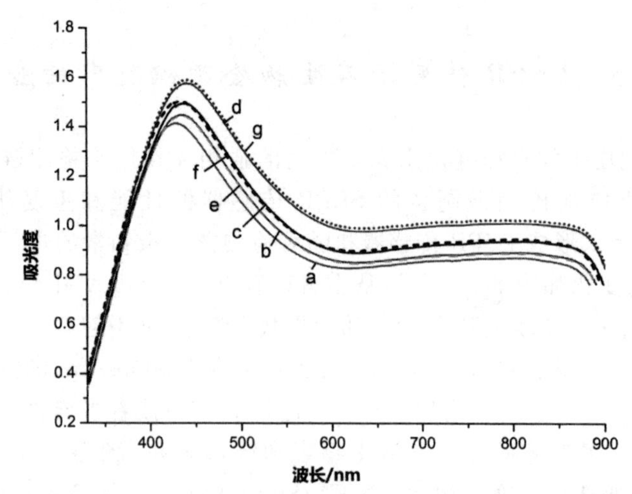

图 8-12　表面功能化和传感检测过程中的 LSPR 光谱变化曲线:(a)没有嫁接 NTA 之前;(b)嫁接 Ni^{II}-NTA 之后;(c)固载 his 标记的生物素后;(d)与 50 nmol/L 的链霉亲和素作用后;(e)用咪唑将 his 标记的生物素脱附之后;(f)再次固载 his 标记的生物素后;(g)再次与 50 nmol/L 的链霉亲和素作用后

检测过程中,三维传感膜的 LSPR 吸光度随链霉亲和素浓度的变化曲线如图 8-13 所示。如检测限定义为当吸光度变化等于仪器噪声的 3 倍时所对应的检测物的浓度。从中可以求出此传感膜对链霉亲和素的检测限为 0.85 nmol/L。虽然和文献中报道的同类相互作用检测中的检测限 10^{-12} mol/L[16] 相比较,本研究中所制备的三维传感膜的检测限明显偏高,但和其他检测器相比,其优势在于其相对简单的组装制备方法,高稳定性和可重复使用性。

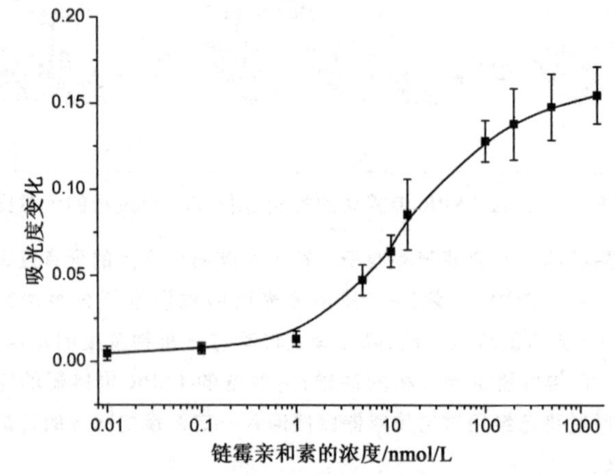

图 8-13　生物素和链霉亲和素相互作用的剂量响应曲线

图中误差线代表每个浓度下 5 次独立实验所计算出的数值为 95%的置信区间

8.4 结　论

本章的主要结论为：

(1)利用热驱动法实现在玻璃基体上 Ag 纳米立方结构的三维可控构筑。

(2)以纳米粒子自身的结构导向剂和稳定剂 PVP 作为包覆 SiO_x 的偶联剂，省去了传统包覆过程中需额外加入偶联剂的问题，并且可利用简单易行的经典 Stober 法进行包覆和对 SiO_x 包覆层的厚度进行调节。

(3)一定厚度 SiO_x 的包覆一方面避免了纳米粒子和外界环境溶剂的直接接触，消除了传感膜的结构和形貌的不稳定性问题，另一方面，利用丰富的硅表面处理技术解决了在 LSPR 界面上后续改性嫁接功能性分子上的困难，克服通过巯基和金属纳米粒子直接造成的功能性分子不牢固易脱落的问题。

(4)将 Ni^{2+}/NTA 体系引入 LSPR 传感器中，可通过加入 EDTA 或咪唑的方式使 LSPR 表面可再生而重复使用，降低了 LSPR 传感器在现实应用中的使用成本。

参考文献

[1] K A Willets, R P Van Duyne. Localized surface plasmon resonance spectroscopy and sensing[J]. *Annual Review of Physical Chemistry*, 2007, 58: 267-297.

[2] J N Anker, W P Hall, O Lyandres, et al. Biosensing with plasmonic nanosensors[J]. *Nature Materials*, 2008, 7 (6): 442-453.

[3] S K Gray. Surface plasmon-enhanced spectroscopy and photochemistry[J]. *Plasmonics*, 2007, 2 (3): 143-146.

[4] E Ozbay. Plasmonics: Merging photonics and electronics at nanoscale dimensions[J]. *Science*, 2006, 311 (5758): 189-193.

[5] P K Jain, X Huang, I H El-Sayed, et al. Review of some interesting surface plasmon resonance-enhanced properties of noble metal nanoparticles and their applications to biosystems[J]. *Plasmonics*, 2007, 2 (3): 107-118.

[6] N Thanh, L Green. Functionalisation of nanoparticles for biomedical applications[J]. *Nano Today*, 2010, 5: 213-230.

[7] P K Jain, K S Lee, I H El-Sayed, et al. Calculated absorption and scattering properties of gold nanoparticles of different size, shape, and composition: Applications in biological imaging and biomedicine[J]. *J. Phys. Chem. B*, 2006, 110 (14): 7238-7248.

[8] K L Kelly, E Coronado, L L Zhao, et al. The optical properties of metal nanoparticles:? The influence of size, shape, and dielectric environment[J]. *J. Phys. Chem. B*, 2002, 107 (3): 668-677.

[9] A J Haes, R P Van Duyne. A unified view of propagating and localized surface plasmon resonance biosensors[J]. *Analytical and Bioanalytical Chemistry*, 2004, 379 (7): 920-930.

[10] A J Haes, R P Van Duyne. Preliminary studies and potential applications of localized surface plasmon resonance spectroscopy in medical diagnostics[J]. *Expert Review of Molecular Diagnostics*, 2004, 4 (4): 527-537.

[11] N T K Thanh, Z Rosenzweig. Development of an aggregation-based immunoassay for anti-protein A using gold nanoparticles[J]. *Analytical Chemistry*, 2002, 74 (7): 1624-1628.

[12] M Sastry, N Lala, V Patil, et al. A chittiboyina, optical absorption study of the biotin-avidin interaction on colloidal silver and gold particles[J]. *Langmuir*, 1998, 14 (15): 4138-4142.

[13] T A Taton, C A Mirkin, R L Letsinger. Scanometric DNA array detection with nanoparticle probes[J]. *Science*, 2000, 289: 1757-1760.

[14] C S Thaxton, C A Mirkin. Plasmon coupling measures up[J]. *Nature Biotechnology*, 2005, 23 (6): 681-682.

[15] N Nath, A Chilkoti. A colorimetric gold nanoparticle sensor to interrogate biomolecular interactions in real time on a surface[J]. *Analytical Chemistry*, 2002, 74 (3): 504-509.

[16] A J Haes, R P Van Duyne. A nanoscale optical blosensor: Sensitivity and selectivity of an approach based on the localized surface plasmon resonance spectroscopy of triangular silver nanoparticles[J]. *Journal of the American Chemical Society*, 2002, 124 (35): 10596-10604.

[17] R Ito, S Okazaki. Pushing the limits of lithography[J]. *Nature*, 2000, 406: 1027-1031.

[18] E M Hicks, S Zou, G C Schatz, et al. Controlling plasmon line shapes through diffractive coupling in linear arrays of cylindrical nanoparticles fabricated by electron beam lithography[J]. *Nano letters*, 2005, 5 (6): 1065-1070.

[19] Y Choi, S Hong, L P Lee. Shadow overlap ion-beam lithography for nanoarchitectures[J]. *Nano Letters*, 2009, 9 (11): 3726-3731.

[20] I Doron-Mor, Z Barkay, N Filip-Granit, et al. Ultrathin gold island films on silanized glass: Morphology and optical properties[J]. *Chemistry of Materials*, 2004, 16 (18): 3476-3483.

[21] A J Haes, S L Zou, J Zhao, et al. Localized surface plasmon resonance spectroscopy near molecular resonances[J]. *Journal of the American Chemical Society*, 2006, 128 (33): 10905-10914.

[22] L Vogelaar, W Nijdam, H A G M van Wolferen, et al. Large area photonic crystal slabs for visible light with waveguiding defect structures: Fabrication with focused ion beam assisted laser interference lithography [J]. *Advanced Materials*, 2001, 13 (20): 1551-1554.

[23] A Tao, P Sinsermsuksakul, P Yang. Tunable plasmonic lattices of silver nanocrystals[J]. *Nature Nanotechnology*, 2007, 2 (7): 435-440.

[24] C J Brinker. Evaporation-induced self-assembly: Functional nanostructures made easy[J]. *MRS Bulletin*, 2004, 29 (9): 631-640.

[25] S I Lim, C J Zhong. Molecularly mediated processing and assembly of nanoparticles: Exploring the interparticle interactions and structures [J]. *Accounts of Chemical Research*, 2009, 42 (6): 798-808.

[26] H Xia, D Wang. Fabrication of macroscopic freestanding films of metallic nanoparticle monolayers by interfacial self-assembly [J]. *Advanced Materials*, 2008, 20 (22): 4253-4256.

[27] B Qin, Z Zhao, R Song, et al. A temperature-driven reversible phase transfer of 2-(diethylamino) ethanethiol-stabilized CdTe nanoparticles [J]. *Angewandte Chemie International Edition*, 2008, 47 (51): 9875-9878.

[28] M Gluodenis, C Manley, C A Foss Jr. In situ monitoring of the change in extinction of stabilized nanoscopic gold particles in contact with aqueous phenol solutions [J]. *Analytical Chemistry*, 1999, 71 (20): 4554-4558.

[29] E M Hicks, O Lyandres, W P Hall, et al. Plasmonic properties of

anchored nanoparticles fabricated by reactive ion etching and nanosphere lithography[J]. *The Journal of Physical Chemistry C*, 2007, 111 (11): 4116-4124.

[30] P L Redmond, A Hallock, L E Brus. Electrochemical ostwald ripening of colloidal Ag particles on conductive substrates[J]. *Nano Letters*, 2005, 5 (1): 131-135.

[31] T Karakouz, A B Tesler, T A Bendikov, et al. Highly stable localized plasmon transducers obtained by thermal embedding of gold island films on glass[J]. *Advanced Materials*, 2008, 20, 3893-3899.

[32] L A Baker, F P Zamborini, L Sun, et al. Dendrimer-mediated adhesion between vapor-deposited Au and glass or Si wafers[J]. *Analytical Chemistry*, 1999, 71 (19): 4403-4406.

[33] P A Mosier-Boss, S H Lieberman. Comparison of three methods to improve adherence of thin gold films to glass substrates and their effect on the SERS response[J]. *Applied Spectroscopy*, 1999, 53 (7): 862-873.

[34] I Ruach-Nir, T A Bendikov, I Doron-Mor, et al. Silica-stabilized gold island films for transmission localized surface plasmon sensing[J]. *Journal of the American Chemical Society*, 2007, 129 (1): 84-92.